自然災害地研究

池田　碩 著

▲ 東北地方太平洋沖大地震による岩手県陸前高田市の津波被災直後の様子（撮影：アジア航測（株））（第5章参照）

海青社

阪神大震災（第1章参照）

▲ 高層ビルの被害（JR三ノ宮駅前の交通センタービル）、右側はJR三宮駅へ続く

▲ 横倒しになった高架橋（阪神高速）

▶ すさまじいJR六甲道駅付近の橋脚の破壊

▲ 液状化に伴う埋立地・人工島の被害（左：灘区魚崎海岸埋立地、右：六甲アイランド）

よみがえった震災地「玄界島」(第2章参照)

2005(平成17)年4月

2007(平成19)年3月

2007(平成19)年10月

2008(平成20)年9月

▲ 震災地「玄界島」の集落全体の解体と復興過程(池田撮影)

被災直後から集落解体、土地造成を経て工事完了まで3年間の全過程を現地調査した。その後も継続的に住民の生活状況を追跡している。

東日本大震災の被害状況①（第4,5章参照）

▲東京都江東区　東京湾奥の埋立地「木場公園」の噴砂。周辺の埋立地「東京ディズニーリゾート」周辺も液状化により甚大な被害に見舞われた

▲浦安市の埋立地域　飛び出したマンホールと「高層難民」を多出したマンション群

▲被災当初の気仙沼市のリアスシャークミュージアム

▲仙台市　機関車もタンク貸車も転倒

▲釜石港　防波堤を破壊し陸に揚がった大型貨物船（4724トン）

▲南三陸町　4階まで水没した公立志津川病院。ビル2階のテラス上に漁船が載る（円内）

▲南三陸町　3階建アパート屋上に載る乗用車（円内）

東日本大震災の被害状況②（第6章参照）

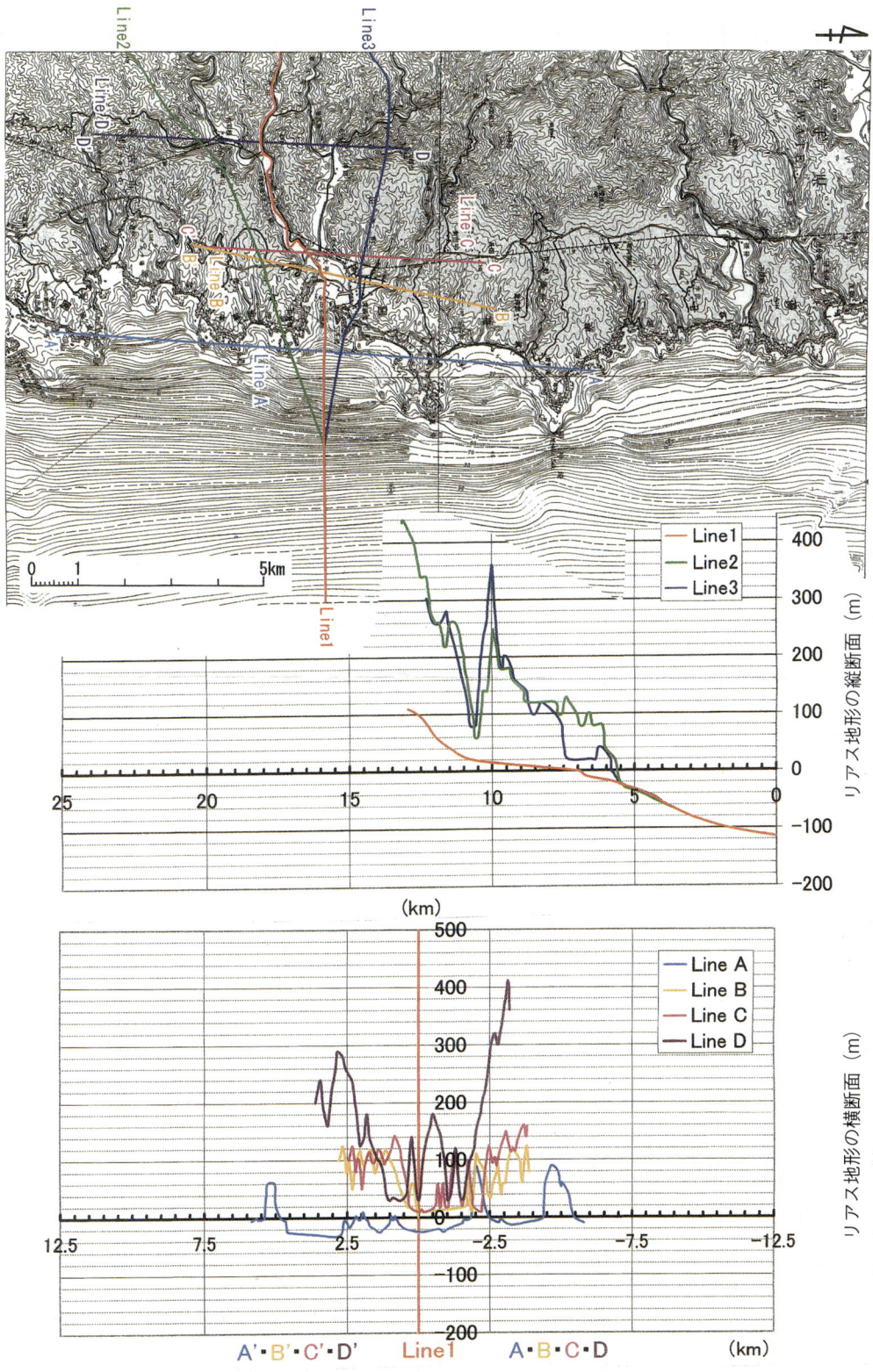

▲ 岩手県宮古市　田老湾の海図とリアス地形断面図
典型的「リアス地形」地域の縦断面と横断面の例

立体化する大阪の震災を考える（第7章参照）

▲ 安政南海津波（1854年）石碑（難波木津川大正橋袂）

▲ 「港区」咲洲人工島 大阪府庁舎ビル（256m）

▲ 「北区」梅田周辺

▲ 「浪速区」難波周辺

高層化が進む大阪の中心街と人工島

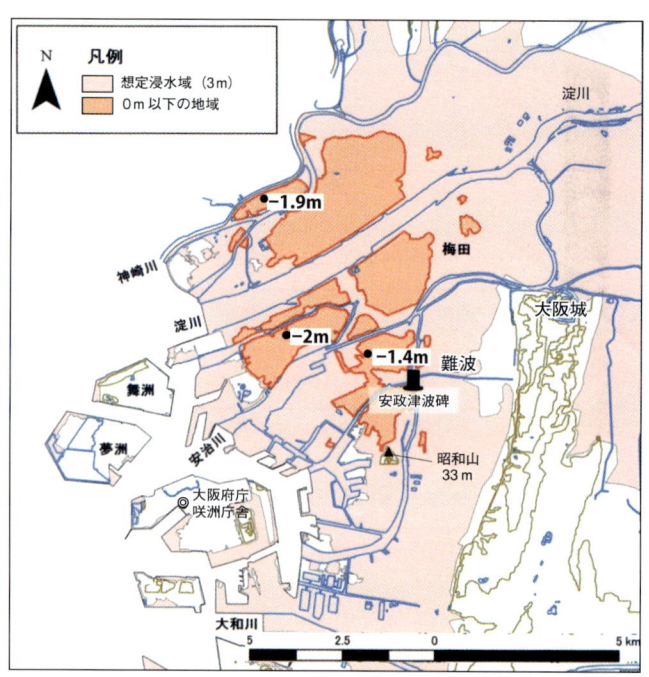

▲ 東日本大震災以前に作成された大阪府旧津波想定浸水域

▲ 大阪市南部の中心街・難波地下街の周辺図

梅田周辺は地下街も多層化しており図化不可能

京都の水害の記録（第11, 12, 17章参照）

▲ 1953（昭和28）年8月、南山城水害
左：玉川の最初の決壊口（京都府立総合資料館）、右：JR玉水駅に流れついた重さ6トンの巨石（駅構内に保存）。

▲ 1972（昭和47）年9月、修学院地区音羽川流域の氾濫
左：集落内を流下する音羽川の河床に落ち込んだ乗用車、右：改修後の音羽川。

▲ 2012（平成24）年8月、京都府宇治市弥陀次郎川下流の「天井川」決壊部
左：仮修復工事が完了した決壊部。天井川堤防上にはコンクリートのカミソリ堤（パラペット）を載せていたが、今災の結果さらに鉄骨の矢板で高くしている。
右：家屋と河床の高さがほぼ同じ。鉄骨の矢板を打ち込み河床をコンクリートで固める仮修復工事中の状況。

viii 日本と似た外国の被災例——ラクイラ大地震の実態（第3章参照）

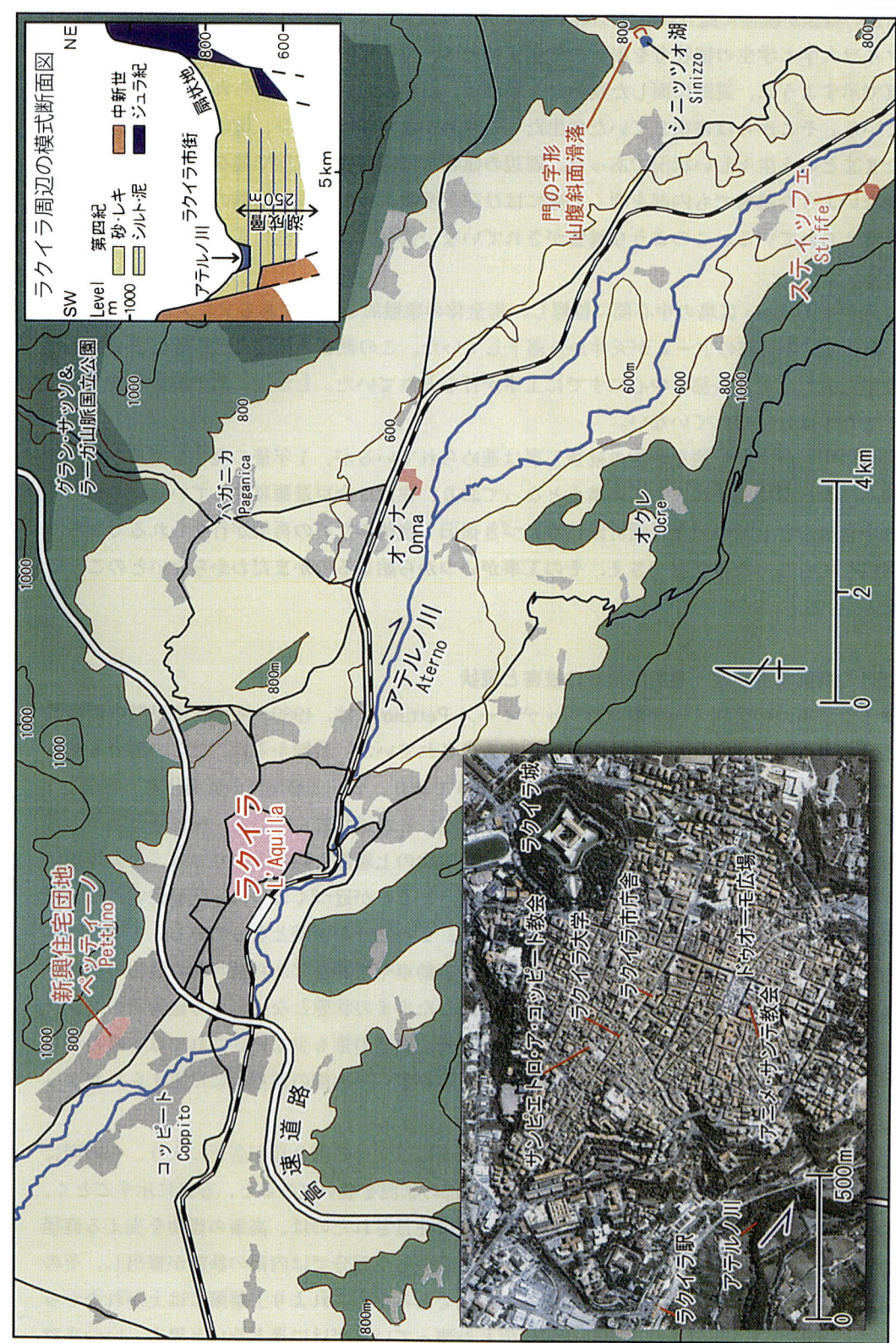

▲ イタリア・ラクイラ L'Aquila 周辺の地形と模式断面図（写真は GeoEye, DigitalGlobe, Cnes/Spot Image による）

ラクイラはイタリア中部、ローマから北東へ約100km、アペニン山脈中の山間盆地アブルツォ州の州都。ルネッサンス期の重要文化財が多い古都を内陸直下型地震が直撃した。京都・奈良で想定される被害とその後の対応への参考としたい。

はじめに

　日本は「自然災害」多国——大国である。
　それは国土が新期の造山帯に位置するため地震・火山が多いこと。さらに中緯度のモンスーン気候地域であるため梅雨・台風・豪雪などの活発な気象現象が生じること。また両者にかかわる土石流・地すべり・ナダレや津波・火災も発生する。このため毎年のごとく気象災害は四季を通しどこかで発生し、数年のうちには造山列島である証として地震・火山活動が発生している。さながら我が国は「自然災害の博物館」と称しても過言ではない。

　ところで「災害」——それは、活発な自然現象の発生とその猛威で被害を受けるもの、ここでは「人間」が居住している地域の有無にかかわる。無人の地域であれば災害とはならなく、むしろ自然現象がもたらした生々しい生態の現われにすぎない。このため自然災害は人間が居住している地域であれば、被害の規模には差があっても昔から存在し、今も、さらにこれからも発生する。
　最近では、2011.3.11の東日本太平洋岸沖の大地震とそれに伴う津波災害が発生した。筆者の身近な地域では2012.8.14の京都南部地域を襲ったゲリラ的集中豪雨により各地で土石流や洪水が発生した。
　結局我々は、このような自然現象と共に生活して行かねばならない宿命である。だからそれに伴なって発生する被害——「災害」ともうまく付き合い共生して行かざるを得ないし、そのような事態に遭遇してしまった場合は、被害をできるだけ軽減させるよう準備しておかなければならない。
　そのためには、まず、常日頃からそれぞれの地域で過去に発生した災害の実態を把握し、その素因や原因を考えてみること。最近発生した事例であれば、過去の災害後の対応やその地域の発展・変化の過程を通して、被害の状況から原因を考えること。さらに地域の将来のために予測と対策を考え、それにもとづいた避難訓練などを進めておくことが大事である。

　本書には、自然災害の重要な項目である「火山」については記していない。筆者は、富士山をはじめ利尻岳・十勝岳・有珠山・磐梯山・三原山・浅間山・伯耆大山・雲仙普賢岳・阿蘇九重連山・霧島など主要な火山には登頂している。しかし筆者にとっては火山は学生時代から登山の対象であり、日本列島の生い立ちのダイナミズムを堪能（たんのう）するフィールドとして付き合ってきており、本書に記載するとしたら、若干異なる視点からとなってしまう。そのため今回は、論点と内容を複雑化しないため火山についての記載は省いておいた方がよいと考えた。
　筆者は、自然地理学を専門とし、その応用分野の一つとして「災害防災地理学」も大学で講義してきた。ところで、筆者自身の災害に対する想いは中学生時の1953（昭和28）年、郷里の

大河である「筑後川」が中流で決壊したため、沖積地の水郷地域に位置していた我が家が水没したことから始まる。この時2階の屋根裏に天井からつり下げられていた小さな手こぎの舟の縄（なわ）を切ると玄関口に舟は浮き、それで脱出することができた。その時まで時折天井を見上げては舟の存在を不思議に思うことがあったが、やっと家族を救ってくれたこの舟の役割を知ることができた。この時の思いが、私のDNAに刻み込まれたようである。

それから10数年後、京都の立命館大学で、地理学を学び、大学院生のころと思うが、当時の谷岡武雄教授（後の学長・総長）に、この郷里「筑後川」での体験を話する機会があり、それを熱心に聞いてもらったことを想い出す。

さらに10数年が過ぎたころ、谷岡教授より連絡があり、実は昭和28年は全国的に災害が多発した年で、和歌山県の有田川流域や京都府の木津川流域の南山城地域でも大水害に見舞われた。教授の里である木津川沿いの「井手町（村）」では支流の玉川上流に構築されていた「大正池」が決壊、激流が扇状地に達すると天井川であった堤防が破堤したため多くの犠牲者を出した。それから30年が近づくが、当時は役場も水没したため資料はほとんど残っていない。さらに当時勤務していた職員達も次々と退職している。

30年を機に井手町を中心とした「南山城災害誌」を編集したい。それには、九州の筑後川の決壊ではあるが同年の大水害を体験している君（筆者）が、その後の復興状況もふまえ、すべての記録を掘り起こしてまとめてほしい。その役を引き受けてほしい、と当時奈良大学の助教授であった私に大役を依頼された。

ところで改めて考えると、筆者が大学に入学した年の1959（昭和34）年に伊勢湾台風が発生、次年には信州の伊那谷で大水害が発生し現地を調査した。さらに1972（昭和47）年には筆者自身が地形地質調査のフィールドとしていた京都の「比叡山地」の山麓修学院地区で音羽川が氾濫した。その後も各地で災害が発生するたびに現地へ向かい調査し主要な地域では報告も行ってきた。

さらに1995（平成7）年1月17日兵庫県南部で内陸直下型M7.0の阪神大震災を体験し、この地域に位置する「六甲山地」も筆者の調査地域であったため、しばらくは被害調査と報告に追われた。その後、2004（平成16）年3月で定年退職した。もう大規模な災害には遭遇しないだろうと思っていたところが、2011（平成23）年3月11日に東日本太平洋沖のM9.0巨大地震と津波が発生、すぐ現地へ向い、数回に分けて東北から千葉・東京湾北部までその月のうちに調査に入った。復旧・復興への追跡調査は現在も続けており、これからもしばらくは続きそうである。

そして（今）、2012年末以来、私の研究歴の中で、「災害」とこれだけかかわったのは、やはり少年時代の大洪水体験がDNAのごとく入ってしまったためのように思う。そこでこれまで現地をたどり、報告してきた事例を中心に整理しておくこともケジメとして必要で、何らかの役に立つのではと考えはじめ、旧来の親友でもある海青社出版の宮内久氏に相談したところ出

版を快諾してもらった次第。

　本書は単行本スタイルに編集したが、実際は筆者が災害地の研究にかかわった時の報告（論文集）であり、大きく、地震・津波、土石流・地すべり、豪雨・豪雪の項目毎にして初出の順に並べておいた。このため、「今災」などのような報告当時の表現で記載しているなど文体の不統一や内容の齟齬（そご）も若干あることはどうか容赦いただきたい。本書が災害地の調査や防災対策を検討される場合などに参考にしてもらえ、災害に関心を持っておられる方々に読んでいただけることを願っている。

2014年1月　著者識

自然災害地研究

| 目　　次 |

目次

口　絵

東北地方太平洋沖大地震による岩手県陸前高田市
　の津波被災直後の様子 i
阪神大震災 ii
よみがえった震災地「玄界島」 iii
東日本大震災の被害状況① iv
東日本大震災の被害状況② v
立体化する大阪の震災を考える vi
京都の水害の記録 vii
日本と似た外国の例——ラクイラ大地震の実態 .. viii

はじめに 1

Ⅰ　地震・津波 ……9

第1章　兵庫県南部地震と地形条件 10
1. はじめに 10
2. 山地・山麓での被害 11
3. 山麓から海岸低地の被害 19
4. 海岸の埋立地および人工島の被害 24
5. 帯状の被害集中地域の出現とその要因についての解釈 26
6. さいごに 28

第2章　よみがえった震災地「玄界島」／2005年 29
1. はじめに 29
2. 集落の解体と復興事業 30
3. 復興事業の展開 32
4. さいごに 36

第3章　イタリア中部古都ラクイラで発生した震災／2009年 37
1. はじめに 37
2. 調査地域の状況 37
3. 阪神淡路大震災地域との比較 44
4. さいごに 46

第4章　兵庫県南部(阪神淡路)大地震と東北地方太平洋沖大地震との比較 49
1. はじめに 49
2. 内陸直下型大地震とプレート境界型大地震 50
3. 「都市の立体化」に伴なう新タイプの被害の出現と予見 54
4. 津　　波 56
5. 液状化と地盤沈下 58
6. 激震と大津波への教訓 61
7. さいごに 64

第5章　東北地方太平洋沖大地震に伴う陸前高田市周辺地域の津波の実態／2011年 65
1. はじめに 65
2. 陸前高田市の地形・地質の特徴 65
3. これまでの大・巨大地震と津波 75
4. 復興(期)に向けて 80
5. さいごに 83

第6章　東北地方太平洋沖大地震に伴う宮古市「田老地区」津波の実態／2011年 84
1. はじめに 84

2．過去の大津波災害 84
　　3．2011.3.11 の巨大地震と大津波 87
　　4．復興計画とスケジュール 90
　　5．さいごに 92

第7章　大阪湾岸低地域での震災を考える 95
　　1．はじめに 95
　　2．「安政南海地震」の大津波を伝える石碑と絵図から学ぶ 96
　　3．大阪低地 ── 地形の形成と土地利用の進展 ── 97
　　4．人工島「咲島（さきしま）」の高層ビルと東北地方太平洋沖大地震 102
　　5．津波・高潮ステーションとハザードマップの検討 103
　　6．被災地域と被害の立体化 104
　　7．さいごに 107

Ⅱ　地すべり 111

第8章　亀の瀬地すべり／1903・1931・1967 年 112
　　1．はじめに 112
　　2．周辺の地質と地すべり現象 112
　　3．対策工事の進展 114
　　4．工事の完了と残された問題 116
　　5．さいごに 117

第9章　U.S.A.ユタ州融雪時に発生した大規模地すべり／1983 年 118
　　1．はじめに 118
　　2．シースル（Thistle）地すべりの実態 119
　　3．地すべりの発生と経過 123
　　4．下流域への対応 125
　　5．さいごに 126

第10章　長野市地附山の地すべり／1985 年 128
　　1．はじめに 128
　　2．地附山の位置 128
　　3．地附山と地すべり地の地形・地質 129
　　4．地すべりの経過と地形の変状 135
　　5．災害への対策と対応 137
　　6．さいごに 138

Ⅲ　豪雨・豪雪 141

第11章　京都府の南山城大水害／1953 年 142
　　1．はじめに 142
　　2．8月の集中豪雨 142
　　3．9月の台風 146
　　4．災害へのそなえ 147

第12章　比叡山地の自然・開発・災害 151
　　1．はじめに 151
　　2．比叡山地のおいたち 151
　　3．聖域とその周辺 153
　　4．文明開化 153

目次

　　5. 経済成長と白砂の庭 ... 154
　　6. 1972年の音羽川の鉄砲水 ... 157
　　7. さいごに ... 162

第13章　香川県小豆島の豪雨による土石流災害／1974・1976年 ... 163
　　1. はじめに ... 163
　　2. 災害の自然的条件 ... 163
　　3. 被災状況 ... 165
　　4. 災害の要因 ... 173
　　5. 災害後の経過と地域の変貌 ... 174
　　6. さいごに ... 176

第14章　U.S.A.ソルトレークの市街を襲った融雪洪水／1983年 ... 177
　　1. はじめに ... 177
　　2. ソルトレーク市 ... 177
　　3. 融雪洪水の発生 ... 178
　　4. ユタレーク、グレートソルトレークの湖水位上昇 ... 182

第15章　新潟県南部59豪雪地帯を歩く／1984年 ... 184
　　1. はじめに ... 184
　　2. 59豪雪の概要 ... 185
　　3. 各地の状況 ... 186
　　4. さいごに ... 192

第16章　京都府南山城豪雨災害／1986年 ... 196
　　1. はじめに ... 196
　　2. 気象と調査地域の概観 ... 196
　　3. 山腹崩壊・土石流被災地域の実態 ... 198
　　4. 南山城地域の災害の特徴 ... 204
　　5. 予測と防災 ... 205

第17章　京都府南部を襲ったゲリラ豪雨災害／2012年 ... 208
　　1. はじめに ... 208
　　2. 被災地域の地形・気象と被害 ... 209
　　3. 各地域・各地点の被害 ... 211
　　4. 今集中豪雨の被害の特徴 ... 221
　　5. 今後に向けて ... 223
　　6. さいごに ... 224

初出一覧 ... 227
おわりに ... 229

コラム

イタリア・古都ラクイラ地震裁判 ... 48	防災地図から、洪水「想定深」の標示へ ... 140
スマトラ沖巨大地震時の津波被害 ... 93	近代土木技術の導入とヨハネス・デ・レーケ ... 149
北海道・奥尻島の地震災害と復興経過 ... 109	「潜水橋」と「流れ橋」 ... 194
沖縄・石垣島の「津波石」 ... 110	高水工法から総合治水へ ... 207
紀伊山地に多発した「深層崩壊」 ... 127	天災は忘れたころにやってくる ... 225

I 地震・津波

第1章 兵庫県南部地震と地形条件 10
第2章 よみがえった震災地「玄界島」／2005年 29
第3章 イタリア中部古都ラクイラで発生した震災／2009年 37
第4章 兵庫県南部(阪神淡路)大地震と東北地方太平洋沖大地震との比較研究 49
第5章 東北地方太平洋沖大地震に伴う陸前高田市周辺地域の津波の実態／2011年 .. 65
第6章 東北地方太平洋沖大地震に伴う宮古市「田老地区」津波の実態／2011年 84
第7章 大阪湾岸低地域での震災を考える 95

コラム
イタリア・古都ラクイラ地震裁判 48
スマトラ沖巨大地震時の津波被害 93
北海道・奥尻島の地震災害と復興経過 109
沖縄・石垣島の「津波石」 110

第1章　兵庫県南部地震と地形条件

1. はじめに

　1995(平成7)年1月17日午前5時46分淡路島北端部を震源地として発生した兵庫県南部地震は、M7.2で、震度Ⅶ(激震)という日本の都市では観測史上最大規模の直下型のものであった(**図1-1**)。この地震に伴う被害は、淡路島北部から六甲山地南麓に集中し、犠牲者は6,400人、全壊家屋105,000戸を越した。このうち六甲山地南麓での被害は、幅1〜2km、延長28kmの地域に集中した。ここは、六甲山地を形成した境界断層の位置と近接した地域で、明治以降海岸から山麓、一部では山腹斜面にまで市街化が進行しており、そのことが被害激甚地域を出現させる遠因となったことも看過できない。

　本章では、被害がきわめて大きかった神戸市・芦屋市・西宮市が位置する六甲山地とその南麓を中心とする地域の被災状況と地形条件との関係について検討し、二・三の所見を報告する。

　まず震災の全体像を把握するため、2万5千分の1スケールで作業し地形を大きく山地・山麓低地・海岸の埋立地や人工島に分け、それぞれの地域での被災の内容や特徴と地形条件との関係について考察してみた。

　山地については、山体を構成する主要岩石である花崗岩の組織の性質、とくに割れかたと風化の状態に留意して、崩壊地の分布や落下物の特徴をつかむ。山麓近くの崖地周辺の被害には、地形を無視した無理な開発地に被害が多いことを事例をあげて指摘する。

　現在ほぼ全域が建造物でおおいつくされ、市街化してしまっている山麓低地は、被害が最も大きくなっている。そこでこの地域については、丘陵・台地、旧・新扇状地、三角州性低地、埋立地などの地形単位をもとに地形分類図を作成し(池田、1995)、被災状況と地形単位との対応を検討した(**図1-2〜3**)。

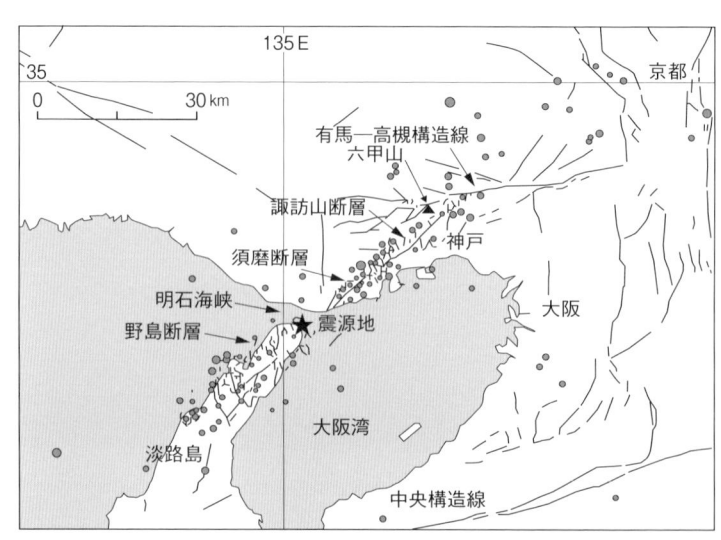

図1-1　兵庫県南部地震の震源地と余震分布図

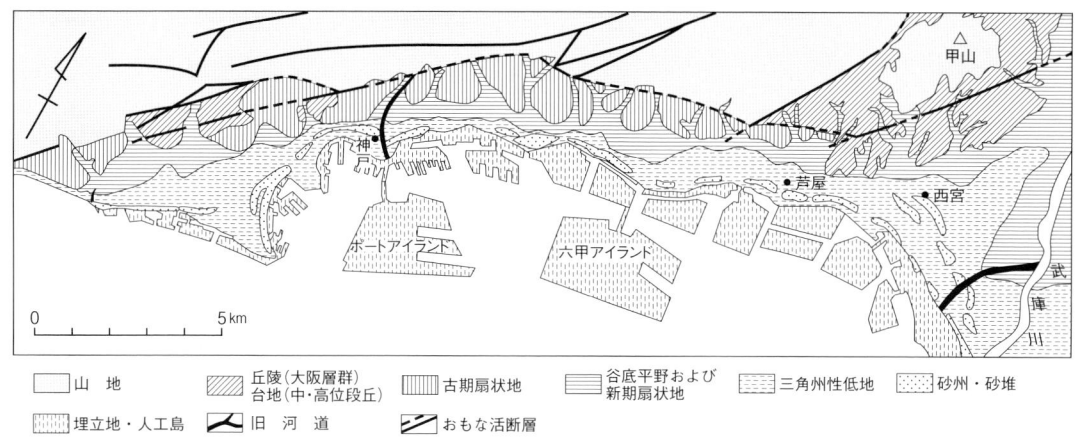

図1-2 六甲山地山麓　神戸・芦屋・西宮周辺の地形分類（池田 碩、1995）

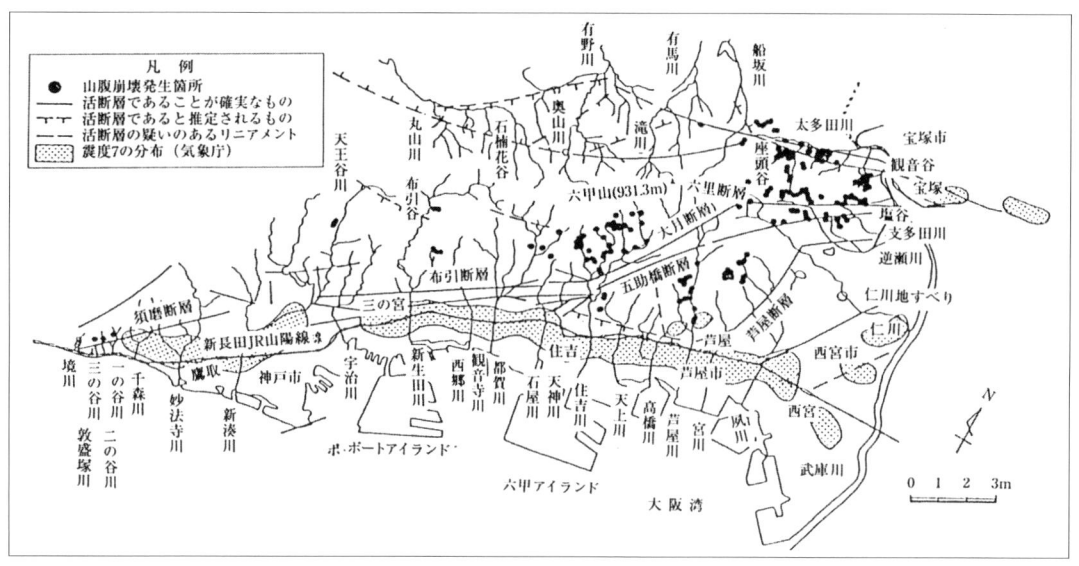

図1-3 兵庫県南部地震による崩壊地の分布（六甲砂防工事事務所、1995）

　海岸の埋立地や沖合を埋めて造成した人工島の規模は、山麓から旧海岸までの自然地形がつくる低地の幅よりはるかに広くなっている。ちなみに六甲アイランドの部分では山麓から旧海岸までが約2.5km、これに対し住吉浜・魚崎浜の埋立地から六甲アイランドの南端までは約3kmに達する。このように大規模な人工地形での地震による被害は、未だ経験がない。それだけに今回の震災には注目すべきものがある。

　最後に、被災地域の中でも「震災の帯」と称される被害が著しく集中した地域について、あらためて帯状に連なる被害の特徴と地形条件との関係を検討しておく。

2. 山地・山麓での被害

　六甲山地は、近畿内帯を代表する地塁山地である。このため山地の南北両側には地塁を押し

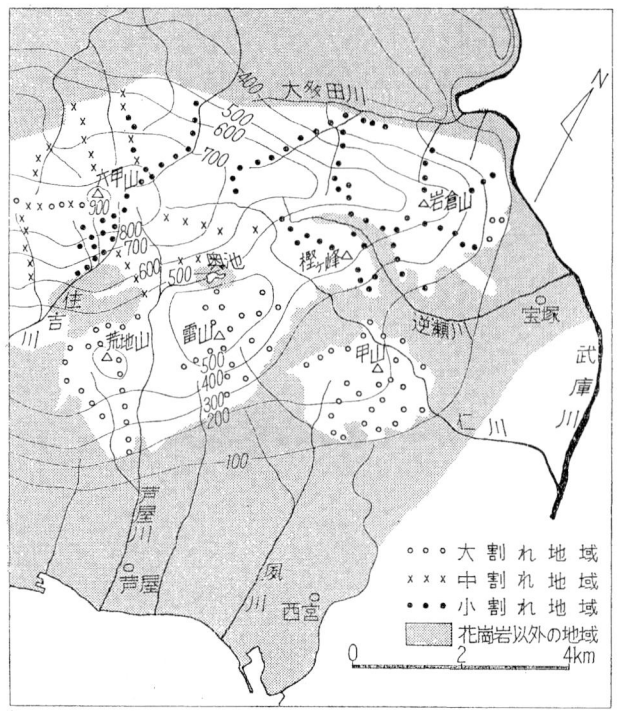

図1-4 六甲山地における花崗岩の割れ目密度分布（池田原図、水山 他、1967）

六甲花崗岩山地は、山体が隆起し地表に露出してくると南側の表六甲山地に当たる部分は、瀬戸内海に臨むため圧力もかからなく岩石は大きく割れる地域となった。一方北側の内陸側である裏六甲山地の方は丹波山地と接するため強力な圧力を受けつつ隆起せねばならないため岩片は破砕され、小割れ地域となったと考えられる。

上げてきた活断層が存在する。そのうち、南側の断層が今回活動した。国土地理院の調査の結果、山地では最高峰の六甲山が12cm、摩耶山が8cm、甲山が8cm上昇し、南側の低地では低下しており、これまでの地塊運動の継続を証明した（国土地理院、1995）。

六甲山地を構成する岩石は、一部に古生層の堆積岩地域を含むが、ほとんどがマグマが固結した黒雲母花崗岩・花崗閃緑岩・黒雲母角閃石花崗閃緑岩（以下、これらを総称して「花崗岩」とする）である。山地の主体をなす花崗岩地域の特徴は、まず山地の形成にかかわった断層とそれに付随する破砕帯が山麓を中心に多く分布、一部は山中にもみられることである。さらに花崗岩体の性質としての節理を中心とした割れ目が発達している。

節理の間隔には六甲山地の場合著しい地域差がある。筆者は、かつて節理の間隔が平均して1m以上であるところを「大割れ地域」、1m〜30cmのところを「中割れ地域」、30cm以下のところを「小割れ地域」として、東六甲山地全域の割れ目密度分布図を作成した（**図1-4**）ことがある（水山 他、1967）。それによれば、大割れ地域は東六甲山地の南側に集中して分布している。小割れ地域は、一部最高峰六甲山（931m）の南側直下から分布するが、全体としては山地の北側に広がる。中割れ地域は両者の中間部から西方にかけて分布する。

この割れ目密度の分布の差異が、地表の微起伏や斜面で生産される砂礫の大きさや量と移動様式にかかわり、さらにはそれらの総体として地形の形態や地域差を生じている。その典型的な例として、小割れ地域には物理的風化でガサガサに剥がれた岩肌の斜面と尖峰が続く蓬来峡・白水峡一帯や岩倉山・樫ヶ峰、大割れ地域には岩塔（トア）や巨大な岩塊群が地表にゴロゴロと散在し奇景を示すロックガーデンや荒地山周辺があげられる。これらに対し、中割れ地域では岩塔や岩塊もきわめて少ない。また、ガサガサの岩肌を見せる斜面もなく、のっぺりとした地形を示し植生の密度も高い（**写真1-1**参照）。

まず、山地における今震災時の状況を筆者自身での現地調査資料と建設省六甲砂防工事事

◀ 小割れ地域での状況
左：蓬莱峡や白水峡のバッドランドも、さらに崩壊が進行した。
下：尾根付近の崩壊地。崩落していない部分にもクラックが多数入っている。

▶ 大割れ地域での状況
右：荒地山東方の"跳ね石"の出現例。地中にあった部分が地震の垂直動で衝き上げられ、時計まわりに回転し南側へ移動した。写真中の折尺は1m。
下：ロックガーデンの地表に露出している裸岩に入ったクラック群。

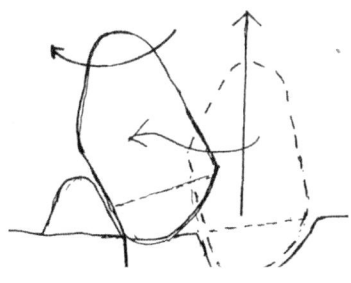

写真1-1　花崗岩の割れ目密度差と地震のショックによるクラック・跳ね石や崩壊の出現

務所で調査し、1万分の1図上に記入・整理した崩壊地分布図（**図1-3**、六甲砂防工事事務所、1995）をもとに検討してみる。

　今震災による崩壊地の分布は、打越山や金鳥山などの古生層からなる山地の部分にはみられない。崩壊地は、六甲山地の花崗岩地域のうちでも標高が高く傾斜の急な、しかも裸岩地や植生の疎なところが多い東六甲山地一帯に集中して分布している。なかでも、現地調査によれば崩壊地は山地の東南側の芦屋川・夙川流域と住吉川上流域から山地の北東側に集中している。これらは断層とそれに沿う急崖帯に位置しているものが多いのは当然として、さらにこれを割れ目の密度分布図と重ね合わせてみると、前者は大割れ地域であり、後者は小割れ地域とほぼ一致している。

　このように、**図1-3**上では同様のマークで記入されている崩壊地でも、岩質の違いによって差が生じ、ひいては分布地域にさえ明確な相違を生じている。

　現地調査による特徴としては、小割れ地域の崩壊地はすでに存在していた崩壊地や岩屑斜面の拡大と岩屑の再流動が多いのに対し、大割れ地域の方では同様な拡大地とともに新たな崩壊地の出現が目立つ。また、通常時は安定しているようにみえる山地の尾根付近や小起伏の頂部では、地盤のゆるみや小さな崩壊が多発しており、岩塔状の岩体が分解したり、地表の一部が落下している。

　これらのうち、大規模な崩壊地や、小規模な崩壊地でもそれらが集積していれば、空中写真で判読できる。しかしながら、現地調査でしかとらえられない数mオーダーの小さな変動は、実際多数生じているにもかかわらず、判読できないために図面上には記されていない。このような地震による山体内部の岩体の破砕が予想外に甚大なことからして、地表下での潜在的な変状も看過できないし、山地の地形を考える上ではきわめて重要である。

　さらに、崩壊地の分布は、図上でみると震災の場合も豪雨の場合もほぼ同様な地域に集中しているようにみえる。しかし現地で調査してみると、それぞれの崩壊地は震災による発生地の場合にはより上方で出現している。また図上には現れていない小規模な崩壊や前記したようにとくに震災で生じた潜在する変状地を含めると両者での差はさらに大きくなる。山地地形の解体過程を考える場合、これらのことにも注意すべきことを、今震災による地形や地盤の変状は示してくれた。

　次に、山麓の急斜地、崖地での被害についてふれておく。六甲山地の山麓には、地形的に崩壊しやすい急斜地や崖地が元来多く大変危険である。ところが、今では崖周辺にも低地から拡大してきた市街地が接しているばかりか、山間地にまで乱開発が波及している。このような地域での被害が各地で生じていることも今震災の特徴の一つである。そうした典型的な事例を示し、今後への警鐘としておく。

事例1. 西宮市仁川百合野町の斜面崩壊

　この地域は、花崗岩からなる六甲山地の東端部にあたり、海抜100〜200mくらいの山麓緩斜面の小起伏上を大阪層群の砂礫層がうすくおおう地域で、その末端は高さ50〜60mの崖をなして武庫川・仁川の沖積低地と接している（**図1-5**）。

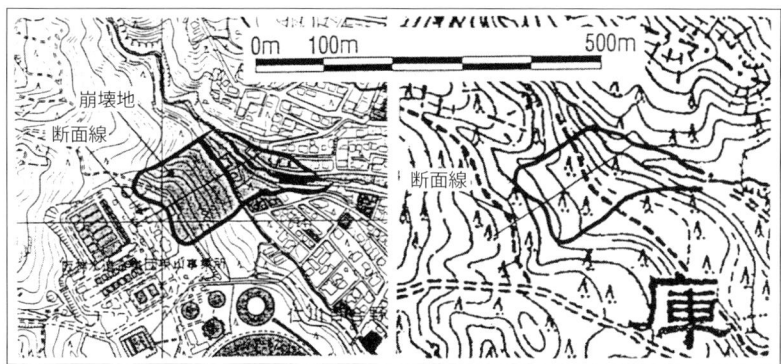

▲1995年震災現況図（国土地理院）　▲1911年測量地形図に崩壊地を記入

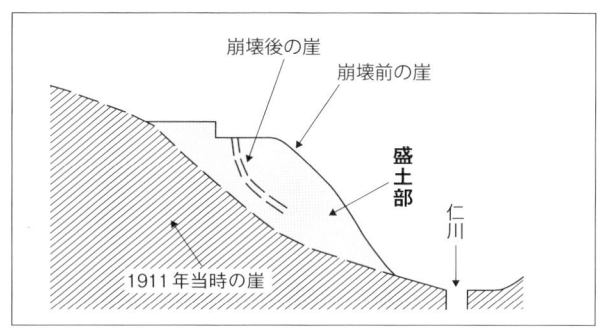

▲崩壊地の断面図

図1-5　西宮市仁川百合野町の盛土斜面崩壊

写真1-2　西宮市仁川百合野町の盛土斜面崩壊
上：盛土崩壊地の上端、下：崩壊地の末端から上方を望む。

この崖上方の山麓緩斜面を1953（昭和28）年から阪神水道企業団が造成整地して浄水施設と事務所等を建設した。

　今回の地震で、斜面（崖）崩壊を発生させたのは、盛土した造成地の東端部で、その上端から幅約130mが高度差約45mにわたって崩壊落下した。その土石の主体は、乾燥季でもあったため一種の粉体流となって最大延長250mほど流動したが、その間で崖下を流下している仁川の谷底を埋め、対岸に位置する民家をも破壊した（**写真1-2**）。

　この結果、崖直下に位置していた民家9戸を埋め死者26名を出し、対岸でも民家3戸を埋め死者8名を出した。

　この災害発生の直接的原因は地震であったが、被害をこのように大規模にした要因を探ってみよう。

　それには、まず開発以前の土地の状況を知ることが必要である。そこで、発行年代を異にする古い地形図5枚を収集し、それらを比較しつつ検討してみた。そのうち、ここには今震災後緊急に作成された建設省国土地理院1995年発行の震災現況図と1911（明治44）年発行の地形図を並置した（**図1-5**）。

　1911年の地形図を見ると、一帯は雑木林でおおわれ、今回の地震で崩壊した崖の上方の山中にも、崖下にもまったく民家や人工物はなく、崖というより山麓末端部のやや急な斜面である。

　一方、現在の地形図を見ると、崖上部の緩斜面を造成し、海抜110mくらいの平坦地へと整地するため、海抜120〜130mの部分を切土している。これに対し、急斜面側では海抜100mの等高線が、1911年地形図では今震災の崩壊の上端部にあたっているのに、現在の地形図では崖の途中に位置していることから、これより上方へ15mほど盛土された結果、かつてのやや急な斜面が人工的に崖を形成させられたものであることがわかる。

　このことは、ちょうど造成地域にあたる部分が開発以前の地形図では、馬蹄型または逆コの字型に山側に向かって切り込んでいるのに対し、現在の地形図ではこの部分がなくなり、むしろコの字型に突出していることとも符合する。

　しかも盛土にともなって、かつて山側から流下していた小渓流のうち、北側の流れはその下流で付け替えられており、南側の流れは埋められ暗渠排水化されたようである。

　今回の地震が発生した時は冬の乾季であったにもかかわらず、崩壊した崖の中腹にあたる部分から水が浸み出していたが、この部分が盛土の下端かさらにその下部にあたる伏流水の滞水部であったと考えられる。そのうえ、崩壊地の東南側には、六甲山地東端部の代表的な活断層である甲陽断層が位置している。

　このように人為の加わった崖をはさんで、その上方と下方に住宅開発が進んでしまっていたという最悪の土地利用の状態が、今回の被害の拡大要因となっていることを見逃してはならない。

事例2．神戸市東灘区西岡本町の盛土崖地崩壊

　神戸市東灘区西岡本町の被災地は、六甲山地のほぼ中央部で、代表的な河川である住吉川左

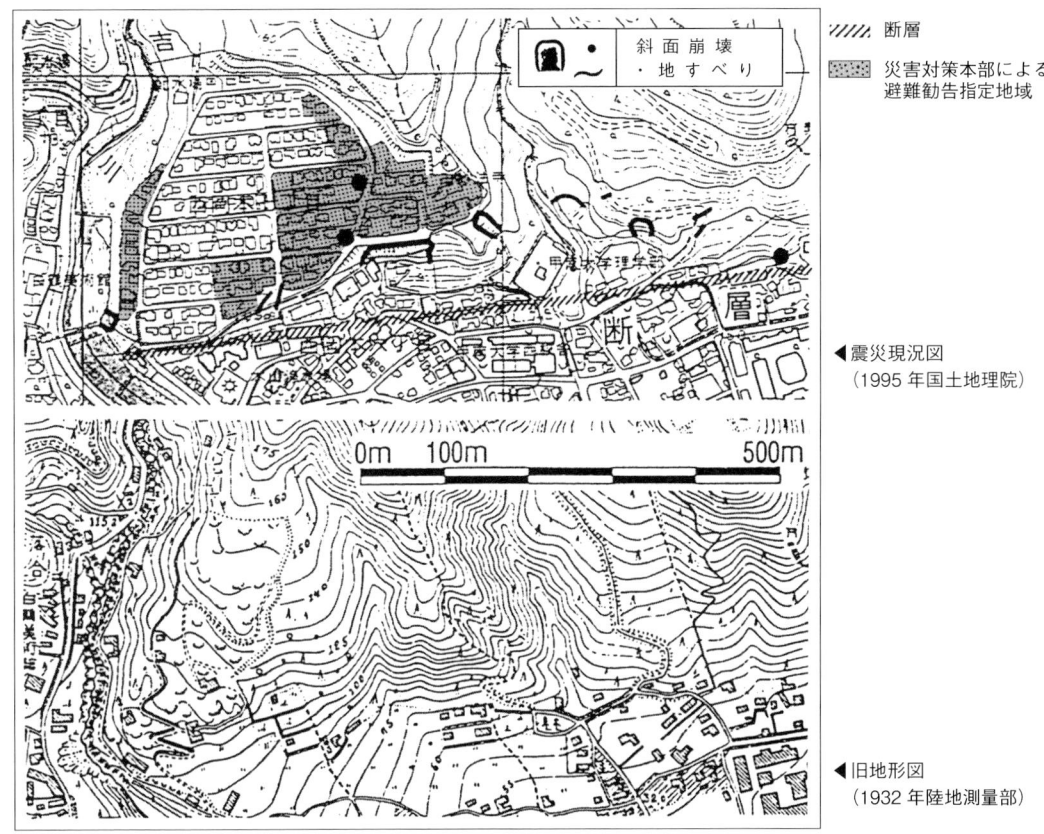

図1-6　神戸市東灘区西岡本町の盛土崖地崩壊

岸の花崗閃緑岩からなる山麓緩斜面末端の高さ35〜40ｍの崖に位置している。ここは、山麓とほぼ平行する活断層に沿う崖でもあり、この崖の延長線上には各種の被害が発生した。

崖上方の山麓緩斜面のうち、山側の海抜160ｍから崖上端の100〜120ｍ間が造成整地され、ヘルマンハイツ団地（約150戸）として開発されている。最大の崩壊はこの団地の東側の崖上端から発生しており、崩落部の露頭観察からここは団地造成時に形成された盛土地であることがわかった（**写真1-3**）。しかも崩落した崖の背後には、全・半壊家屋が多く、地盤が崖に向かって流動しており、地面の亀裂は造成地の山地側端まで続いている。

一方、崖の直下には民家やアパートが立ち並び、崖の途中にさえ斜面をそのまま使用したマンションが建てられている。

すなわち、ここも典型的な崖地とその周辺での危険な開発の例である。そこで、この地の場合もまず開発以前の土地の状況をつかむため、発行年代を異にする古い地形図と現在の地形図を比較しながら、団地造成にあたっての地形の改変のようすを検討してみた。

それらの地形図のうち、ここには国土地理院が今震災後1995年に発行した震災現況図と1932（昭和7）年発行の地形図を並置した（**図1-6**）。

現在の地形図では、団地域の全体が平坦化されているが、1932年地形図を見ると団地の東部にあたる部分は谷であったことがわかる。この谷が現在の地形図からはまったく消えている

▲ 崖地崩壊の全景、崩壊地の上部より下方を望む。

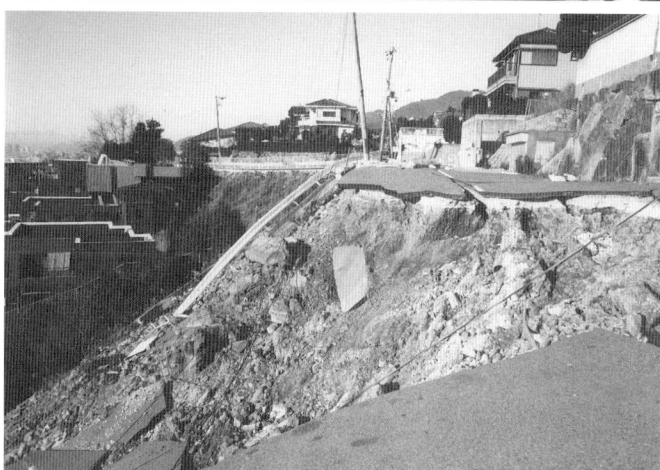

◀ 急崖斜面直上の盛土部に敷設された道路が破壊され土砂が崩落、下部には民家多数。

写真1-3 神戸市東灘区西岡本町の山麓に造成された盛土崖地崩壊

ことから、団地の西側部分が削り取られその土砂で東側の谷間を盛土して埋め全域を平坦化したことが読みとれる。

このことは、震災当時東灘区災害対策本部より緊急に出された避難勧告指定地域の範囲が、団地のほぼ東半分に集中していたが、この部分こそまさに旧谷域の盛土地部と一致していたのである。

今震災では、崩落した土砂が崖の途中で停止したため、崖の直下に立ち並ぶ民家やアパートへの直接的な被害は出なかったが、もし地震発生時が雨季であり、盛土中の地下水位が上昇している時期であれば、谷間の埋土部が団地の建物と一緒に流動し「家ナダレ」現象を発生させ、大災害をまねく可能性が大きかったことを明記しておく。

山麓にかけての緩斜面や崖の直上部と直下での開発は、可能なかぎり避けるべきであり、断層線の近くであればいっそう慎重な配慮を要する。それが防災の基本である。このような地域が開発される場合は、平坦地を広く確保したいため、高い部分が削り取られ谷間など低い部分が盛土して埋められるが、盛土部分が広ければ災害時の被害も拡大するのは当然なことである。

開発がどうしても必要な場合は、地形の改変をできるかぎり小規模にとどめること。さらに慎重に地盤の安定度を調査し、豪雨時や震災時を想定したうえで、地盤をいっそう強化させるような工法で施工することにつとめねばならない。

3. 山麓から海岸低地の被害

山麓から海岸にかけての低地には、高いほうから以下のような地形が配列している。
1) 山麓近くに位置する大阪層群からなる丘陵や高位・中位の段丘からなる台地、
2) ほぼ最終氷期頃までに形成された古期の扇状地、
3) それ以降に形成された新期の扇状地と、現河道に沿う谷底平野、
4) 新期扇状地の末端から海岸にかけて発達している三角州性低地、
5) 旧汀線の位置に対応して形成された砂州・砂堆列、
6) 主として戦後に造成された海岸に続く埋立地や高度成長期以降造成された巨大な人工島。

以上のような地形の形態と構成物質、形成営力と形成時代をもとに「地形分類図」を作成した（**図1-2**参照）。以下本図をもとに各地形ごとの被害状況や被害の特徴をみていこう。

1) 山麓に接する丘陵や台地面上での被害は、山麓を規定する断層線に最も近い地域なのにきわめて少ない。このことが、今震災の大きな特徴の一つである。ただし、前記したように丘陵や台地の端は崖を形成していることが多く、この周辺では開発に問題がある場合の被害が目立つ。

2) 旧期の扇状地面での被害も少ない。しかし、このうち山地よりの扇頂・扇央にかけては少ないが、扇端近くになると同一の扇状地面上でありながら、被害が多くなる。

3) 新期の扇状地と河道沿いや谷底平野にあたる部分は、全面的に大被害地域となっており、ここが今震災の被害が最も集中した地形単位であった。三宮周辺の高・中層ビル被害や、鉄

写真1-4 高層ビルの中層部での破断被害
上：JR三ノ宮駅前の交通センタービル、下左：神戸市役所2号館、下右：明治生命ビル

道・高速道沿線の被害が大きかった（**写真1-4、1-5**）。

4) それに続いて被害の大きい地形が、三角州性低地である。しかし三角州性低地のうち、海岸に近い部分での被害は減少する。

5) 砂州・砂堆などの砂質地盤のところでは、被害が少ない。さらにその周辺低地でも、地下

写真 1-5　主要交通機関の施設被害状況
上：常時のJR新幹線高架部、左上：道路上に落下したJR新幹線の高架部、左下：阪急今津線線路上に落下した
JR新幹線の高架部、右：すさまじいJR山陽線六甲道駅付近の橋脚の破壊

に砂層が続くところでは少ない。とくに西方、長田区の和田岬にかけての南部低地域はその北部よりはるかに被害が少ないが、この部分の低地は、表層地質図や地層の断面図をみれば、砂層から形成されているところであることがわかる。この地域では、火災による被害が大きかった(**写真1-6**中)。

写真1-6 建物の被害状況
上：夙川沿いの座くつしたマンション　西宮市、中：長田区周辺の火災跡、下左：東灘区「元住吉神社」の鳥居や燈廊の破壊、下右：破壊されたCOOP（コープこうべ）の建物

▲ 海岸部の魚崎浜埋立地の被害

◀ 六甲アイランドビルの浮上り
（60cm）

写真 1-7　海岸部の埋立地（灘区魚崎港）および人工島（六甲アイランド）の被害（その 1）

▲ 東灘区・魚崎浜埋立地の南西部、液状化河川の出現状況。当初は液状化洪水状況となったが、数日後乾燥したら強い海風で沙漠状と化した。

▲ 東灘区・六甲アイランドの液状化による地表部の流動と陥没

▲ ガントリークレーン脚部の破壊状況

写真 1-8　すさまじい液状化に伴う海岸部の埋立地（灘区魚崎港）および人工島（六甲アイランド）の被害（その 2）

4. 海岸の埋立地および人工島の被害

　この地域の被害は、主としてケーソンを沈めていく工法で造られた厚いコンクリートの護岸が、海側へ流動した結果生じた護岸のせり出しと、それに伴う護岸の内側周辺の陥没による被害が大きかった（**写真 1-7〜8**）。陥没の深さは、海水面に達しているところが多いことから 2〜3m、ところによっては 4〜5m にも達している。この現象は人工海岸のほぼ全域で生じている。例えば六甲アイランドでは、人工島の周囲全体が上記のような破壊状態を示し、その部分がコンテナバースと荷積み・荷おろしのための巨大なガントリークレーン群など、ちょうど港湾施設が位置するところであった。このため、その一部は海中に倒れこんだり、遠目には立っ

ているように見えても近
づいて見るとことごとく
といってよいほど脚部が
レールから離れたり、折れ
曲り、破壊されてしまって
いるという無惨な状況で
あった。護岸の海側へのせ
り出し量は、運輸省港湾局
の報告によると、六甲アイ
ランドでは最大6.9m、平
均2mである。

住宅都市として発展して
きた芦屋市では、このよう
な埋立造成地が芦屋浜の
名称のもとに市街地の延
長として開発されてきた。
造成地の中心部は高層団
地のビル群であるが、それ
らをとりまくように海岸
にかけて一戸建ての住宅
が配置されていたため、建
物は護岸のせり出しとと
もに海側に移動しあるい
は陥没して大きな被害が発生した。

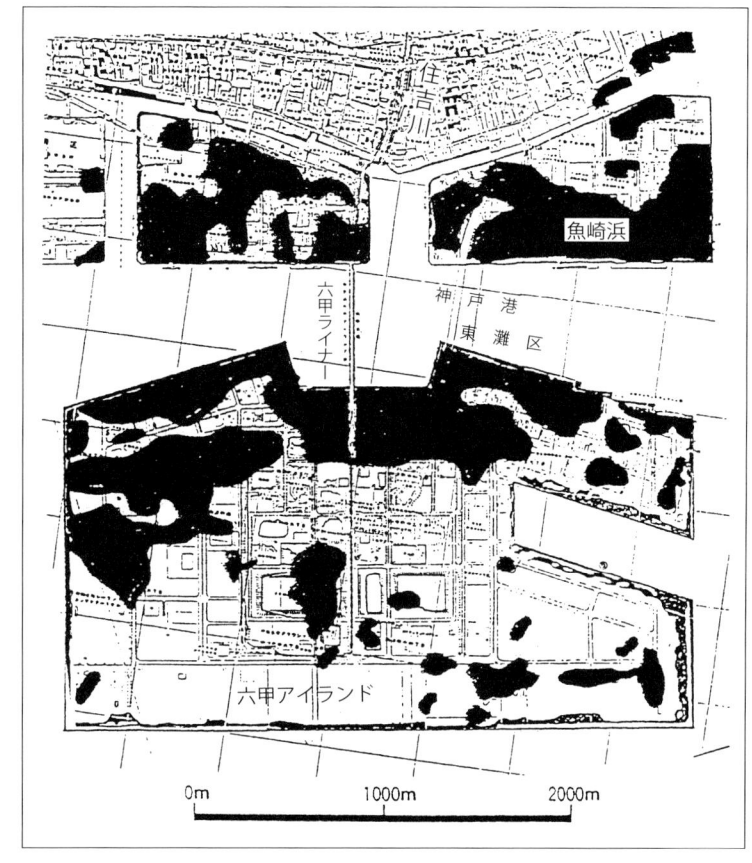

図1-7　阪神大震災による魚崎浜埋立地と六甲アイランド付近の液状化地域の分布
(筆者の調査結果に国土地理院(1995)および国際航業(株)(1995)資料をコンパイル)

　埋立地や人工島では、地盤の液状化もきわめて激しく、一部には噴砂の中に小礫まで混入する「噴石現象」さえ生じたほどであった(図1-7参照)。噴出してきた地下水と土砂は地表をまるで洪水のようにおおい、数日後から乾燥してくるに従い、一面砂浜の状態と化した。さらに、その後は海風にのって砂嵐の日が続くという異様な状況を呈した。
　さらに、これらの地域では当然ながら地盤自身の圧密沈下が進み沈降した。例えば人工島の六甲アイランドの場合、現地での目測でも建物と地面・路面との差が、中央部の高層ビル付近で5〜30cm、その外側の工場や倉庫周辺では30〜60cmの差を生じていた。芦屋浜の高層団地中央部に位置する大型スーパーダイエーでも入口の階段が2段分、約60cmが路面から浮上っていた。
　以上のような、激しい液状化を伴う地盤沈下と建造物の不等浮上がり現象は、地下に埋設されていたガス管や上・下水道管などをことごとく切断してしまい、ライフラインの破壊を大きくしてしまった。

5. 帯状の被害集中地域の出現とその要因についての解釈

(1) 被害集中地域の出現

市街地の広がる山麓から海岸にかけての被害は、震度Ⅶの激震を最大に、震度Ⅵの烈震、震度Ⅴの強震までのランクで全域がおおわれた。

まず、気象庁によって震度Ⅶにあたる地図上に示した帯状地域が公表された。その後、国土地理院(1995)や民間企業の国際航業(株)(1995)、中央開発(株)(1995)、さらには日本都市計画学会関西支部・日本建築学会近畿支部(1995)、日本地図学会(1995)などから、精力的な調査に基づく被害状況図が報告されてきた。これらの図には、被害の実態を早急に把握するために作成されたものや、建造物の被害状況を掌握するために市街地を中心としたもの、山地の崩壊から人工島の液状化地域までの被害の全体像を示すことに務めたものなど、それぞれの目的によって相違がある。しかし、それらすべてが貴重な報告であり、種々の図の内容を重ね合せて検討することによって、今震災の全体像をより正確に知ることができる。

ここでは、まず被災地域の広がりや集中地域の状況をつかむため、筆者が作成した前記地形分類図に国土地理院作成の地震災害現況図を重ね合わせてみた(図1-8)。この図からは、山地側および海側へかけての被災地の微妙な地域差、同様に山麓でも西部と中央部での差や東部での拡散状況などを読み取ることができる。

次に、上記報告図のうち、被災地域全体を震度Ⅴ、Ⅵ、Ⅶ、さらに超震度Ⅶと区分した中央開発(株)作成図と地形分類図とを重ね合わせて、どのような地形のところに、どの段階の被害が広がり、さらには集中しているかを検討してみた(図1-9)。

その結果、震度Ⅴは山麓から低地にかけてのほぼ全域をおおう。震度Ⅵは、国土地理院作成図や国際航業(株)作成図の被害地域の広がりとほぼ一致している。震度Ⅶの、家屋の倒壊が30％以上という段階は、震災発生直後気象庁から発表された震度Ⅶの被害の帯状の広がりにあたる部分をその後の精査によってより詳細に図示したものであるが、中央開発(株)作成図の最大の特徴は、さらに倒壊家屋が50％以上の区分を設定し超震度Ⅶ地域として図示したことである。

この図によって、これまでは家屋の被害地域、鉄筋コンクリートビルの被害地域、死亡者の分布地域なども、気象庁発表の震度Ⅶ地域同様に地図上では「帯」状の広がりとして報告されてきたが、帯状地域の内容を一層詳細に分析することができるようになった。すなわち、震度Ⅶの地域はほぼ帯状に広がっているが、超震度Ⅶの部分はその間にあって多数の島状に分布しており、島状地と地形条件や河道との関係などについての分析が可能となった。

(2) 地形分類図との対比

震災の帯と称される被害集中地域の状況を、山麓から海岸にかけて2万5千分の1スケールで作業し作成した地形分類図と中央開発(株)図とを重ね合わせて再検討してみよう。地形分類

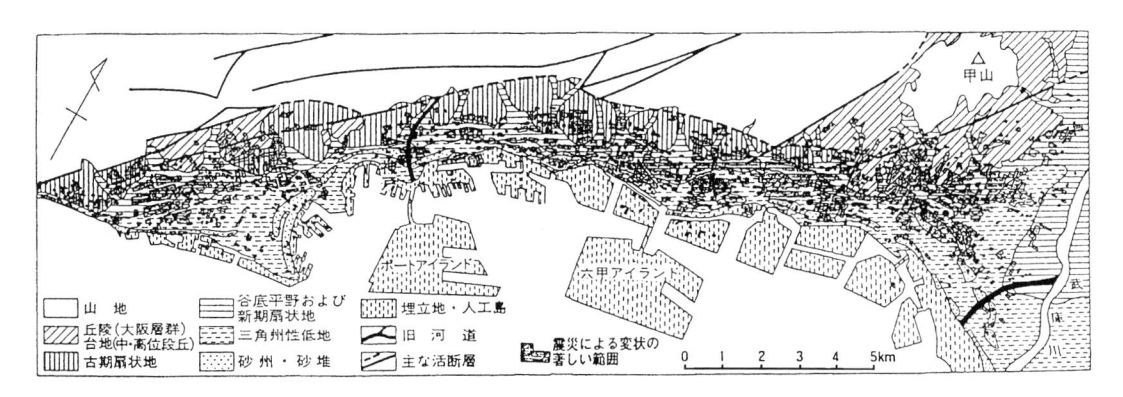

図1-8　阪神大震災被害状況——その1（地形分類：池田　碩、被災状況：国土地理院1995）

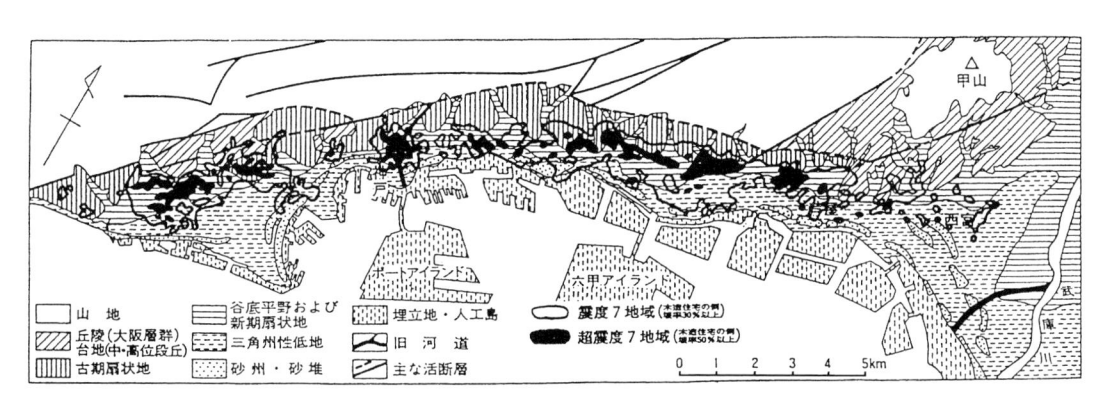

図1-9　阪神大震災被害状況——その2（地形分類：池田　碩、被災状況：中央開発（株）1995）

　図中の各地形単位地域ごとの被害の特徴はすでに記したが、ここでは改めて全体をながめてみよう。
　被害集中地帯を示す震度Ⅶにあたる部分は、山麓とほぼ平行して帯状に延びている。この部分を地形からみると、新期の扇状地を中心にそれより山麓側に位置する旧期の扇状地の末端や下部に位置する三角州性低地の部分を一部含んで広がっていることがわかる。
　すなわち、被害が集中している地域の帯は、山麓と平行してはいるが、山麓からやや離れ、一方地形的には最も軟弱層が厚くなる三角州性低地のうちでは海岸よりも山地側に寄った部分にあたっている。しかも、この帯にあたる部分では、一部帯の延長上に位置する大阪層群の丘陵や段丘地形面上をも被災地と化し、それを越えてさらに延長していく。これらのことから推測すると、震災の帯にあたる部分は、基本的には形成の新しい軟弱地盤のところではあるが、全体に山地側寄りであり、しかも一部には地形区分の単位を越えて延びていることが注目される。
　さらに被害集中地帯の中にあって、多数の島状の分布を示しながら連なる超震度Ⅶの島の列についての考察も重要である。特徴としては(1)島状地は、天井川が発達している地域だけに現在の河道沿いよりも、河間地や後背湿地に多いこと、(2)島状地や形態は、円形か帯の延びの方向に楕円形を示していること、(3)しかも帯の西端から東端にまで、途中とぎれることな

く分布していること、などがあげられる。これらのことから考えると、今回行ったオーダーでの地形分類で判断する限りでは、超震度Ⅶの島状地と島がとぎれる所は、地形条件とほぼ対応している。しかし帯状地域は地形と対応しない。すなわち、帯の形成要因については、地形以外の条件が効いている。

6. さいごに

　今回の災害発生の引金は地震であり、六甲山地周辺での被害は、南麓に位置する断層が活動したことに起因することはまちがいない。このため地震による被害の集中地域の分布には一定の傾向が認められた。しかしながら被害の内容にはそれぞれの特徴や地域差もみられる。

　例えば、山地の崩壊は西六甲に少なく東六甲に多い。しかもその分布は断層沿いや急崖帯に多いが花崗岩の組織の差も出ている。また、建造物の被害が集中する山麓低地での被災地域や震災の帯は、山地から若干離れてはいるが山麓線と平行して延びており、しかも軟弱な地盤の分布からみればむしろ若干山地寄りに位置している。超震度Ⅶの島状激甚被害地の形成メカニズムについては、今後千分の1オーダー位での微地形に対する議論が必要である。しかし現在のように市街地化が進行してしまった状況では微地形の調査は容易ではない。また一方では建築物自体の強弱の問題が大きくかかわっており、分析は一層複雑になる。

　海岸の埋立地や沖合の人工島では、護岸のせり出しによる被害が著しかった。液状化現象も噴砂に噴石を伴うほどで、予想を越えた激しさと広がりを示し、地盤の沈下や建物の浮上がりによって地下に埋設されたガス、上・下水道管などのライフラインが切断されるという大変な事態となった。山麓での無理な開発に起因する被害と合わせ、人工的に造成された地盤では、その規模が大きくなるほど被害も増大し予想外の事態が出現した。

〈 参考資料・文献 〉

水山高幸・前田　昇・井上　茂・高橋達郎・羽田野誠一・守田　優・岡　義記・池田　碩・大橋　健・加藤瑛二(1967)：「阪神とその周辺の地形」、地理学評論 40、585-600 頁。
六甲砂防工事事務所(1995)：「崩壊地分布図、1：10,000」。
池田　碩(1995)：「阪神大地震と地形災害」、地理 40(4)、98-105 頁。
池田　碩(1995)：「阪神大震災と地形条件」、日本地形学連合(編)『兵庫県南部地震と地形災害』所収、95-109 頁、古今書院。
室崎益輝(1995)：「大震災に学ぶまちづくりのあり方」、地震と震災—阪神淡路大震災の警鐘—、国土問題 第 51 号、210-217 頁。
国土地理院(1995)：「兵庫県南部地震災害現況図、1：10,000」。
国際航業株式会社(1995)：「阪神大震災の被災マップ、1：10,000」。
中央開発株式会社(1995)：「1995 年兵庫県南部地震—阪神大震災災害調査報告書」。
日本地図学会(1995)：「阪神大震災地図、1：21,000」、日地出版株式会社。
日本都市計画学会関西支部・日本建築学会近畿支部(1995)：「被災度別建物分布状況図集、1：5,000、1：10,000」。

第2章　よみがえった震災地「玄界島」／2005年

1. はじめに

　2005（平成17）年3月20日午前10時53分「福岡県西方沖地震」が発生した。震源は予測外の地域で、深さ9km、M7.0、震度6～7と推定（震度計未設置のため）の海底であった。この付近では1898（明治31）年8月10日に南西側の九州本島でM6.0の糸島地震が発生しているくらいである。この地震による被害は、福岡市の繁華街の高層ビルからガラスの雨が降ったとマスコミに報じられたほどであったが、さらに被害は北方の海岸から島嶼群にも多発し、なかでも震源地に近い「玄界島」の漁村では壊滅的状況となった。

　被害の大きかった「玄界島」は福岡市西区に所属し、博多港の北方沖合20kmに位置する（**図2-1**）。面積は1.14km²の小さな漁業のみの島で、人口は昭和30～60年頃までは1,000人を推移していたが、その後は急に減じ現在は232世帯で700人と化していた。

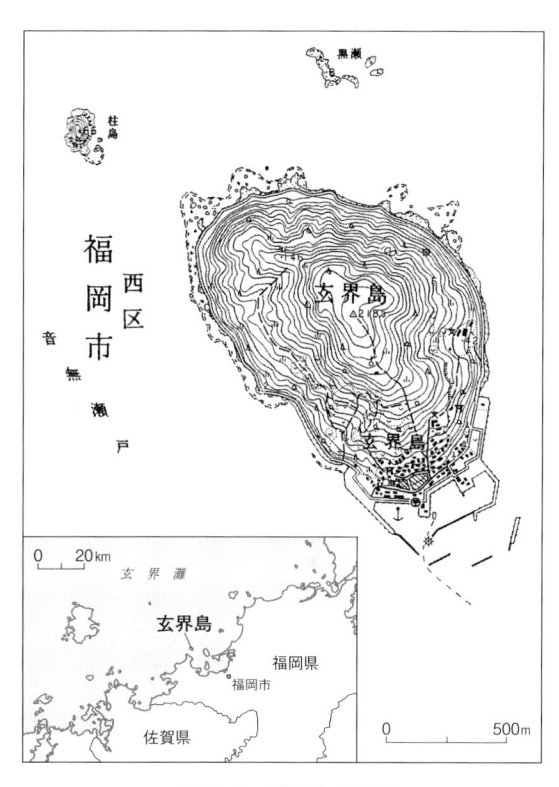

図2-1　調査地の概要
1：25,000地形図「玄界島」（平成13年修正測量）、40％

　島の北側は日本海の玄海灘に臨み荒浪に洗われるため、急崖が続き集落は無い。それに対し、島の南側は博多湾に臨み波も比較的穏やかである。気候的にも温暖であるため、平地は無いが緩斜面に沿って漁村特有の民家が海岸から這い上がるようにびっしりと密集していた（**写真2-1参照**）。石垣の多い集落地の道路は急坂で狭く、自動車の走れない不便な島であった。島内にはお寺も無く観音堂のみで、主要行事は神社を中心に行なわれていた。小学校・中学校が各1で、高校は無い。このように厳しい生活環境であるため、近年は特に若者を中心に島を離れる者が多く、典型的な過疎で高齢化の進んだ島となっていた。

　この島を地震が襲ったのである。その結果、家屋の半数が全壊で被害を受けなかった家屋は無いという甚大な被災状況であった（**表2-1、図2-2**）。昼間の発生であったのが幸いしたため

表2-1　住宅被害

単位：棟

被害区分	全市	東区	博多区	中央区	南区	城南区	早良区	西区 玄界島を除く	玄界島
全　壊	141 (0)	6 (0)	9 (0)	9 (0)	1 (0)	0 (0)	2 (0)	7 (0)	107 (0)
大規模 半壊	8 (0)	4 (0)	1 (0)	1 (0)	0 (0)	0 (0)	0 (0)	1 (0)	1 (0)
半　壊	315 (13)	52 (1)	42 (0)	66 (8)	5 (2)	0 (0)	27 (2)	78 (0)	45 (0)
一部損壊	4,756 (151)	1,315 (29)	334 (12)	494 (70)	69 (16)	176 (0)	462 (13)	1,845 (11)	61 (0)
計	5,220 (164)	1,377 (30)	386 (12)	570 (78)	75 (18)	176 (0)	491 (15)	1,931 (11)	214 (0)

（　）は、共同住宅の棟数で内数・福岡市

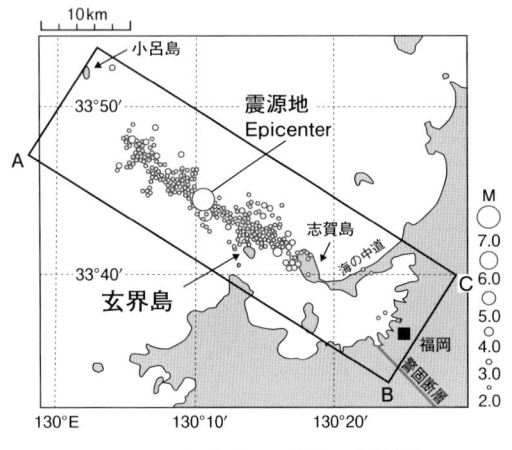

図2-2　震央分布図（福岡市提供）

か死者の出なかったのが信じられないほどのすさまじい有様であった。ただちに福岡市役所内に災害対策本部を開設、島では新築されたばかりであった漁協の玄界島支所に現地本部を設置。当日中に全島民を船で福岡市中央区の九電記念体育館へと避難させた。

　被害が激甚であり、その後の対応について話し合いを重ねた末にやっと斜面に位置する全集落を取り除き、すべての土地を新しく造成・整地し直して、安全で生活にも便利な集落へ作り変えることに決定した。その後は島民と行政側とが一体となって、正に復興へ向け必死の葛藤と粘り強い戦いが続いた。そして3年半が経過した2008年10月、集落が、島がよみがえった。筆者も被災直後から毎年現地を調査のため訪問してきた（**口絵ⅲ参照**）。本章では被災時の状況と復興経過をメモリアルとしてまとめておく。

2. 集落の解体と復興事業

　全島民の島外避難を無事終えた後も、余震への心配があること、さらには離島であり日常の生活物資の多くを移入している状況を考えると、しばらくは帰島の予定は立てられないままの生活を覚悟せねばならない。福岡市では当分の間の生活に対する救援と、体育館ではなく生活の場の確保のため、ただちに仮設住宅の建築を進めることにした。

　若干落ちつき出すにつれ、当然ながら今後島をどう復興させるのか、その中で各家はどう対応するかを考えねばならなくなる。

　そこで皆が集まって考える会を組織することになり「復興対策検討委員会」が立ち上げられた。第1回の会合が5月7日に開催され、さらに第1回の島民総会が5月21日に開かれた。そ

第2章　よみがえった震災地「玄界島」／2005年　　　　　　　　　　　　　　　　　　　*31*

▲海岸から斜面へと住宅などが密集していた被災以前の漁村（福岡市提供）

▲被災時の状況

↕　　　　　　　　　　　↕

▲復旧後

写真2-1　各地の復興状況―1―
中段・下段は同一の場所（池田撮影）。

表2-2 小規模住宅地区改良事業の概要（小規模住宅地区等改良事業制度要綱）

目的	不良住宅が集合すること等により生活環境の整備が遅れている地区において、住環境の改善を図るため、健康で文化的な生活を営むに足りる住宅の建設、建築物の敷地の整備等を行い、もって公共の福祉に寄与する。	
補助対象と補助率	・不良住宅の買収・除却	1/2（跡地非公共の場合1/3）
	・小規模改良住宅建設用地の取得造成等	1/2
	・小規模改良住宅整備	2/3
	・用地取得	1/2
	・公共施設・地区施設整備	1/2
	・津波避難施設等整備	1/2
根拠規定	・小規模住宅地区等改良事業制度要綱（平成9年住宅局長通達） ・住宅地区改良事業等補助金交付要領（国土交通省住宅局長通知） ・平成18年度における住宅局所管事業に係る標準建設費等について（国土交通事務次官通知） ・改良住宅等管理要領（国土交通省住宅局長通知）	

の中で島民がまとまり一丸となって復興に取り組むこと、被害の大きい集落密集地域である斜面部分は、一体的に整備したいと行政側に要望することで意見がまとめられ、この「ピンチをチャンスに」を合言葉にして頑張ることにした。福岡市の災害対策本部では、さらに玄界島復興担当部を置き、12名ほどの専門家でプロジェクトチームを組み対応することに決定した。

とりあえずは阪神・淡路大震災の復興事業の事例から学ぼうと、6月15・16日に被災後立派に復興させた各地を視察した。そのうち松本地区の中島会長さんから、やはり復興に当たって一番大切なことは「地域住民の心が一つになることです」との言葉が特に印象に残ったという。

その後行政側では復興に向けての事業手法として複数案を検討、そのうちから国の補助金を含むこの地の復興にとって効率の良い「小規模住宅地区改良事業」（表2-2）を採用して、7月17日の第2回目の島民総会で説明され合意を得た。

その後は、3年間で復興事業を完了させることを目標に、まず島民の土地・建物の買収が行なわれ、急速に家屋の解体と造成工事が進められることになった。

3. 復興事業の展開

島の集落を解体して造成し直し、新たな島づくりとまちづくりを進めるに当たってまず重要なことは、島自体の地盤地形が安全なのかの確認である。

震災発生後、種々専門分野の研究者や学会規模での調査が進められた。標高218mの玄界島の基盤は花崗岩であり、山頂部には玄武岩がキャップロック状に載っている。地盤工学会からは、集落地域の斜面を中心に調査を行った結果、大きな地滑りは発生しないとの判定が出、ほっとした。

つぎに島民たちの精神的な支えとなってきた小鷹神社・若宮神社や観音堂の再建と修復を行なうことを決定する。10月からはまちづくり案や復興プランの策定に向けての意見とそれらの取りまとめが進められていく。それぞれを行政側に持ち寄り検討して詰めを急ぎ、より満足

写真 2-2　各地の復興状況—2—
都市郊外並みの住宅を目標として、全体が解体された後に造成された（池田撮影）。

できる案へと何度も修正していった。やっと 2006 年 1 月 25 日の第 5 回総会で、まちづくり案が決定、さらに復興作業のスケジュール案も報告された。

　7 月からは、いよいよ旧集落全体の解体作業が開始され、10 月末には完了の予定で進む。10 月には造成と整地作業も同時に進み出す。その後の経過を戸建住宅の場合を中心に記すと、2007 年 6 月には宅地の配置が確定。7 月には造成工事が完了する。11 月からは戸建住宅の建築が始まる。

写真 2-3　各地の復興状況—3—
上：御神体や仏像は海岸に仮置きされていたが、下：新造された社殿や観音堂へ移された（池田撮影）。

　筆者が訪問した2007年10月5日頃は、慶事を務められていた神主さんは「地鎮祭」のハシゴで大変な状況であった。小鷹神社・若宮神社の修築工事も完了する（**写真2-2、2-3**）。
　2008年3月に入ると戸建住宅も一斉に建ち上がってき、新築住宅が並ぶ景観はまさに圧巻、島のよみがえりに接することができた。倒壊した納骨堂も新築され、3月25日までに全員帰島。3月末で復興事業所閉所、福岡市の復興部も廃部。担当してきた部員たちはそれぞれ新たな部署へと配置替えされていった。

第 2 章　よみがえった震災地「玄界島」／2005 年　　　35

◀ 2005 年
　3 月 23 日
　（福岡市提供）

◀ 2008 年
　3 月 25 日
　（福岡市提供）

◀ 2008 年
　9 月 13 日
　（池田撮影）

写真 2-4　よみがえった玄界島（巻頭口絵カラー ⅲ 参照）

3年間まさにフル回転、総事業費71億円をかけた全ての復興事業が完了した。

4. さいごに

　全島民を島外避難させるという最悪の事態に直面したが、玄界島の所属する地方(じかた)が、福岡市の西区であったことはその後の対応に利した。福岡市では、ただちに市長を本部長とする「災害復旧・復興本部」が設置された。当面の財政力もあり、有能な行政スタッフのチームが担当することになった。島民側では、自主的組織として「玄界島復興対策検討委員会」が発足した。その後は両者が綿密に話し合いを重ね、対応を検討してきた。

　復興・帰島の目標を3年とし、「小規模住宅地区改良事業」方式で進めることに住民の総意で決定した。続いて、大規模地震の被災地で復興の経験のある阪神・淡路地方を訪問し、復興に向けてのモデルプランとその進め方を学んだ。

　そうして集落全体を解体した上で新しいまちづくり・島づくりに向けて島民が一丸となって「ピンチをチャンスへ」を合言葉に復興へスタートを切ることができた。その後の経過は前述したように展開された。その結果、目標通り3年間で大事業を完成させることができた。

　以上の経過は、災害多発国である我が国での被災発生地域におけるモデルとして、今後生かされるであろう。

　結果的には、玄界島は生まれ変わり、よみがえった(**写真2-4**)。集落の位置こそ変わってはいないが、集落の景観と生活環境は一変した。建物は都市郊外の新興住宅地同等になり、生活面でも自家用車を利用できるようになり、その他あらゆる生活空間が快適になった。老人のための憩いのホームの設置やエレベーターを使用した高位置への道路対応も考えられた。

　しかしながら、この島が高齢者の多い「老人の島」、さらには「過疎の島」であることに変わりはない。被災からはよみがえったが、これからの島の行方が注目される。筆者もこれまでと同様に時折この島を訪問して、追跡と考察を重ねたいと思っている。

〈参考文献・資料〉

大村　寛 他(2005):「2005年3月20日福岡県西方沖地震による土砂災害に関する研究報告」、砂防学会誌58(2)。
川瀬　博(研究代表者)(2005):「福岡県西方沖の地震の強震動と構造物被害の関係に関する調査研究」、平成17年度科学研究費(特別研究)。
玄界島復興だより 第1号 2005.7.10 - 第16号 2008.3.31：玄界島復興対策検討委員会
国土交通省国土地理院(2005):「福岡県西方沖を震源とする地震災害状況図」。
西日本新聞社(2005):『特別報道写真集 福岡沖地震』、西日本新聞社。
福岡県立戸畑中央高等学校郷土部(1967):『玄界島』、137頁、離島調査第10部。
福岡市教育委員会(1995):「志賀島・玄界島遺跡発掘調査報告書」、『福岡市埋蔵文化財調査報告書』第391集。
福岡市(2008):『玄界島震災復興記念誌』、都市整備局玄界島復興担当部。

第3章 イタリア中部古都ラクイラで発生した震災／2009年

1. はじめに

 2009年4月6日午前3時32分、イタリア中部の中世城下町アブルツオ（Abruzzo）州の州都である人口7.3万人のラクイラ（L'Aquila）が、内陸直下型地震（M6.3）に襲われた（**図3-1**）。震源地は北緯42°33′、東経13°33′、震源の深さは8.8kmであった。その結果、周辺部を含めると308名の死者・不明者を出し、約6万5千人が住宅を失うという大災害が発生した。
 イタリアでは、この年の8月に地中海の保養地

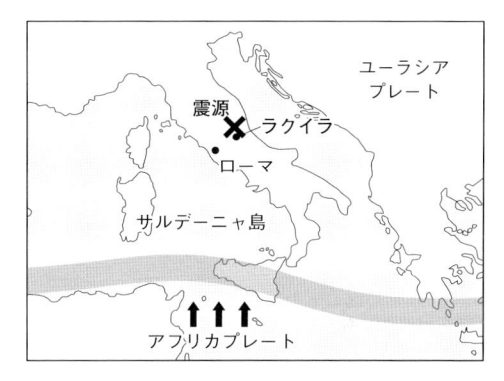

図3-1 ラクイラと震源

サルデーニャ島のマッダレーナ（Maddalena）において主要国首脳会議G8サミットを開催する予定で準備が進められていたが、震災復興を目指すベルルスコーニ首相の強い意向で、急きょ、被災中心都市のラクイラで開かれた。ところが、復旧に向けての作業は遅れ、市街地中心部はいまだに閉鎖されたままとの情報を得ていた。それはなぜだったのだろうか。
 ちょうどこの期に、我々は教室の海外巡検でイタリアを訪問することにしていたので、まず、危機管理担当のFUOCOから許可をとり、現地を訪問した。
 現地では被害地域と被害内容の特徴にもとづき、
  A．市街の中心地域
  B．郊外の新興住宅・団地域
  C．周辺の伝統的な農村集落地域
以上の性格を異にする3地域での被害の状況と、1年後の現状をたどった。主に写真で記録をとり、資料と当時のDVDも得たので帰国後それらを整理した。発生当初は日本からも土木学会・地盤工学会・日本建築学会・日本地震工学会などが合同で現地調査を行ない報告されていたが、その後のフォローは少ないようである。本章の内容は、震災から1年後のラクイラのようすである。

2. 調査地域の状況

(1) ラクイラ市街地中心部の被害と現状

 ラクイラはアペニン（Apenin）山脈中の山間盆地で、その中をアテルノ（Aterno）川が貫流し

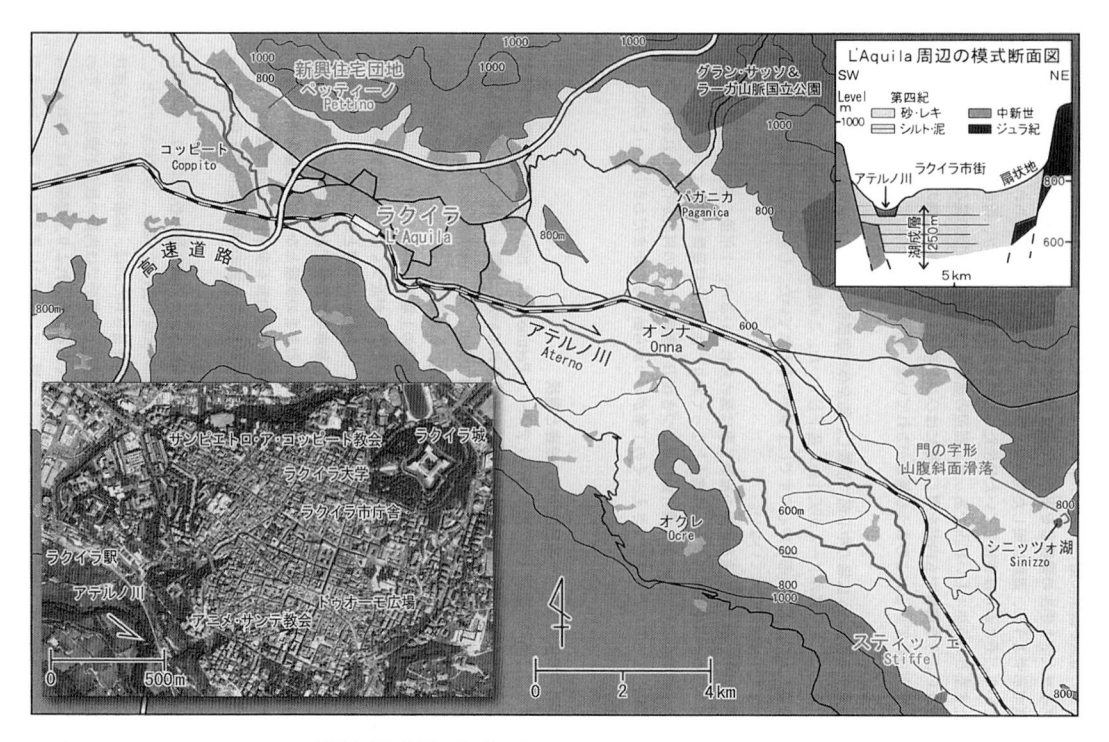

図3-2 ラクイラ周辺の地形と模式断面図（写真は GeoEye, DigitalGlobe, Cnes/Spot Image による）

ており、周囲には2,000 m級の山々が連なっている。盆地の底には厚さ250 m以上のシルト泥層からなる湖沼堆積層があり、その上部をアテルノ川の堆積物が覆い、さらに山地側からの地滑りや土石流を含む扇状地層が覆い丘陵化している。現在はその表層をアテルノ川とその支流が下刻しつつ流下している。市街地域は段丘化した平坦面上に発達しているが、軟弱な地盤の上であることに違いはない（**図3-2**）。

市街地域の地震による被害の大きな特徴は、ほとんどの建物が何らかのダメージを受けていることである。**写真3-1、3-2**でわかるように、中世起源の石積みや石造構造物の表面を漆喰や薄い石板かスレートで包みこんだだけの脆弱な構造の建造物が密集している。このため建物には大きな亀裂が入り、建物の上部が破壊したり倒壊したりしているものもある。ところが、それらの建物には貴重なものが多く、街全体が文化・歴史的遺産とさえいわれている。その代表的な被害の数例を示しておく。

○市庁舎・警察署などの官庁

写真3-1の下に示したように、外側を眺めただけではそれほど大きな被害はなさそうだが、近づいてみると倒壊防止の補強が縦横に施され、さらに内部には大きな亀裂が入り、使用はとうてい不可能である。

○ラクイラ大学と学生の犠牲者を出した学生寮付近は、特に建物の被害が大きい。

写真3-2で示すように、道路に面した建物の上層部は、石積みの壁が断ち割られるような状況で破壊している。そこからは寄宿していた学生たちの家具が落ちかけており、電話の受話器もぶら下がったままという生々しい状況であった。周辺の建物もほぼ同様の状態で連なってい

第3章　イタリア中部古都ラクイラで発生した震災／2009年

アニメサンテ教会

ドゥオーモ広場

▲アニメサンテ教会とドゥオーモ広場。ルネッサンス期の遺産構築物が並び、簡単には被害修復に手を付けられない

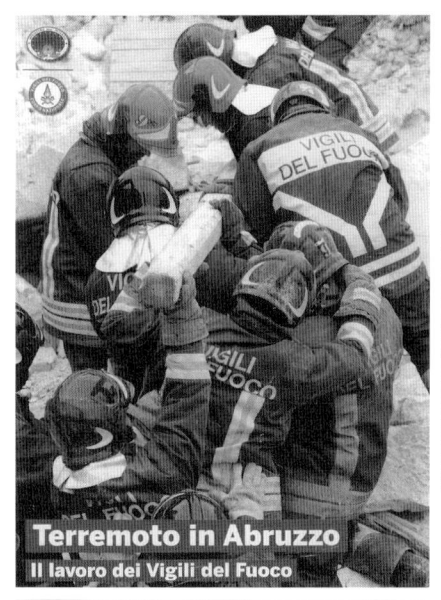

Terremoto in Abruzzo
Il lavoro dei Vigili del Fuoco

◀ 危機管理・消防本部広報誌

▲ 鉄条網のバリケードで囲まれた市街中心部

市庁舎周辺

▲ 市役所・大学・警察署など行政機関・公共施設の集中する広場

写真3-1　ラクイラ市街地中心部の被害と現状―1―

▲ラクイラ大学通りと建物の被害建築材（脆弱なレンガと石積み）の内部素材、表面を覆う漆喰の剥落と室内の破壊状況

▲ 中心街ビルの被害状況　建築材の内部の脆弱なレンガ素材とその表面を覆った石板の被害

写真3-2　ラクイラ市街地中心部の被害と現状—2—

た。若干被害が少ないような建物でも内部を覗くと壁にはひびが多数入っており、補強のための鉄柱が縦横に入り支えられている。このような補強がされていない部分では、室内に入るのは大変危険な状況であった。

　○ドゥオーモ（Duomo）広場の中心部に位置し、街全体の象徴的な存在であるアニメサンテ（Anime Sante）教会は、中央部のドームが天井から落下していた。この教会の修復には直ちに

フランスが援助を申し入れ、ドーム部を中心にすでに工事が行なわれていた。しかし、他の教会の被害も大きいがまだ手は付けられていない。

　市街地の中心部では危険な建物の補強工事は進められているが、1年後の現在も閉鎖され、鉄条網のバリケードで囲まれ立ち入り禁止となっており、住民は全戸避難移住している。しかし、いずれ中世都市としての遺産保護計画にもとづき復旧・復興のための再建築が行なわれるであろうが、案内してもらった責任者でさえ、その工事がいつから始まるのかまだわからないとのことであった。

(2) 郊外の新興集合住宅・高層団地域の被害と現状

　ラクイラ市街地の北西4kmの扇状地に位置するペッティーノ(Pettino)には、1980～90年代に民間の開発業者によって郊外型のモダンな集合住宅と団地が造成されていた。景観からは、どこの国でも見られるような世界共通規格の鉄筋コンクリートRC造りであり、2～3階建ての低層住宅(**写真3-3**の右側)と、5～6階建ての高層マンション(**写真3-3**の左側)とが建ち並んでいる。先に中世都市の古い市街地の被害状況を見てきた後だけに、遠くから建物の上層部を眺める限りでは、この周辺は被害がなく、明るく新しい建物が並ぶ地域に見えた。ところが近づくにつれ、低層住宅の場合は1階部分がピロティタイプであるため座屈しており、2階部分が1階となっている。1階の駐車場や倉庫部は押しつぶされて、ペシャンコとなった自動車や家具などから被害前の建物の構造がやっと想定できるという状況である。座屈し飛び出したままの状態となっている建物角のコンクリート柱や2階とのつなぎ部の柱を見ると柱自体が細く鉄筋の量も少ない。これでは1階のピロティの上に2階をのせたような状態で、構造上の弱点が多く、地震の横揺れには耐えられなかったと思われた。

　高層団地にあたる区画も近づいてみるとビルの表面には大小の割れ目が各所に入り、その間にはひび割れが多数見られる。2階部分に上がって内部の状況を覗いてみると、部屋の壁には亀裂が多く、所々崩れ落ちている。特に注目されたのは、高層の建物を支える直径1mほどの中心柱の破壊のすさまじさであり、その破裂した部分では内部の鉄筋が裸出し、その鉄筋は細く少なく組み方も単純なことである。危険であるためこれより上層階には上がれなかったが、この状況では、建物全体が崩壊せずに何とか建っているだけに過ぎない。いつまでもこのまま放置しておれば大変危険である。

　以上のような状況で、低層・高層の両建物ともに完全に使用不可能な状況であり、当然ながら無人状態である。それなのに、1年を経た現在も手付かずの状態で放置されているのが不思議であった。それには、文化財の多い中世都市でラクイラ市街の状況とは異なる要素、たとえば、行政の財源問題、復旧・復興事業者の主体性の問題、などを考えねばならない。

(3) 山麓部の農村集落地域での被害と状況

　ラクイラ市街地から東南へ13km、被害の大きかったオンナOnna村を経て石灰岩山地の山麓に位置する30戸ほどの伝統的な農業集落スティッフェStiffeを訪れた。ここも景観は普通の

【高層住宅団地（左側）】　　　　　　　　　　【低層集合住宅（右側）】

▲高層団地の遠望　　　　　　　　　　　　▲座屈し3階建てが2階の状態へ

▲高層団地、2階の室内破壊状態 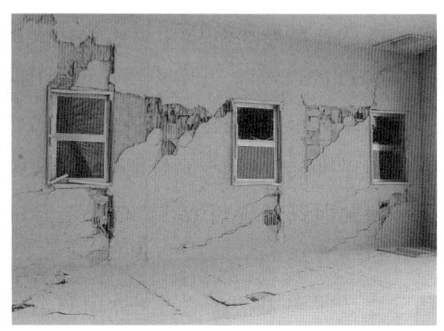　　　　　　▲外壁の破壊状態

▲1階ピロティ部の座屈状態

▲直径約1mの中心部柱の破裂状況と鉄筋の入り方

座屈下部にはペシャンコ状態の乗用車 ▶

写真 3-3　郊外の新興住宅団地と低層住宅の被害状況

田舎（**写真 3-4** の上）で、外観からは地震の被害はあまり感じられないが、住民全員が地震以後避難したままであり、1年を経た現在も無人の村となっている（**写真 3-4** の中）。農作業のためには避難している仮設住宅などから通ってきている状態だという。

現地に入ると、まずこの村のシンボルである教会があり、その正面入り口部分の被害が大き

▲ 集落全体の遠望

◀ 石畳の続く集落内部の石積み壁の落下と補強状況

▼ 教会外壁の補強

写真 3-4　伝統的な農村集落地域の現状

い。**写真3-4**の下が示すように、鉄パイプを縦横に組んで補強されていたが、教会の建物自体は修復可能のように思えた。

　集落は、山麓の小川に沿う小さな扇状地の扇頂から扇央部に位置し、川沿いでは最近まで水車が稼動していたという。集落の内部は、石敷きの狭い道路の両側に、この地の伝統と思われる現地素材の石積み壁が連なる家屋が密集していた。このような石積み家屋なので、外観よりも室内の方が被害が大きく危険なのかも知れないが、改築ではなく復旧であれば高額の資材の必要はなく、住民たちの自力でも可能であろう。

　それなのに、1年を経ても無人の村と化していることには他に理由があると思われる。それは、本震発生前に前兆現象が続き一部の熱心な研究者が避難を呼びかけたのに対し、地震予知委員会の研究者たちや行政が中心となり、それには根拠がないと抑えたことや、余震も時折続発しており、地震のトラウマと行政への不信が重なって、未だに対応が進んでいないことが大きいように思う。筆者の見る限りでは、いずれ近いうちに、ここは元のような田舎の農村へと復旧するものと考える。むしろ、現在の状況からどのような過程を経て、そのような時期に至るかに注目したい。

　なお、この地へ向う途中、集落越しの北方の山腹に、今地震で発生した代表的な斜面崩壊地を見ることができた。

(4) 復興住宅の建築状況

　被災後直ちに、ドゥオーモ広場やショッピングモールの駐車場、その他周辺の空き地にテント村が急造され、2万人を収容し、幼稚園や小学校のためのテントも張られた。そのようすは当時の報道写真グラフや入手できたDVDから読みとれる。さらに行政が中心となって、被害の少なかった周辺都市のホテルの部屋を借り受けている。その後、仮設住宅の建設が始まった。

　現在は、市街に近い土地に、地震にも対応できるようなレベルの高い低層住宅や高層のマンションタイプの団地が復興住宅として建設されている（**写真3-5**）。このような復興住宅は今後も建築されていくだろうが、サラリーマン的住民であれば住み着けるとしても、避難のためにやむなく一時的に市街地を離れている住民も多く、市街地内に商店や生活の場がある人々はそこから離れることはできないはずである。今後、市街地自体の復旧、復興を待って街へ帰る人々への対応が必要である。

3. 阪神淡路大震災地域との比較

　ラクイラの地震による被害と現在の状況とについて記してきた。これを、我々が体験し調査してきた1995.1.17阪神淡路大震災時の状況と比較してみよう。

　まず、両地域は、若い第三紀の造山帯に位置し、さらに内陸直下型であったことなど、自然環境はほぼ共通している。

　つぎに、ラクイラ被災地域の特徴からA・B・Cの3地域について報告したが、それぞれの地

第3章　イタリア中部古都ラクイラで発生した震災／2009年

▲低層集合住宅

◀中層団地

◀建築中の高層団地

写真3-5　復興住宅の建築状況

域で見られた被災の状況は、被害の規模は異なるとはいえ阪神淡路大震災時でも同様に出現した。ただし、A地域の市街地域については、ラクイラが中世起源の歴史的文化遺産の多い市街地域であるのに対し、神戸周辺地域は明治時代以降に発展した商工業都市域である点は異なる。

　阪神地域の行動は速かった。ただちに瓦礫を除去、その費用も1年以内は行政が負担した。そしてただちに復旧と復興が開始され、再建待ちの空地がしばらくは残っていたが、数年のうちには建ちあがった。最大の違いは、ラクイラの場合が、被災からすでに1年を過ぎた現在もA・B・Cの3地域共にほとんど手つかずの状態であり、未だに無住地域となっていることである。それはなぜか、どこに問題があるのだろうか。考えられることを上げると、

　○A地域の中心市街地のほぼ全体が歴史的遺産地域であるという要因はわかるが、では他のB・Cの2地域での遅れはどう説明したらよいのか。

　○経済(財源)的には、前年末に生じたリーマン・ブラザース破綻直後で、イタリアも世界的不況に直面していること。しかし、これも被害対応額から見れば3地域共通するとは思えない。

　○市庁舎(市役所)、警察、大学などを含めた多くの公共機関が市街地を離れており、行政の機能が低下していることは理解できる。しかし、もう新鮮なプランと行動が開始されてもよいのではないか。

　○復興を目指し、この地域でサミットを開催した意気込みは何だったのか。イタリア的パフォーマンスではなかったはずである。そうだとすればどう息づいたのだろうか。

　○地震の前兆現象と思われる予震が3カ月近くの間に200回も続いていた。さらに、ラクイラ在住の物理学者(ジャンパウロ・ジュリアーニ氏)が自身の研究から信念を持って避難を呼びかけたのに対し、地元の地震予知委員会と行政とが、根拠が薄い・ない、とその行動を抑えたこと。さらには本震後も予震が続いたなどへの地震に対するトラウマが残っており、この影響は郊外の農村部ほど強く存在していると聞いた。このことに関しては1年2ヵ月後、予知委員会が大地震の兆候はないと判断したことが被害を大きくしたとして、専門家ら7人の委員を過失致死の疑いで捜査しはじめたと報じられている状況である。

　○1年を経た住民たちの感覚を、地元新聞と「ワシントン・ポスト」紙の記事から推察しておこう。地元紙「チェントロ」の記者は、政府は財政難のうえ再建計画も不透明で復興案さえない、すべてが立ち往生したままである、と記している。「ワシントン・ポスト」紙によると、復興の遅れに市民団体の一部が集団で立入禁止のバリケードを破り、シャベルや手押し車を持って侵入、山積みとなった瓦礫を片付け、一部地域を綺麗にするという騒ぎがあった、という。現在の市民達のいらだった感情が読みとれる。

4. さいごに

　イタリアのラクイラ地震と日本の阪神淡路大震災とでは、地震発生の自然環境と被害の出現状況は類似する点が多いのに、被災後の対応や復旧・復興への取り組みとそのスピードの違いが大きいことがわかった。

ラクイラ地震で被災した危険な建物の補修工事は進められているが、本格的な復旧・復興に向けての作業はいつから始まるのだろうか。どのような計画の下に開始され、進行していくのか、さらにいつになったら完成するのかを、これからも追跡したい。その上で、改めてイタリアと日本でのこのような自然災害に対する思考や作業などの相違を比較したい。

〈参考文献・資料〉

池田　碩(1995)：「阪神大震災と地形環境」、地理 40(4)。
池田　碩(1996)：「阪神大震災と地形条件」、日本地形学連合学会(編)『地形災害』所収、古今書院。
上西幸司(2009)：「2009年4月6日イタリア中部(ラクイラ)地震被害調査速報」、自然災害科学 28(2)。
碓井照子(1999)：「阪神淡路大震災ボランティア活動と実践的GIS教育―奈良大学防災調査団の活動―」、奈良大地理 第5号。
碓井照子 他(2003)：「阪神淡路大震災地域における復興―データベースの作成と視覚化―」、地理情報システム学会講演論文集 Vol. 12。
土木学会・地震工学会・日本建築学会・日本地震工学会(2009.7)：「2009年4月 イタリア・ラクイラ地震による被害報告の概要」、合同調査報告書。
Ministere Dell'Interno Department De Vigili Socborse Pabblico E Difesa Civile(2009): *Earthquake in Abruzzo, 6. April. 2009 ―DVD―.*

COLUMN

イタリア・ラクイラ地震裁判

　イタリア中部のローマから北東約100kmの山間盆地に位置する古都「ラクイラ」で、2009年4月6日早朝にM6.3の大地震が発生し、死者約300人、約6万人が被災するという災害となった。

　この付近は地震地帯で過去にも大地震に見舞われている。数ヶ月前から微小地震が群発しており、地元の研究者が自分の研究結果から大地震が発生すると確信し予知していたこともあり、市民は屋外のテントで生活したり、遠地へ避難するものもおり、しっかりした情報を待っていた。

　これに対し、行政側の防災当局はデマだと抑え込み、市民達の不安を鎮めようと防災庁付属の委員会「リスク検討会」を当局と学者7名が集まり3月31日に開催、「大地震に結びつく可能性は低い」と事実上の「安全宣言」を出した。このため避難していた者も自宅へ帰宅した。

　ところが、その6日後に大地震が発生し、大きな被害を出した。犠牲者の中には安全宣言を聞き帰宅していた者が多かった。このため市民達が怒りだした。そして裁判となった。その初公判が2011年9月20日に行われ、大地震の兆候がないと判断したことが被害を拡大したとして過失致死傷罪で、元・防災庁幹部ベルナンド・デベルナルディニス、エンゾ・ボスキ国立地球物理学研究所所長など7人が起訴された。

　1年後の2012年9月25日に公判結果が出た。

　検察当局は、地震予知に失敗し、市民に誤った保証を与えたことで多くの死傷者を招いたとし、禁錮4年を求刑した。

　これに対し、科学者側は、「検討会では科学的な知見を伝えただけで、結論を出すような会ではなかった。政府が安全宣言を出すとも聞いていなかった」と責任を否定した。

　裁判はまだ続いている。

　この公判結果について世界の関係者も、どう決着するのだろうと注目している。

　イタリアと同じ地震国である日本の研究者たちは2011.3.11の東日本大震災を予知できなかったこともあり、あまりにも厳しい判決に驚いている。

　現地では、裁判中でもあり、復旧復興工事はおくれ進んでいないという。ただし、それには古都でルネッサンス時代からの建造物が多く、貴重な文化財を含むため簡単には処理できないこともある。

　このことは、京都・奈良とも共通する点であり、どう進行していくのか我々も見守りたい。やはりこのような大災害に対しては、研究者も住民も、その地域の自然災害史を学び、自ずから判断していく姿勢が大事であり、市民の命を守る行政の対応は特に重要である。

　今回のラクイラ大地震の場合、結果的にはそれぞれの立場で判断し、連携が不十分であった。この点は深く反省し、中・長期的に見れば大地震はこれからも発生することを忘れず、今災の教訓を生かしていくことこそ重要である。

第4章　兵庫県南部（阪神淡路）大地震と東北地方太平洋沖大地震との比較

1. はじめに

　両大地震および被災地域の状況と筆者の取り組みについて大きく比較してみると、次のとおりである。

　1995.1.17 兵庫県南部（阪神淡路）大地震
　　　被災地　　　：修士論文以来のフィールドで、地元ともいえる身近な地域
　　　震源と震災　：内陸直下型 M 7.3　激震災
　　　震災の広がり：淡路島と明石・神戸・大阪および、当時はかなり広いと思った
　　　犠牲者　　　：約 6,400 人
　2011.3.11 東北地方太平洋沖大地震
　　　被災地　　　：何回か訪ねてはいるが、かなり遠いなじみの少ない土地。
　　　震源と震災　：プレート境界型 M 9.0　津波災
　　　震災の広がり：はるかに広域で、東北地方全体と北海道・関東地方におよぶ
　　　犠牲者　　　：約 2 万人

　今回、まとめておくこととした視点は、
　①　1995.1.17 兵庫県南部大地震に取り組んでき、現在も追跡中であること。
　②　被害の全容をほぼ把握するために震災発生直後と2カ月以内で現地を4回に分けて全域をたどってきたこと。
　③　最も重要なのは、我々は現在も形成途次の日本列島に生活しており、歴史記録からも身近な東海・東南海・南海地域で巨大地震が近いうちに発生することがはっきりしていることである。政府の地震調査委員会でも、東南海地震が30年以内に発生する確率を70％程度、東海地震は87％と算定している。
　④　その時の被災状況を想定し、どのように対応すべきかを実態を通して考えるには今が重要な機会である。そのためにはハザードマップの向上をはかりつつ、防災から減災に向けてどう取り組めば良いかを考えていかねばならないこと、などである。
　なお、「福島原子力発電所」に関しては、事故発生直後から次々と「想定外」を連発させてしまったが、本章の性格と現場に立ち入れないことから、立地する場所と津波とのかかわりにつ

＊本章には、今回・今大震災・今災・今が……の書き出しが多出するが、論文として記した時点での記載であり、本文中でもそのままにしておくことにした。

いてのみを考察しておくことにとどめたい。

2. 内陸直下型大地震とプレート境界型大地震

「兵庫県南部大地震」は、直下からの突き上げエネルギー（ガル）による激震で大被害を生じた。具体的な地域（地形）毎の特徴をあげておこう。

○山間部・山上──山頂部

六甲山地の山腹斜面に裸出する岩体（花崗岩）の岩片や岩塊が激震で転動し、それらが集中した部分では岩塊流や岩石ナダレ現象を生じた。

さらに山上の尾根すじ部小起伏の頂部では、山体下部からの突き上げエネルギーが収斂し、岩（塊）峰の崩壊や岩塊の飛び石が生じ、岩体表面の風化部の削剥現象が生じた。

○山麓とそれに接する丘陵部

阪神間は開発が進んでおり、造成時の整地の折の切り土・盛り土を伴なう人工平坦地や斜面が多い。激震では開発施設や家屋を載せたまま盛り土地や斜面の流動が各地で被害を生じた。

そのうちの最大被害地は、六甲山地東麓仁川沿いで死者34名・全半壊12戸を生じた。山地南麓の住吉川沿いでも、盛り土造成地「ヘルマンハイツ」で地すべりが発生した。

同様の被害は、東北地方太平洋沖大地震でも、仙台市西方の青葉区折立地区や太白区緑ヶ丘地区の丘陵開発地で発生した。

○扇状地・沖積地

JR山陽新幹線の高架部が落下。JR東海道線六甲道駅付近では直径2mの鉄筋コンクリート製高架橋脚が下端部で骨折。阪神高速道の高架橋脚も同様に骨折破壊、600mにわたって転倒した。

○海岸や海中の埋立地

特にポートアイランドや六甲アイランドでは、ほぼ全域が液状化で一時は巨大なプール状と化した。周囲の岸壁も海側へ流動破壊、ガントリークレーンなどの港湾施設もレールを離れたり転倒したりした。

兵庫県南部大地震に関する写真は、第1章に示している。

対する「東北地方太平洋沖大地震」では、地震動による被害は震源が太平洋沖で遠かった（図4-1）こともあってか、一部ビルの倒壊や山腹崩壊、内陸部仙台丘陵部の被害、水戸市の偕楽園周辺などの被害はあるが、上記阪神地域で生じたような強烈な被害は少なかった。

この地の被害は津波であった。津波による被害の状況と実態は、別項4で具体的に記す。

ここでは、津波被害の地域差や流動の特徴のみを記しておく。

○北部リアス海岸

典型的リアス地形が連続する北部の海岸では、津波の湾内への侵入から波高を上げ遡上し湾奥部へ侵入してくる津波の挙動も典型的であった。しかもそれは記録に残る平安時代の貞観地震時（869年）、観測記録の残る1896（明治29）年の大地震時の状況を越すという状況を呈した。

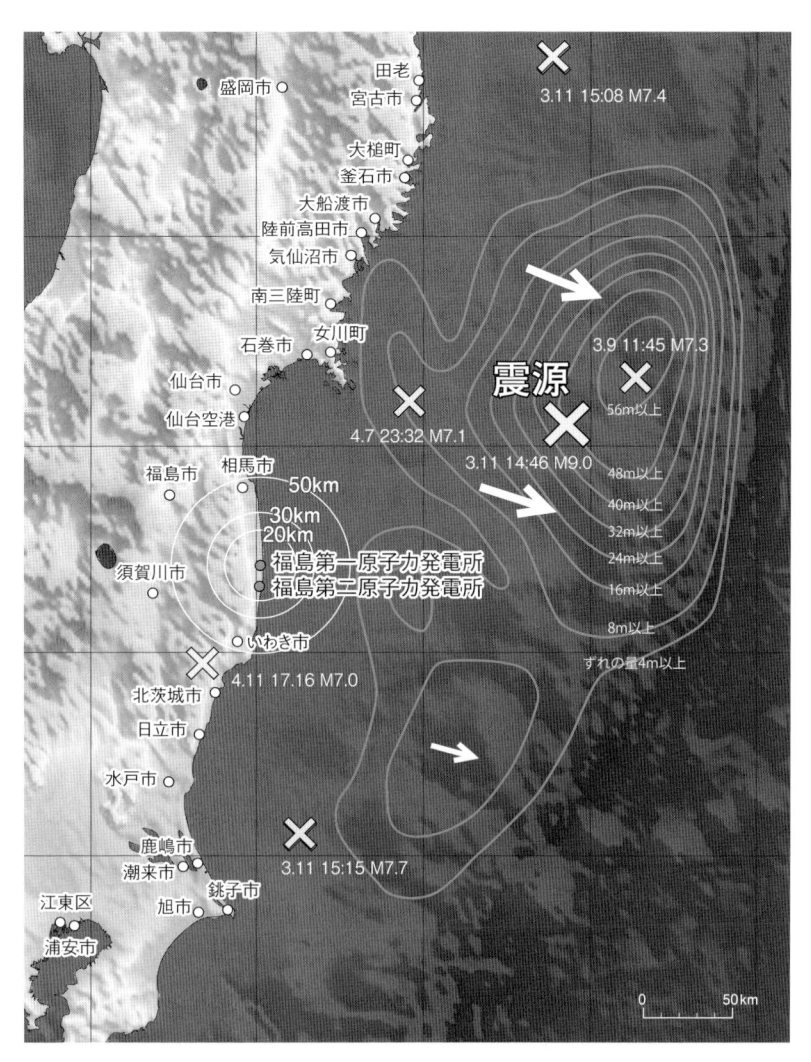

第4章　兵庫県南部(阪神淡路)大地震と東北地方太平洋沖大地震との比較

図4-1　東北地方太平洋沖大地震によるずれの方向・量と被災地域

震源は気象庁、ずれの方向・量は国土地理院・海上保安庁による。標高データは米国立地球物理学データセンター(NGDC)による。地図はGeneric Mapping Toolsで描画

写真4-1　宮古市の市役所屋上から
(左の写真は宮古市提供、右は同位置から池田撮影)

▲大槌町の津波火災と背後に残った小槌神社

▲南三陸町　防災庁舎
写真4-2　震災時と6カ月後の状況

　このため、小規模なリアス湾に臨む町・村である宮古市田老地区・大槌町・陸前高田市・南三陸町・女川町……などは、ほぼ全滅という惨憺たる状況となった（**写真4-1、4-2**）。

　この地方の中心である宮古市・釜石市・大船渡市などでは、その被害も多様となり大きかった。ハザードマップで避難場所に指定されたところの多くも津波で水没し、多くの犠牲者を出した。

○中部の沖積平野周辺（**写真4-3、4-4**）

　仙台平野―仙台空港周辺では、津波は巨大なシート状となって平地を舐めるように広がって流入してきた。そのすさまじい状況、特に仙台空港をおおいつくしていく状況の映像は忘れられない。

　仙台市若林区、宮城野区や多賀城市海岸部にかけての市街地の惨状も同様で、一部は火災にも見舞われた。海岸砂丘地周辺の土地利用と近年の開発、特に海水浴場や水族館のような大型観光・集客施設の津波の対応・考慮の必要性を感じた。その内の最大の施設が「福島原子力発電所」で、その立地場所の選定や、海側の砂丘の一部を切り取ったり掘り下げて設置した地形改変には大きな問題があった。

第4章　兵庫県南部（阪神淡路）大地震と東北地方太平洋沖大地震との比較

▲ 気仙沼市　海岸から600m内陸の唐桑駅近くまで流された大型漁船

▲ 南三陸町　4階まで水没した公立志津川病院

▲ 南三陸町　3階建アパート屋上に載る乗用車

写真4-3　大震災時の被災地の状況―1―

▲ 気仙沼のリアスシャークミュージアム

▲ 仙台市　機関車もタンク貨車も転倒した

写真4-4　大震災時の被災地の状況―2―

　人工の巨大な掘込み港「鹿島港」を中心とする鹿島臨海工業地帯では、多くの港湾施設や工場の建物が破壊。流出した多量の大型コンテナ群を内陸の水田や集落内に散乱させた。
　○南部、房総半島南側――特殊な例として――
　千葉県・九十九里浜屏風浦に臨む旭市周辺を襲った津波の第一波は本震から64分後、その後第二波、そして波高5m（最高8.7m）の最大の第三波ははるかに後のなんと2時間半を経て襲った。このため、飯岡地区を中心に死者・不明者15名、全半壊762戸の被害が発生し、避難先から帰宅したところの人達が多く亡くなるという異常な事態も生じた。この津波は犬吠崎から九十九里浜側に回り込んだ波と、そこを越した波がさらに南下し大東崎に当たってはね返ってきた波とが衝突、合体し、波高を高めて襲ってきたとされる。このような津波の挙動にも注意が必要である。
　○福島県内陸部・灌漑用ダムの決壊
　福島県中南部・須賀川市長沼地区の灌漑用ダム「藤沼湖」が地震直後に決壊した（**写真4-5**）。1949年建設のアースフィルダム（貯水容量150万トン）で盛り土高17.5mがほぼ全壊。下流で8

◀ダム湖の中心部

◀ダム湖の決壊部

写真4-5　地震直後に決壊した藤沼(ダム)湖

名が死亡、28戸が全半壊した。

3.「都市の立体化」に伴なう新タイプの被害の出現と予見

　現在、都市は急速に立体化している。1995年1月の阪神淡路大震災後の「神戸」の復興も、破壊した住宅や建築物は、マンションやビルへ、それも20階・30階・40階建ての高層―超高層建築物へと変化してきているのが特徴である。この現象は、大阪・名古屋・東京などの大都市では、当然ながら先行している。

　他方、地表下へも地下鉄・地下街を中心に「大深度開発」が急速に進んできている。例えば大阪では、地下鉄・千日前線が-15m、JR東西線が-30mと低下している。地下街ではJR大阪駅に通じる梅田の「曽根崎ジオフロント」では、その一部は地下5階(深さ-24m)に達している。さらに溜池(ダム)や河川までが地下へと潜行しており、すでに完成している「地下ダム」の役割を兼ねる巨大な「寝屋川地下河川」は-20～30mに設置されている。地下のトンネルは地震動には強いという報告もあるが、ここで指摘したいのは水没事故発生時の対策が進んでいない

ことである。
　なお、この間の海面埋立地も問題である。かつては農業用の干拓地であったが、明治以降は港湾施設や工業用地としての埋立へ、さらに現代は海上都市・巨大な「人工島」まで出現している。「干拓地」は、水田から住宅地や商工業地へと移行。その後地下水のくみあげによる地盤沈下も進んだが、このような地域が大地震に見舞われたらどのような状況になるのだろうか。今災では、東京湾奥に位置する埋立人工地盤都市上の近代的なビル・マンションの多い「浦安市」でライフラインの破壊や「高層難民」まで生じたし、海岸沿いの干拓地や埋立地では地盤沈下のため水没した地域が広がっている。
　このように、現在、さらに将来の大都市の構造は「立体化」へと向いつつあり、それはさらに急速に進むことが予測される。そして当然ながら、それに伴なう大都市災害の発生への対応も立体的に考察していかねばならない。
　そのような視点から、具体的な事例をあげて、状況などを考えてみよう。

　○今災では、東京に隣接するため若者の多いモダンな高層マンションが林立する住宅都市である浦安市周辺では、地盤沈下と広範な液状化が生じた結果、電気・ガス・水道などのライフラインが長期間にわたって途絶し、惨憺たる近代都市と化してしまった。
　特に20～30階建ての超高層マンションも多く、大地震直後はエレベーターが止まり、その後も停電のため電化製品は使用できず、水道も使えず、そのうちにマンション住民の多くが生活出来なくなり「高層難民」と化した。
　防災科学技術研究所(三木市)の実験では、直下型でＭ８クラスの激震に襲われた場合、30階建てのビルやマンションでは、上階においてはベッドや室内のＴＶやコピー機が転動し、部屋内の壁を突き破っている。
　○今災時、地下鉄の東京メトロでは運行中の86本が駅間で緊急停車したため、乗客は最大で約50分間トンネル内に閉じ込められた。
　○地下街では、洪水ではあるが1990年６月、新幹線「博多駅」の地下街が水没している。その後、名古屋市の天白川や東京都新宿区でも地下へと氾濫した。東京では1993年に台風11号によって地下鉄丸ノ内線の赤坂見附駅が浸水した。
　○高層・超高層ビルや地下深部で発生した「火災」の場合の対応も、同視点で考えておかねばならない。しかし本章では、そのことだけを付記しておくにとどめる。
　○要は、我々自身が、このような「都市の立体化」に意識を高めておかねば、今大災発生時と同様「想定外」を連発することになるのである。
　○今東日本大震災地域の都市群は地方都市の範疇に位置づけられるが、今後予想される西日本の東海・東南海・南海地震時には人口集積のはるかに高い大都市が含まれること、そしてそこで生ずるだろう。やはりこれまで体験したことのない被害の状況を意識し想定しておかねばならない。

4. 津　波

　日本列島は、いまだ形成途次のきわめて若い国土である。時折（1万年位の少し長いタイムスパンならしょっちゅう）地震や火山が活動しているのはその証であり、当然の現象である。そこに住みついている我々人間の生存期間は数十年であるため、1,000年間隔で発生するような地震には先人からの伝承や記録によらねば理解できない。ところが、今年3月11日そのような規模の大地震にたまたま遭遇してしまったのである。

　それは、東北地方の太平洋沖海底に位置するプレート境界で発生した大地震であった。今回とほぼ同じ位の規模で文字記録として残る大地震としては、平安時代貞観（869年）の地震でM8.6だったと推定されている。科学的な観測データが取られるようになってからの大地震は1896（明治29）年のM8.5「明治三陸大地震」とされ、この時の記録を元にその後の種々の対策・対応が進められてきており、近年作成されるようになった各地の「ハザードマップ」の津波の高さ・遡上高や浸入域の想定のベースとなっている。1933（昭和8）年にはM8.1が発生、「昭和三陸津波」とよばれており、その後もM6〜7規模の地震は発生している。太平洋の対岸からやってきたチリ津波（1960年）もあった。

　しかし、今災の大地震はM9.0であり、津波の規模は、1,100年程前に発生した869年の貞観大地震の規模も、1896年の大津波も超えている。

　では、我々の居住する西日本で考えてみよう。南海トラフのプレート境界型は、「東海・東南海・南海地震」を発生させてきた。ここでの大地震としては、1707年の宝永地震（M8.6と推定）がある。これまでは記録に残る日本最大規模の巨大地震とされ、津波の波高8〜9m、静岡―四国さらに九州にまでおよび、死者約2万人、約6万戸が被害を受けている。

　その後も大地震は90〜150年間隔でくり返されている。「東海・東南海・南海地震」が連動して発生すればM8.6、さらには今東日本大震災をふまえればM9.0も予測しておかねばならない。単独で発生する場合にはM8が最大と考えられている。

　次に、今災の場合14時46分の大地震発生と各地への津波の到着までの時間とその間の対応について考えてみた。北方から示すと、岩手県最北の洋野町50分、宮古市39分、釜石市36分、大船渡市32分、東松島市46分、名取市閖上小学校66分、福島第一原子力発電所56分。例外として、千葉県房総半島南側の旭市では、2時間半後の第3波に襲われている。

　重要なのは、今災の犠牲者の多く、おそらく8〜9割まで「津波」によるという点である。その上で考えてみると、大地震の発生から津波の到着までには、なんと30分以上〜1時間があることがわかった‼　土地に固定された建造物や農作物等は、津波のなすがままである。しかし人間は30分以上あれば、相当の対応ができるのではないか。

　人間、だれしもそれぞれに欲望や雑念が生じようが、とにかく生きるということ1点に限って考えれば良かった‼　そのことを最重視するように対策（指導・教育）すれば、今回津波による犠牲者の9割が溺死者とされるが、亡くなられた2万人のうちのかなりの人達は助かったは

写真4-6　田老町役場と「津波防災の町宣言」の石碑

ずである。それを行政も我々も、最終的には各自が、十分に反省し今災を経(体)験した者としてしっかりとした対策を考えていくことが最重要であろう。どんな対策をしても、人間側が対応しなければ何の意味もない。

「福島第一原子力発電所」付近では、東京電力の津波高想定は5.7mであった。しかし震災時の敷地内の連続写真によると、海面からの高さが15mのタンクが海水にのみ込まれる様子が映っており、遡上高の最大値は22mに達したと推定されている。

実際の対応例として具体的に2つの地域を取りあげて考えてみよう。
○宮古市田老地区
　田老は、典型的なリアス湾入部に位置する漁業中心の町で、死者不明者約200名を出した。過去何度も大津波の襲来にあい、その都度ほぼ全滅という惨憺たる状況を呈したところとして、また日本を代表する津波町として「津波太郎」の名称が付けられ、世界的にも防災の先進地として知られているところである。
　すなわち、
　　平安時代＝　869（貞観11）年——ほぼ全滅（多分）
　　　　　　　1896（明治29）年——ほぼ全滅
　　　　　　　1933（昭和　8）年——ほぼ全滅——後、大規模な防潮堤を造りはじめる。
　今　　災＝2011（平成23）年——ほぼ全滅

「昭和三陸大津波」で全滅以後、本格的な対策として町の中央部を流れる長内川を境に町内を二分し、人間側の領域を囲むように高さ10m・長さ2.4kmにわたる「防潮堤」を築きはじめ、完成は戦後の1978年であった。この長大な「防潮堤」はギネスブックにも登録され有名となった。筆者もその頃から学生達を連れて現地調査をしてきた。

　町ではさらに1990年昭和三陸津波から70年を期に「全国津波サミット」を開催。2003年には「津波防災の町」を宣言（**写真4-6**）。早い段階で「ハザードマップ」も作成していた。このハザードマップは1896年と1933年時の被災状況を元にして作成されていたのに、両災どころか

貞観災の波高・浸水域を共に超えてしまったところもあり、またもや壊滅的な被害となった。

今災で、ほぼ同様な被害を出した市町村は各地に出現したが、上記のような前例を持つ地域だけに今後どうするのか、対応が重視される。

　○気仙沼市

人口7万4千人を擁する三陸地方を代表する市で、漁業基地、特にカツオ・サンマとその加工などの水産業と観光の街である。今災では、死者不明者2,100名を超し、漁業・水産業を中心とする産業も壊滅的状況である。

筆者が特記しておきたいのは、今災の前年(2010年10月)に、かなりレベルの高い「ハザード(防災)マップ」が作成されていたことである。このマップと今災の実態とを対比し、その上でさらなる向上をめざしてほしい点である。市域全体は2万分の1で、主要部はさらに1万2千分の1縮尺で、地図のベースとしてはカラーIKONOS衛星画像を使用している。津波編の表裏と洪水編の表裏の2枚が別紙に印刷されている。

作成には、市の総務部危機管理課が中心となり、「気仙沼海岸防災研究会」には住民も加わっている。主な内容を「津波編」で記すと、まず津波の浸入予想域を入れ、浸入し進んでくるタイムを湾入口から14分、17分、20分、23分、湾奥には28分に達すると予測。浸水深も0.5m未満から5m以上を4段階に分けカラーで示す。その上で、避難方向・ルートを各地に設置された広域避難所・津波避難ビル・津波避難場所に矢印で示す。その場所も具体的に○○小学校・○○ホテル・○○神社と明記されている、など具体的にかなり充実している。

ところで、今災の結果はどうだったのか!! 結論的には、津波による浸水面積はハザードマップ想定のほぼ2倍となっていた。例えば、中心河川の「大川」では河川から3.5km上流まで遡上、想定より700mも上流に達した。国道45号線では、想定より800mも超えてしまった。「避難指定場所」なのに水没したり、浸水した場所もかなり出た。

例えば、標高15mの「杉ノ下高台」では、津波高が17mで襲ってきたため、この地を目ざして避難してきた住民達全員20数名が押し流され死亡した。

港では大小多数の漁船が打ちあげられ、道路に臨む商店や家屋に衝突破壊、さらには集落の内部まで漁船群が進入、流動するという地域も出た。岬上に位置する五十鈴神社は残った。その直下の民家は破壊、海沿いの浮見堂は流失した。

このような現実の状況をふまえて、次の新たな「ハザードマップ」を作らねばならないのである。が、どのように対応していけば良いのか。筆者も、もう少し時間をかけて考察したいと考えている。

5. 液状化と地盤沈下

河川や海岸の沖積平野、人工の埋立地などの、水を含む砂や地盤が地震でゆすられると「液状化」を起こし、地下水と一緒に砂が噴き出す「噴砂」現象を生じ地盤は沈下する。さらに地盤が液状化して、地下水流や傾斜に沿うと「側方流動」が発生する。

第4章　兵庫県南部(阪神淡路)大地震と東北地方太平洋沖大地震との比較

▲東京都江東区　木場公園の噴砂 　　　　　　▲利根川下流平野の液状化洪水

▲浦安市　ビル外壁に残る付着した噴砂の高さ 　▲浦安市　飛び出したマンホールと「高層難民」を多出したマンション群

写真4-7　東京湾の埋立地に立地する都市部の噴砂と液状化現象

'95.1の兵庫県南部大地震では強力な揺れが10～20秒続き、広大な埋立地「ポートアイランド」「六甲アイランド」などの人工島では液状化で泥水のプールと化し、乾燥後は砂漠状となり、冬の海風にあおられると砂嵐の状態になった。さらに人工島の周囲のコンクリートの長大な擁壁は、側方流動のためほぼ全体が破壊した。

これに対し、今・東北地方太平洋沖大地震では、長い揺れが50～80秒もゆっくりと続き、さらに震源域が広かったため、液状化地域も拡大した。その代表的な事例として、まず東京湾奥の埋立地上に立地する都市域の状況を示す。東京都江東区では新木場付近、千葉県では浦安市から千葉市にかけて湾岸沿いに広がった。

とくに浦安市は、市域のほとんどが戦後の埋立地域であるため、液状化も市域のほぼ3分の2の広域におよんでいる。ここは近代的なビルやマンションが多く、ディズニーリゾート遊園地も立地する東京郊外の典型的な「人工(地盤)地形」上に構築された近代都市であったが、液状化による被害は甚大であった。地表部では、噴砂と液状化でドロドロの市街と化し、水道・ガスなどのライフラインが破壊、ディズニーリゾートの大駐車場はプール化し、街中のマンホールは1.5mも浮き上るほどの惨憺たる状況となった(**写真4-7**)。

これまで噴砂の平面的な広がりはわかっていたが、垂直的なエネルギー(高さ)はわからなかった。しかし今災で、浦安小学校の校舎壁近くで噴砂が発生。壁には4mの高さまで砂泥が

Ⅰ 地震・津波

▲市街地域が水没している大槌町

沈没部分
嵩上げ部分

▲沈没した「気仙沼魚市場」の嵩上げ部分(上が北側) 　▲女川町　海中に水没したマンホールとビル。右上は嵩上げした仮設道路

写真4-8　液状化による噴砂・地盤沈下の状況

付着した。さらにビルや高層マンションの多い都市なので、大地震発生直後は停電でエレベーターが使用できず、冷蔵庫をはじめ電器製品は使用不能、上下水道もストップし、生活自体ができなくなり、かなり長期間にわたってマンションから離れなくてはならない「高層難民」と化した。その直後に行なわれた全国一斉の統一地方選挙にも住民の一時移住のためや投票所の設置場所の確保さえ困難で出来なかった。

　日本最大の河川流域を有する利根川下流の沖積平野では、液状化と噴砂は水田面が波打つほどで、自然堤防に当たる部分の畑地ではビニールハウスの中まで噴砂とその跡の亀裂が入っており、使用不能な地域も出現していた。集落内では、家の床下にまで噴砂が生じており、道路に沿う広いアスファルト舗装の駐車場も波打ち流動し、その横に沿う民家の屋根さえ波打つ状態だった。さらに郊外で急造したような宅地造成地域では道路に沿う電柱がことごとく曲ったり折れており、建物の不等沈下が激しく、造成地域全体が破壊している状態であった。

東北地方太平洋沖大地震に起因する地盤沈下は、震源域が太平洋沖の幅200 km・長さ500 kmの広域であり、その東の部分が隆起した反動で西側が沈降しており、その端が丁度東北地方の沿岸部に接しているため、被災地域の海岸一帯が構造的に沈降域に入っている。このため干拓水田では水没したままの地域も多い。そのため被災地域の地盤沈下は、一時的・短期的な浸水でないことに問題がある。

そのような地域のうち、筆者が注目し、実状を観察してきたいくつかの地域の状態について記しておく。

○最もひどいのは、最大の沈降地域である牡鹿半島(1.2 m沈下)で、その内陸側に当たる「石巻市渡波」は78 cm、陸前高田市小友町は84 cm沈下した。このため、満潮時には石巻市と女川町を結ぶ国道398号線沿いや、万石浦付近は浸水する。

○釜石市の北に位置する「大槌町」では、津波で町域はほぼ全滅と化したが、中心部の役場周辺は地盤が沈下しており、その後も水浸しの状態であった。

○「気仙沼市」は、三陸漁業の中心的水産業の町であり、その中心施設である魚市場と周辺地域の地盤が沈下し、常時水没したところも広がっている(**写真4-8**)。このため、やっと再開した「市場」は敷地の床全体をとりあえず嵩上げして水揚げしているが、周辺の商店や水産業にかかわる施設の部分の再開には至っていない。

○仙台平野付近では国土交通省の調査の結果、震災前は海抜0 m以下の土地は3 km^{2}だったのに、5.3倍の16 km^{2}に広がったという。このため、国土交通省では被災から2カ月経過しても海岸から海へ向けてポンプを並べ大きなホースで排水していた。

○「仙台空港」は海岸の沖積平野に立地するため、周辺地域と同様に津波にのみこまれてしまった。液状化もしていたが、空港内は造成時に地盤改良されており、大きな被害はなかった。しかし羽田空港や関西国際空港は海上・海中の人工島であり、液状化とともに水没の危険性も大きい。

6. 激震と大津波への教訓

とんでもない大災害に見舞われたが、ここはいずれ必ず同じような大津波が襲ってくる土地であること。そのことを子孫達のために何とか伝えたいとの思いから、災害記録が各地で伝承や石碑に刻み込まれて残されている。それらの貴重な事例を、いくつか取りあげておこう。

○三陸地方では、文字記録としては最古とされる1,100年程前の貞観地震(869年)の『日本三代実録』の例がある。また、この地域では過去に何回も津波に襲われていることから、大地震発生時に津波から生き残るためには自分自身が無心で高台へ逃げることを警鐘している。その伝承が「津波てんでんこ」の言葉として残されている。

○仙台平野の中央部(現・若林区)に「浪分神社」が存在する。その由来として、ここが大地震時の津波の到達地点とされる。

○仙台湾や松島湾には、地震で海底に沈んだ「大根島」の伝説があり、東北大学の河野幸夫

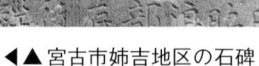

▲◀ 宮古市姉吉地区の石碑　　　▲ 女川町役場前で転倒している石碑

全ての指標は、明治・昭和三陸津波
とチリ地震津波を基準にしている
各地の道路に見られる津波警戒標識

写真 4-9　震災の教訓碑――明治・昭和・三陸津波碑と津波標識――

教授を中心とした潜水調査が進められている。

　○西日本では、1596（文禄5）年の大津波により大分県別府湾沖で絵図にある瓜生島が水没している。

　高知県土佐市では、宝永（1707年）・安政南海（1854年）の地震記録があり、海岸の蟹ヶ池からはそれぞれ15cmと3cmの津波堆積層が高知大学岡村真教授等によって発見されている。

　1854年の安政南海地震の折、紀州藩広村（現・和歌山県広川町）の濱口梧陵が高台の農地にあった稲わらに次々と火をつけ、夜の逃げ道と避難場所を教え、多くの村人を救った。このことが「稲むらの火」として伝承され、小学校の教科書にも掲載されてきた。

　石碑としての例は、

　○三陸地方では宮古市の東方、重茂半島鮪ヶ崎の姉吉が、明治と昭和両三陸大津波に襲われ、生存者がそれぞれ2人と4人という壊滅的被害を受けている。その後、津波の高さよりさらに20m高い位置に、これより高い場所で暮らすようにと刻した石碑を建立した。今災では12世帯40人が居住していたが、他地区の小学校にいた子供3人と、それを車でむかえに下りた1人の計4人が行方不明になっただけであった。

　○宮城県女川町には、昭和三陸大津波（1934年）の翌年に町が建立した石碑がある（**写真4-9**）。

第4章　兵庫県南部(阪神淡路)大地震と東北地方太平洋沖大地震との比較

▲和歌山県湯浅町の安政南海地震の津波碑　　▲大阪市　難波・大正橋東詰の安政南海地震の津波碑

写真4-10　震災の教訓碑——安政南海地震の津波碑——

そこには「大地震の後には津波が来る。地震があったら津浪の用心」と刻されている。今災では被害はとりわけ大きく石碑の忠告は無視され、町域はほぼ全滅状態へ、港の近くではビル4棟が横転するほどだった。

○東松島市宮戸島の海岸では、標高8mの小高い場所に石柱と3体の地蔵があり、地元には大地震がきたら「これより高いところへ逃げよ」との口伝がある。慶長三陸津波(1611年)の後に建立されたものと推定されている。今災でも住民のほとんどが対応、犠牲者は7名にとどまった。

○西日本では、大阪の市街地・難波西方の「京セラドーム大阪」の近くに安政元(1854)年の大津波襲来時のことを示した石碑がある(**写真4-10**)。その一角には、碑文の解釈と当時の絵図に津波の浸入した範囲を示す掲示板が建てられ、地元の人達の保存活動のもとに大切に残されている。

特殊な例としては、

○宮古市田老地区の海岸の岩壁に、白いペンキで昭和三陸大津波の浸入高10mと明治三陸大津波の浸入高15mが示されている。今回はその上部に津波が遡上したことを示す流木や紙・布片が付着しているので、20mのラインが追加されるはずである。なお、近くの出羽神社の石段も同様の視点でながめることができ、階段上端のすぐ上に建つM9.0でも残った社殿の持つ意味もわかるように思う。

○関西では、1995年の兵庫県南部大地震発生の折、六甲山上から数ヶ所、巨大な岩塊が転落した。そのうち西方の尾根の上端に位置していた超巨大な花崗岩塊が下端を流下する芦屋川

へと転動しつつ分解して落下した岩塊が河床を埋め、小規模ながら自然ダムを形成した。途中には落下分解した岩塊を点々と残したが、そのうち最大のものが河床より20mほど上方にとどまった。長径8m・短径6m・重さ約500トンとされ、地元ではこの巨大な岩塊を「平成ナマズ岩」として自然の石碑として残すことにした。すでにこの名称は、公表されている地図中にも記入されている。

なお六甲山地では、しばしば大規模な土石流に襲われてきた歴史があり、1938(昭和13)年には、最大河川の住吉川扇状地で大きな被害を出した。この折の石碑も、都市化した街中に残されている。

7. さいごに

筆者は「内陸直下型大地震」と「プレート境界型大地震」の両方を体験し、現地で震災の被害状況を直視してきた。我々は地震も含む大自然の営みの中で生かされていることを学ぶことが大事であることを改めて思い知らされた。

そのためには実態を良く見て、しっかり記憶と記録にとどめ、自分そして我々全てがそれぞれに生きることの大切さを考えること、特に津波の場合、襲来までの約30分〜をいかに使用するかが生死の分かれ目であることがわかった。

我々の住む日本列島は、いまだ形成途次の若い国土であり、地震や火山以外でも梅雨・台風・豪雨・豪雪などの異常気象に見舞われる。すなわち、さまざまな自然災害の中で生活していることを常に忘れてはならないのである。

〈 参考文献・資料 〉

池田　碩(1995):「阪神大震災と地形条件」、日本地形学連合(編)『兵庫県南部地震と地形災害』所収、95-109頁、古今書院。

池田　碩(2012):「兵庫県南部(阪神淡路)大震災と東日本(太平洋岸)大地震との比較研究」、奈良大学大学院研究年報17号、17-33頁。

第5章　東北地方太平洋沖大地震に伴う陸前高田市周辺地域の津波の実態／2011年

1. はじめに

　M9.0東北地方太平洋沖大地震は、我が国では観測以来初めての大規模なものであり、その被害も東北地方太平洋側沿岸を中心に、北は北海道から南は関東地方の沿岸まで広域に及んだ。そのうち津波の襲来と被害の状況は北方のリアス式海岸と南方の海岸平野とで異なるが、全体では犠牲者だけでも約2万人を出す大災害となった。

　本章では典型的リアス海岸の湾奥の低地に位置し、市街が形成されていた陸前高田市とその周辺地域(**図5-1**)の状況を報告する。

　市の中心部は北上山地から流下してくる気仙川流域(**図5-2**)の下流に形成された三角州である沖積平野に位置していた。このためリアスの狭谷を遡上してきた津波は湾奥に達するにつれて水位を上昇させ、三角州先端部の海岸を取りまいていた砂丘上の「松原」を乗り越えなぎたおして侵入し、沖積平野全体を水没させた。

図5-1　陸前高田市および周辺地域

　既に発生から1年半が経過した。地震と津波の実態は明らかになってきたが、水没し破壊されつくした市街地域はほぼ片づけられたとはいえ広大な裸地(更地)の状態であり、復旧・復興へ向けての工事は手が付けられていない状態である。

　ただし最近ようやく行政側、それに住民側からもいろいろな考えが出てきているが、内容はまだ錯綜している状況である。

　本章では、現地が復興途時の現段階では発言しにくい問題や報告書などには記しにくい内容もかなりあるが、研究者の立場からそれらをふまえて今後の復興にあたって重要と考える点を取り上げ、初期段階の経過を残すために記しておくことにした。

2. 陸前高田市の地形・地質の特徴

　東北地方の太平洋岸の地形は、南部に広い海岸平野と砂丘が発達しているのに対し、北部は

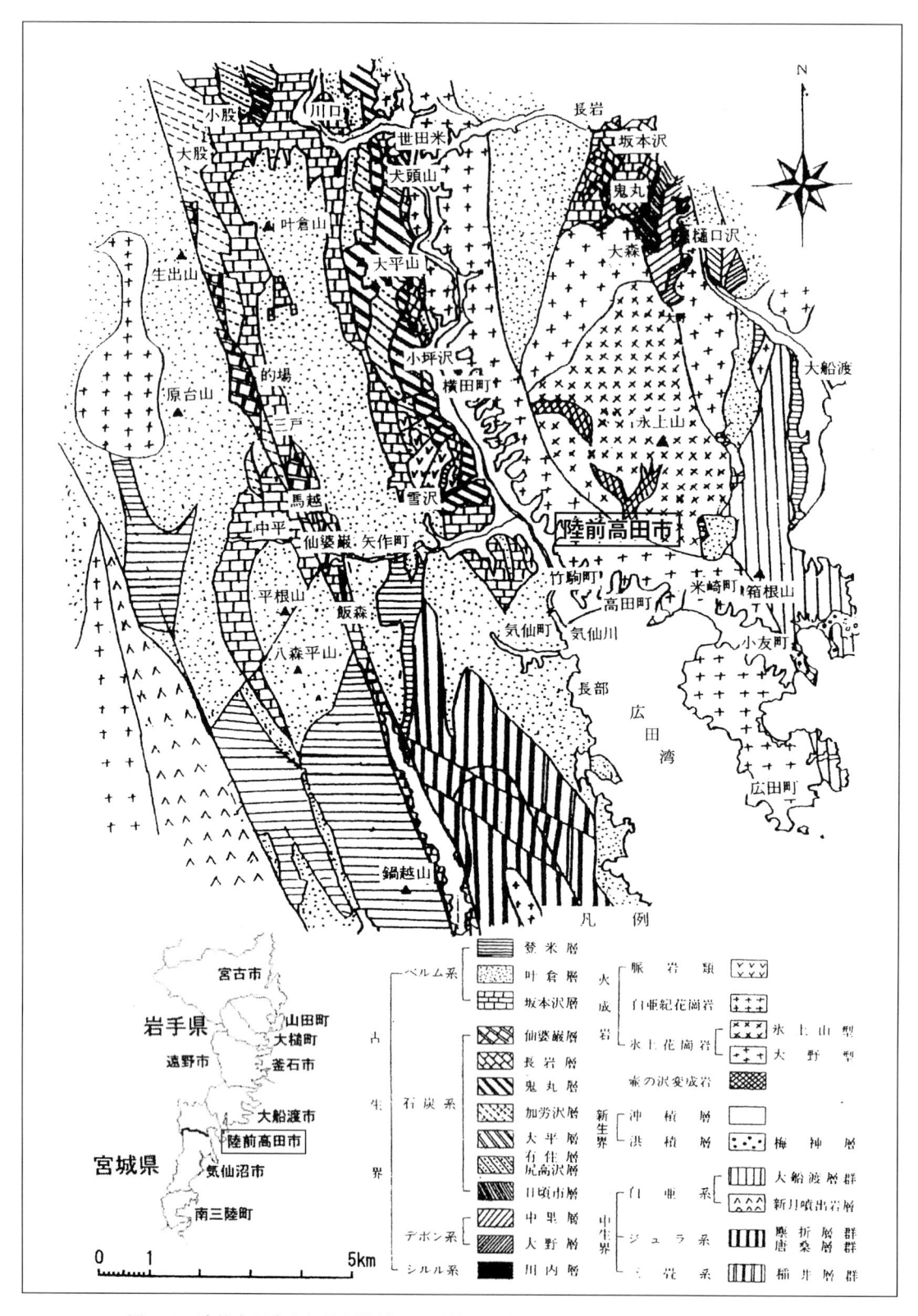

図5-2　陸前高田市と気仙川流域周辺地域の地質略図（陸前高田市史 1994 による）

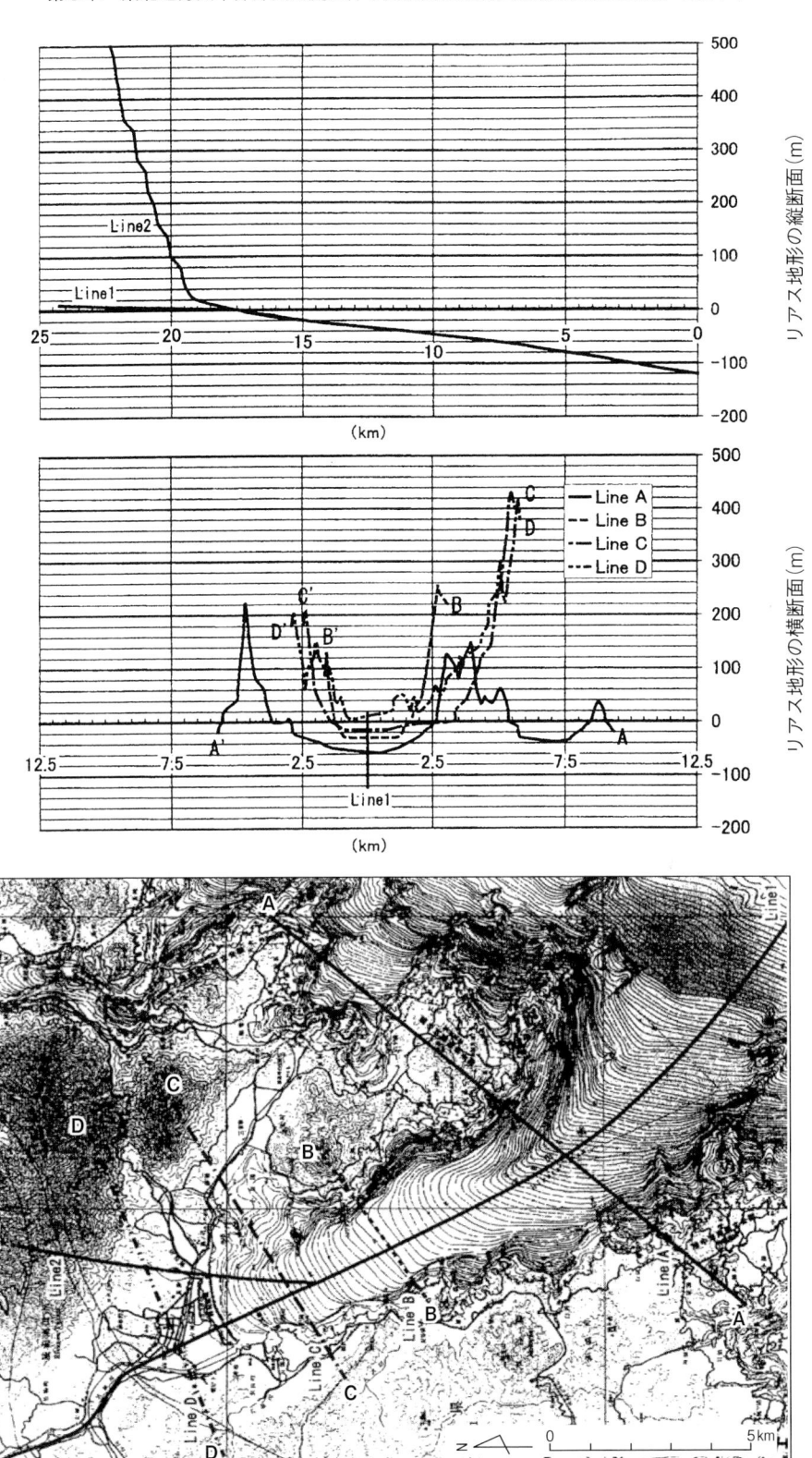

第5章　東北地方太平洋沖大地震に伴う陸前高田市周辺地域の津波の実態／2011年　　67

図5-3　広田湾の海図とリアス地形断面図
Line 1・2：リアス海底からの縦断面、Line A・B・C・D：リアス地形の横断面

68　　　　　　　　　　　　　　　　Ⅰ　地震・津波

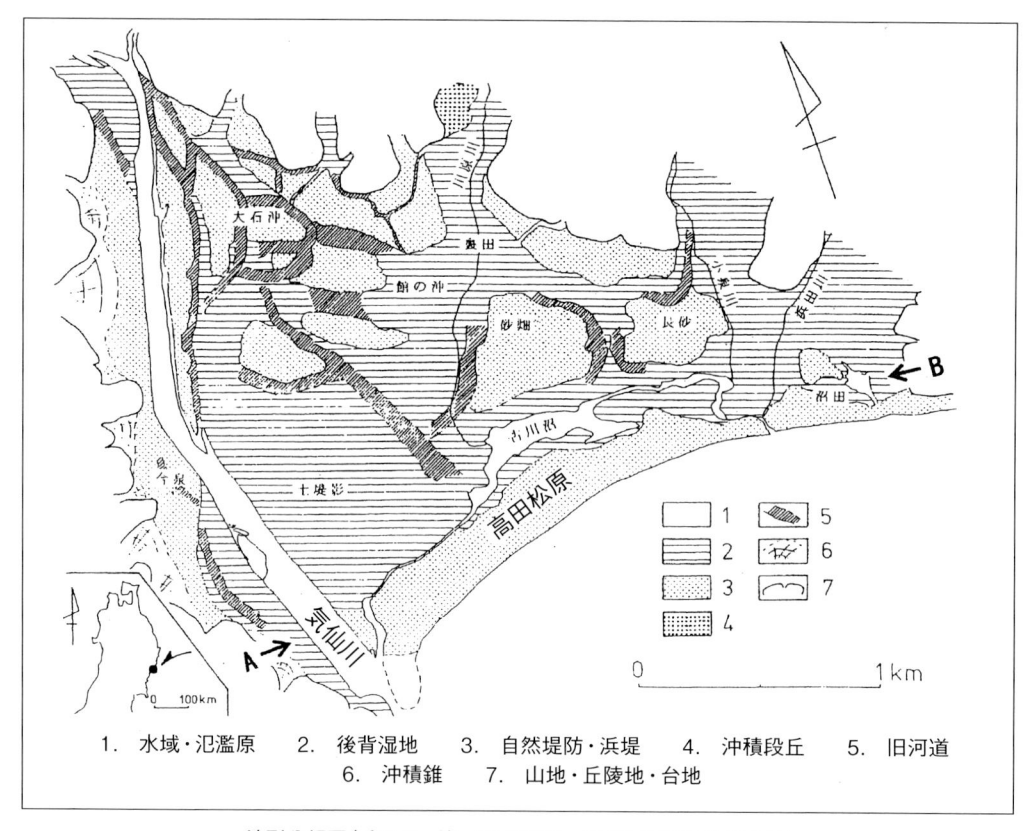

地形分類図（千田昇・他　東北地理　第36巻(1984)による）

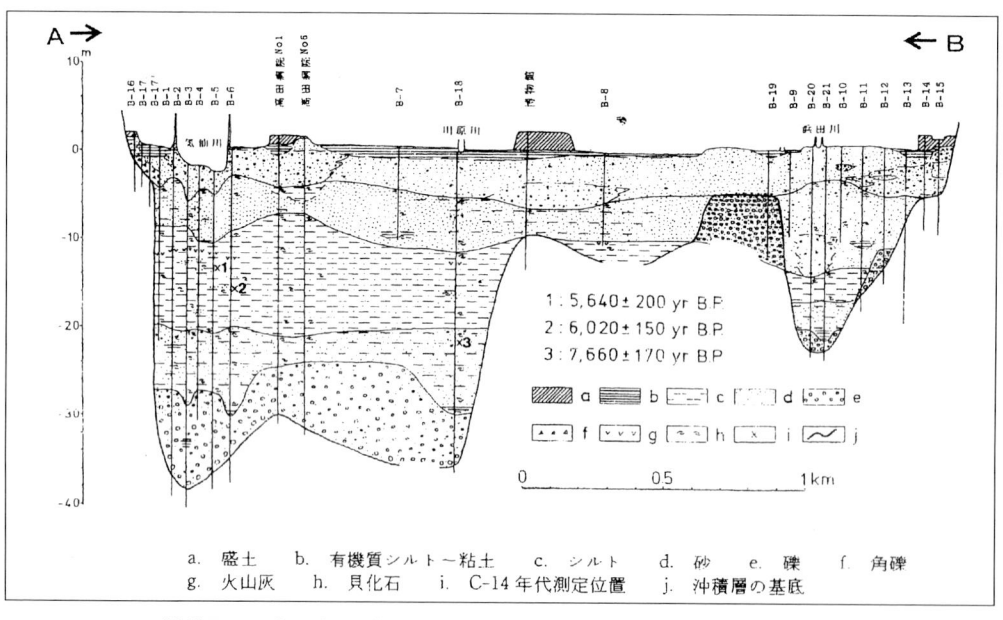

1. 水域・氾濫原　　2. 後背湿地　　3. 自然堤防・浜堤　　4. 沖積段丘　　5. 旧河道
6. 沖積錐　　7. 山地・丘陵地・台地

1: 5,640±200 yr B.P.
2: 6,020±150 yr B.P.
3: 7,660±170 yr B.P.

a. 盛土　　b. 有機質シルト〜粘土　　c. シルト　　d. 砂　　e. 礫　　f. 角礫
g. 火山灰　　h. 貝化石　　i. C-14年代測定位置　　j. 沖積層の基底

沖積平野の地層断面図（千田昇・他　東北地理　第36巻(1984)による）

図5-4　気仙川がつくった高田平野の地形分類図(上)と地層断面図(下)

山地が海岸までせまり、しかも出入りの激しいリアス地形が発達するのが特徴である。「リアス」とは「溺れ谷」のことである。「リアス」はスペイン西北海岸に発達する地形(域)名に由来する。「溺れ谷」は山地が海に向かって落ち込む、または海面が上昇し海岸の谷を飲み込むような地形を意味している。

　日本では、小規模ながら全国各地でみられるが、そのほとんどは後氷期の海面上昇に起因している。その中でも「三陸海岸」は湾入が大きくしかも海側の先端には岬が存在し、それらが連続している風景はすばらしく「陸中海岸国立公園」に指定されている。

　しかしその一方、自然界では各地の火山景観はすばらしいが一度活動し噴火しだすと恐ろしいのと同様に、大地震が起きれば津波を発生させる。それもリアス海岸を襲うと狭小な海底谷を遡って流入してくるのに従い水かさを増し、湾岸や湾奥へとおおいかぶさるように突入してき、甚大な被害をもたらす(図5−3)。そのような事態に至ったのが2011.3.11の大津波被害であり「陸前高田」周辺の津波高・遡上高は明治三陸大津波(1896年)や昭和三陸大地震(1933年)時を上まわっており大変な状況に見舞われた。

(1) 高田周辺の地形と津波

　狭長な広田湾とその奥に続く高田沖積低地(平野)は、三陸リアス海岸地域の中でも最も広く規模が大きい。この沖積平野は、北上山地から50kmほど流下してくる「気仙川」が作った沖積三角州である(図5−4)。三角州内を流れる「浜田川」「小泉川」「川原川」は、三角州が接する背後の山地から流下する小規模河川にすぎない。

　一方、広田湾の海底から地形をながめてみると、この地域のリアスの成因が良くわかる。沖合から海底-100〜-120mまではほぼ平坦であることから、ここが氷期の(海面低下期の)海岸であり、浸食基準面で、その期に形成されていた谷が後氷期の温暖化による海面上昇に伴い海中に沈んで「溺れ谷」となったのがリアスの成因である。津波が発生すると、狭長な広田湾をほぼ直線的に水位を上昇させながら突入してくるため、湾奥に形成した三角州の低地を完全におおいつくし、さらに背後の山麓や丘陵にまで達する。2011.3.11巨大津波災害もこの様な状況に至った。そのすさまじい津波は上陸の最前線であった砂丘とその表面をおおっていた7万本の松原を壊滅させた。さらに松原と並走して構築されていた高さ5.5mの防潮堤を、その倍以上の12〜15mの高さに発達した津波は軽々と乗り越え破壊した。津波の波高は沖積平野の内部ではビルの4〜5階の高さに達し、さらに巨大な津波は山麓に続く丘陵に衝突しており15〜17mまで上昇、結果的には沖積平野全体をおおいつくす巨大な津波となった。しかも遡上した津波は貞観地震時(869年)の津波や1896(明治29)年の明治三陸大津波など過去に何度も襲来したものと同様な状態になっていることも判明した。

(2) 気仙川の河谷形成と津波の遡上

　北上山地から流下してくる気仙川は、狭長な広田リアス湾に注ぐこの地域最大の河川である。現在は、山麓に広い沖積三角州を形成しているが、氷河期の海面低下期の最下流は-100

〜-120 mに沈没している。故に当時は現在よりはるかに長い大きな河川であったのである（**図5-4**）。

その後の海面上昇に伴い溺れ谷が形成され、最終的には現在の地形が形成されたのである。そこで現在の海岸と陸地が接する部分の状況を旧地形図（1913年）と現在の地形図で見ておこう（**図5-5**）。現河川の最下流は砂丘の位置に当たり河口付近の河道はコンクリートで固められているため広いが、大正時代の地形図を見ると、河床が砂丘列の延長部で河口が砂堆によってふさがれる状態となっていることから、この時期までは砂丘は生成中であったことが読み取れる。

なお今回の津波は、ハザードマップでは「廻館橋」まで遡上するとなっているが、さらに3km上流の河口から8km上流の横田町三日市まで遡上した。名勝地として親しまれてきた「高田千本松原」は明治三陸津波（1896年）時には残ったが、今災時の大津波と地盤沈下で破壊された（**写真5-5**参照）

(A) 旧地形図―1913（大正2）年　陸地測量部

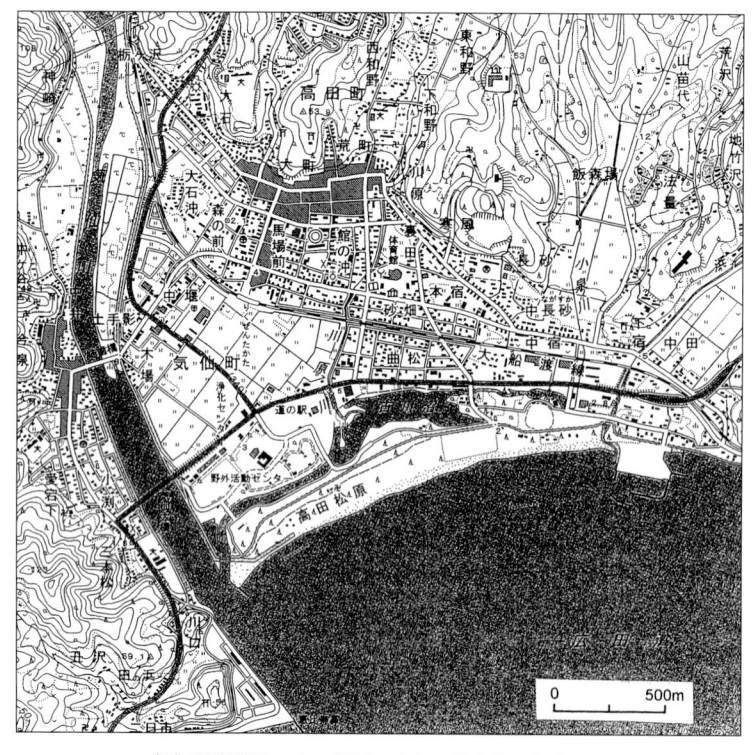

(B) 現地形図―2010（平成22）年　国交省国土地理院

図5-5　高田平野の新旧地形図

(3) 山麓に広がる高田（沖積）平野の形成

　高田平野は、気仙川が形成した沖積三角州の平野である（図5-4）。海岸には砂丘を形成、その背後には後背湿地（バックマーシュ）の古川沼があり、規模は小さいながらも「三角州地形」としての完形を有している。気仙川左岸の三角州内には、洪水時に流下した旧流路が存在する。つまり気仙川は三角州を形成しながら徐々に現在の位置へ移行し、山麓に接し流下するようになったのである。このことから東側の山地が若干上昇するか、逆に西側の山地が下降する運動が働いていることも考えられる。

　三角州内（上部）には、すぐ背後の山中―山麓から流下する小河川である浜田川・小泉川・川原川の3河川が流入するが、3河川共に最下流では砂丘を越えて直接海へと流下することができず、後背湿地の古川沼に一度流入してから海に出るほどの規模の小河川に過ぎない。さらに、三角州平野の中央部には若干の高まりが横断しており、古い地形図を見ると土地利用も畑地や桑畑となっている。この高まりは三角州形成時の自然堤防群であるが、海水位が高かった海進期の海岸線に当たるかも知れない。

　今大地震により、海岸部は84cmほど地盤沈下しており、周辺では地盤の液状化も発生している。

　津波は、1960（昭和35）年のチリ津波の折には、ほぼ平野中央部の上記高まり付近まで達した。しかし1896（明治29）年の明治三陸地震と今2011.3.11地震では、平野を覆い山麓まで達している。1933（昭和8）年の昭和三陸地震時は明治三陸地震時にはおよばなかったが、東側に隣接する綾里（現・大船渡市三陸町）で最大遡上高28.7mと記録されているし、東北側のリアスである大船渡湾側の被害が大きかった。高田でも東方の只出港の方が高かった。

　すなわち、この地域では巨大地震が発生するたびに大規模な津波が襲来してきたことを示す。この事を念頭に置き、今後の復旧・復興、まちづくりに生かさねばならない。

(4) 気仙川右岸沿いの山麓低地の被害

　気仙川は現在、自身が作ったデルタの西端を山地と接しながら流下している。西側の山地を浸食し流下する小規模な支流である「長部川」がその下流で恵比寿鼻と対岸の小島や岩礁の間に小湾入を形成し、低平な水田域を形成し、その下流側に「長部漁港」を有している。この地域が、津波の遡上により水没している。

　この他、山麓沿いの狭いながらも気仙川沿いの平地の部分には古くから水運の結節点として、その規模に合せて漁村や街並が発達している。それらの中心地域は、対岸との渡しがあり、現在は姉歯橋で結ばれている「今泉」であった。しかし今津波では山麓に接して位置している「金剛寺」まで水没し破壊されており、その周辺地域もことごとく水没し流失している。姉歯橋もその下流の気仙大橋も破壊された。

(5) 小友（おとも）（トンボロ）低地域の形成と津波

　トンボロ＝陸繋砂州は、元々海で隔てられた地域を砂礫堆により結びつけられた地形のこと

▲ 小友地区 トンボロ低地の全景 左側・只出入江ー右側広田湾 津波は両側から侵入し「水合い」となり被害を大きくした。

◀ トンボロ低地中央部の「水合い」が発生した地域・左上写真の中央枠内

写真 5-1 小友地区の「水合い」現象発生地域と被害

である。このため当然ながら低地であり、高潮や大津波時には水没することもある。

　高田平野の南西部に現在は広田半島が続いているが、元はこの間は狭い海の部分で、半島部は島であったが、その後砂礫堆でふさがれた。小友の低地はまさにそのような地域であり、その中央部を地元では「水合い」と称している。これは、両方の海岸から大津波時に浸入してきた海水が衝突し合体する地域であることを示す「災害教訓地名」である。

　近年の歴史からは、1960年のチリ津波では合体していないが、1896年の明治三陸大津波と2011.3.11の大津波では出合い浸水高は16.8m（原口・岩松）に達し、まさに「水合い」状況と化し死者、行方不明者62名・破壊流出54家屋という大きな被害を出した（**写真 5-1、2**）。

　今津波災の前に各戸へ配付されていたハザードマップでは、県作成の2.5万分1図（**図 5-6**）・市の1万分1図（**図 5-7**）共に合体まではしないとなっているが、実際は越えてしまった。県や地元行政では明治三陸大津波時には越えていたことに対し、どのような理解のもとにハザードマップに記さなかったのだろうか。この点をしっかりと反省し、改良したマップを作らねばならない。

　なお、同様の「水合い」現象が小規模ながら高田平野東南部の「脇の浜」に臨む「館」地区の海

広田湾　　　　　　　　　　干拓地

▲広田湾側の破壊された干拓地防波堤
◀流出した小友駅

◀華蔵寺の歴史津波碑群

写真5-2　津波被害の実態

岸でも発生している。半島状に海岸側に突出する部分の狭い低地にはJR大船渡線と県道が通過しており、その両側から流入してきた津波が合体し死者20名・17家屋を破壊流失させている。なお、この地の場合は明治三陸大津波の時には水合いは発生していないとのことであった。

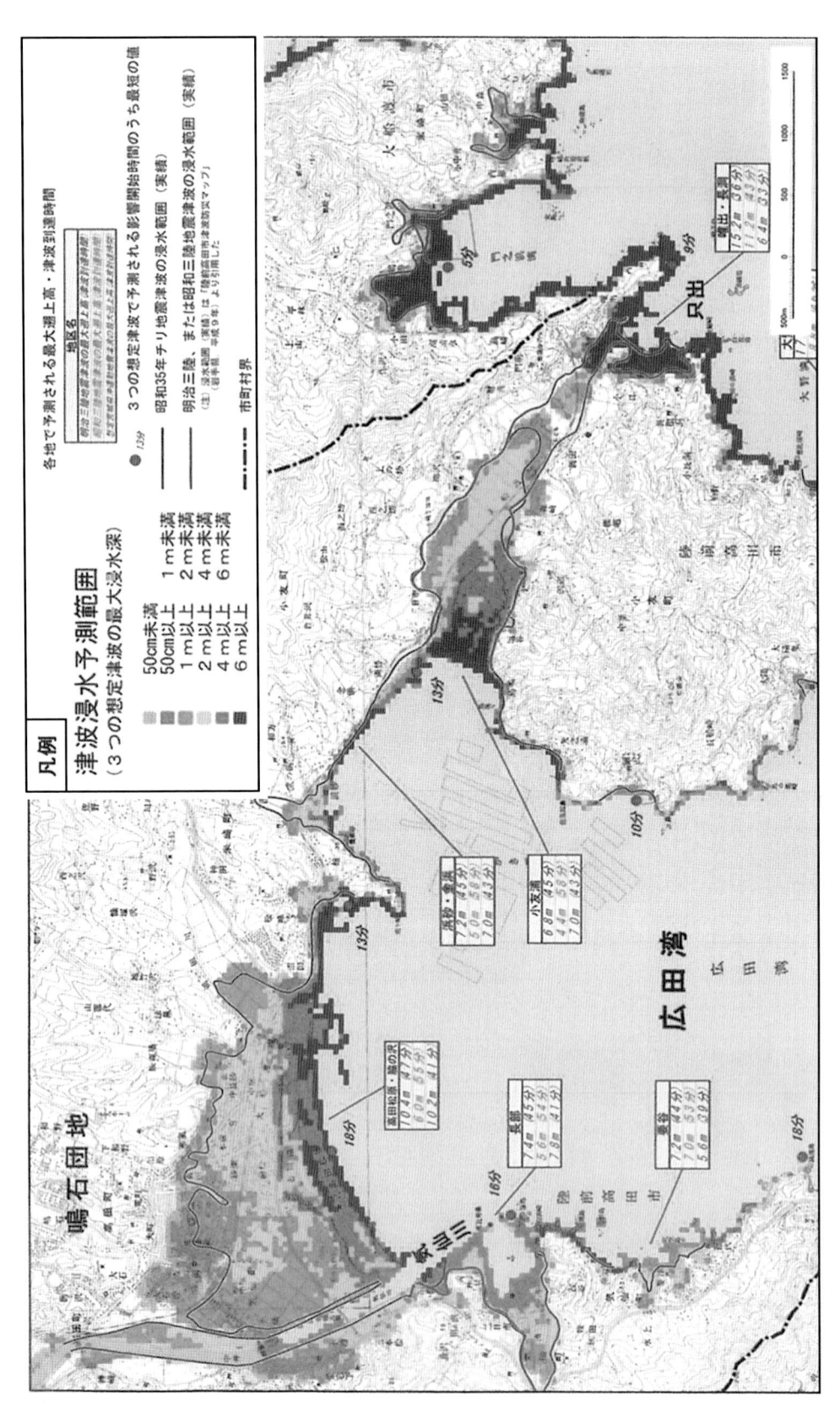

図 5-6　高田市域　防災マップ（原図はカラー）（岩手県 2004）

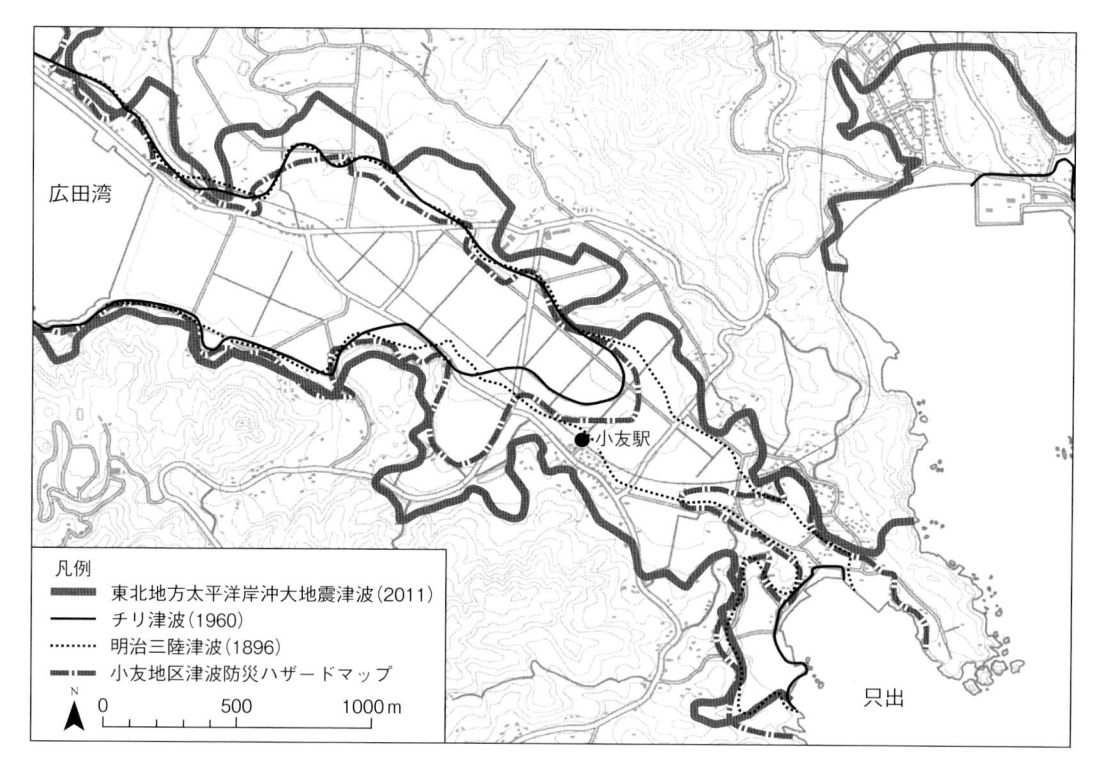

図5-7　津波浸水域とハザードマップ──小友地区──（原図はカラー）　高田市（2006）

3．これまでの大・巨大地震と津波

　東北地方の太平洋岸一帯に襲来した過去の地震と津波のうち、貞観11（869）年M8.3～8.6（推定）以降で注目されるのは、観測が行われるようになりデータが残っている。
・明治三陸地震 1896（明治29）年6月15日 M8.2～8.5
・昭和三陸地震 1933（昭和 8）年3月 3日 M8.1
・チリ津波地震 1960（昭和35）年5月22日 M8.5
・東北地方太平洋沖大地震 2011（平成23）年3月11日 M9.0
である。これらのうち、高田周辺では、今回の2011年3月11日の地震と被害が最大であった。
　他の地域では明治三陸時の方が津波の遡上高が大であったところも多い。本章で高田に注目し取り上げたのはこのためでもある。

2011.3.11巨大津波と被害

　津波発生当時の空中写真と浸水図で見られるごとく、気仙川が形成した「高田の沖積平野」を完全におおいつくしてしまっただけでなく、さらに平野の背後に続く丘陵の開析谷中にまで侵入、ほぼ標高15～17m付近にまで達していた（**図5-8**、**写真5-3**）。
　このため沖積平野に位置していた高田市役所をはじめ警察、消防署、市民会館、市民体育館、

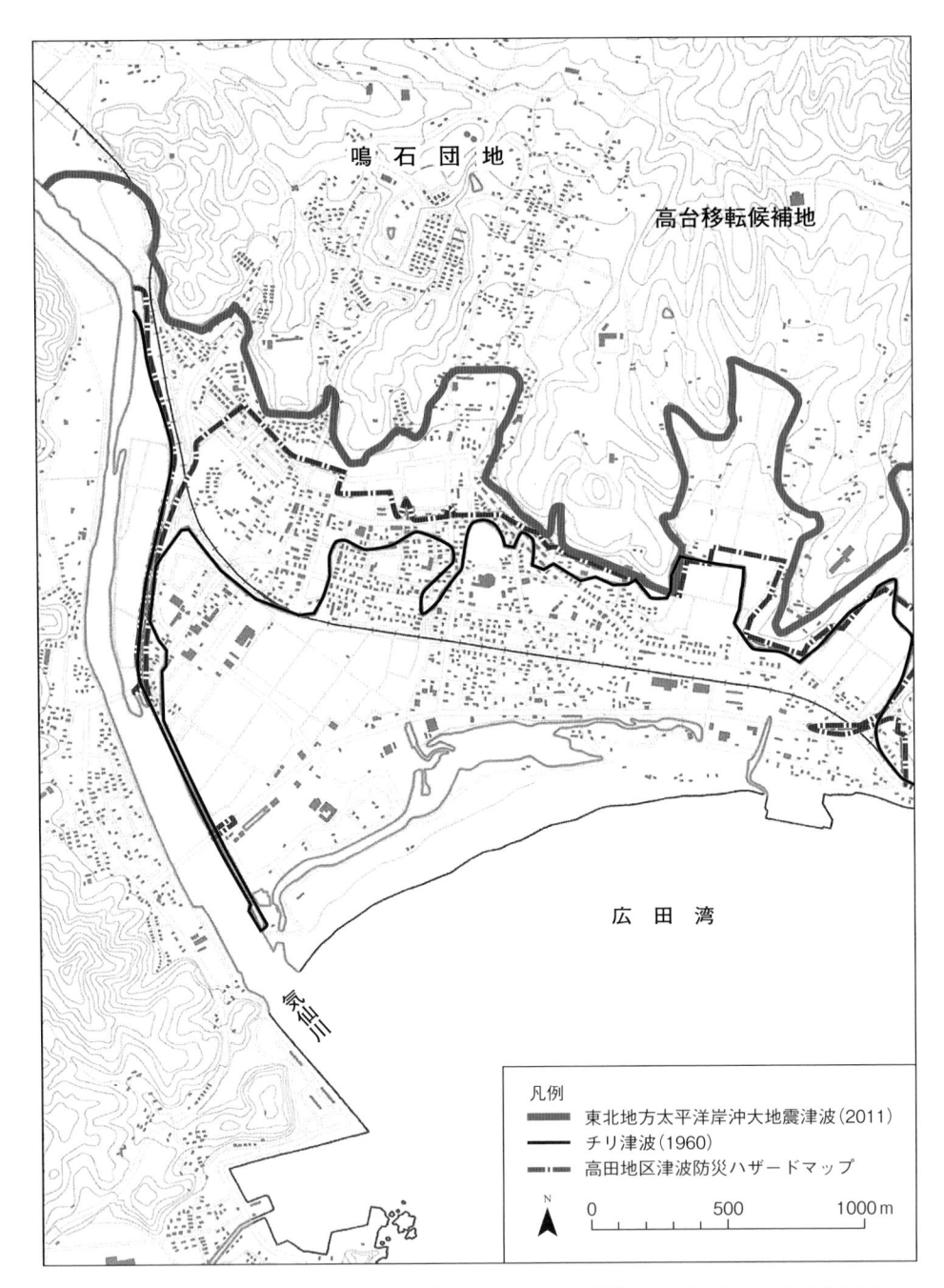

図 5-8　津波浸水域とハザードマップ——高田地区——（原図はカラー）　高田市（2006）

JR高田駅、高田病院など重要な公共施設のほとんどが水没したため、市のライフライン、行政機能は完全にマヒしてしまったし、多くの犠牲者を出した（**写真 5-4〜5**）。

　被害があまりにも大きく当初は混乱していた。人口2万5千人規模の高田市の被災状況として人的被害は、死者4,671人、行方不明1,220人で、建物被害（住宅における全壊および半壊数）は、24,877棟である（2012年5月30日現在：岩手県庁）。

第5章　東北地方太平洋沖大地震に伴う陸前高田市周辺地域の津波の実態／2011年　　77

津波被害直後の市街地　木造家屋はすべて流出し、山麓にがれきとなって堆積している。（撮影：アジア航測（株））

小友中学校付近は、広田湾から打ち上げられたがれきにおおわれている。（撮影：アジア航測（株））

写真 5-3　津波に襲われた直後の状況

▲「岩手県庁」公報室写真壁面から、リアス地形の状況がよくわかる「高田市周辺」の一部を写す

▲高田市市民会館の被害　水没し破壊した

▲高田市役所の全景と内部の被害状況　3階まで水没

▲高田病院　4階まで水没した

▲県立高田高等学校の被害状況　3階まで水没した

写真5-4　津波被害の実態――1年半後の状況――

第5章　東北地方太平洋沖大地震に伴う陸前高田市周辺地域の津波の実態／2011年

▲左側上：丘陵上に位置する松原苑からながめた高田平野（円内・キャピタルホテル）。中・下：津波の直撃を受けたキャピタルホテルとその内部

▲右側上・中・下：高田千本松原の残景、付近は1mほど地盤沈下している

写真5-5　津波被害の実態

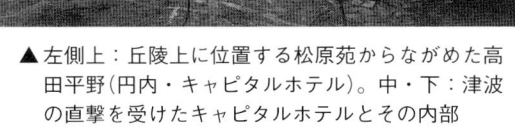

このような巨大津波であったため、当然ながら高田市が作成し各戸配布されていた「ハザードマップ─防災地図」上に記載されていた「避難指定場所─建物」68カ所中の35カ所が水没し、指定場所に避難しながら犠牲者となった人達も多かった。

　この被害の大きさに対してハザードマップが役割を果たせなかったことから、高田市は「ハザードマップ ワースト1都市」といわれることがあった。しかし、それは適切な批判とはいえない。確かに津波高の推定に問題はあったが、その内容は他地区と比較して大きな違いはない。高田では市街地が沖積平野に広く立地していたことが被害を大きくした。

　ハザードマップ「ワースト1都市」となりマップはその役割を果たせなかったことを非難することは簡単だが、それはよくない。津波高の推定には問題があったにしてもハザードマップは、これから復興させる街づくりにも、そして復興させた新しい街にも必要である。

　そのために研究者や行政は住民へ予測される災害に対する重要な情報として防災マップを提供していかねばならない。たとえ、配布されたマップが今災では、役割を果たさなかったとしてもそれは、それなりに重要な経験であり検証はしっかりしておかなければならない。その上で、まずはやはり低地であれば、最寄りの高い避難可能な建物の指定や、高地（丘陵）へとめざせる場所であればそこからの避難ルートの設定をしておくこと。そしてどちらにしても避難を昼夜や季節・雨雪時毎の対応も予測した訓練を行っていくことが必要である。ただし、現在の高田市域の場合は、市街地の瓦礫解体がほぼ終了し、巨大な裸地（更地）と化している段階であり、新市街地の設定はこれからでハザードマップを試作する状況にも至っていないことを記しておく。

4. 復興（期）に向けて

　復旧ではなく復興である。大変だが、この大ピンチをチャンスにして「新しい高田」を甦らせて欲しいと現地へ行くたびに念じている。そしてすでに巨大地震と津波の発生から「1年半」が経過した。

　筆者は被害の規模ははるかに小さいが、2005年3月福岡県西方沖地震で壊滅全島民がまとまって島外へ避難した「玄界島」を、3年間で立派によみがえらせたその過程と内容を被災直後から現地調査し報告した経験がある。

　ところで現在の壊滅した市街地域が立地していた「高田平野」は、瓦礫と化してしまった建物が片づけられ、広大な裸地（更地）原野の状態となっている。その中に鉄筋4～6階建てであったビルのみが、いくつか撤去待ちの状態で残っているだけである。そしてその地域には、自分の家があったところでも手を付けられないことになっている。乱開発をふせぎ、全域をまとめて「復興プラン」に従って再開発していくためである。

　現在、国・県・市の行政サイドから、復興に向けての基本計画原案（検討案）が昨年の10月と今年7月と2回出され、市民にも掲示された。

　これまでの検討案の中で、掲示された重要項目は、A：市域の主要部を高台に移転させるこ

と。B：海岸に沿って高さ12.5mの防潮堤を構築することである。

　この案を受けて被災した住民たちはどうしたものかと困惑しながらも、対応を考えざるを得ない時期を迎えている。

　そこでこれまでに被災都市高田へ入ってきている多数の研究者や種々の分野の専門家達と連絡をとり、行政と住民の間に立ち、災害と復興にまつわる多様な問題を理解するための手助けとなるよう質問に答えてほしいとの要請があり、それに応援していこうとする会が動き出している。

　筆者自身も、研究者の立場から、すでに3回出席した。このため現地高田の状況はほぼ理解しており、今後も現地から応援要請があれば対応していかねばならないと考えている。

　そこで筆者なりに高田の復興をどうとらえ、どうあるのが望ましいと考えているかを記しておく。

　以下は上記の復興検討会案で掲示されてきた重要項目のA：「高台移転案」と、B：「12.5m防潮堤構築案」についての私見である。

(1) 高台移転案について

　リアス海岸が発達する東北地方の海岸には、津波を受けて高台へ移転したいという考えは各地に出ているが、移転しようにも高台が無い。あっても狭くてできないところが多い。それに対し高田には高田平野の背後に広い高台（丘陵）が存在しているという大変恵まれた環境を有しているのが特徴である。このため被災直後から「高台移転案」が出されてきたのは当然なことであり、筆者も賛成である。しかも高台の中央部には、既に30年程前から造成されてきた「鳴石団地」が存在している。これから移転する地域もこの「鳴石団地」を中心に拡大し、さらにその周辺地が造成されることになる。

　そこで、筆者は先行して形成されている「鳴石団地」を数回訪ねてみた。さらにそこで生活している人達を意識しつつ若干の聞き取りをした。その結果、環境には恵まれているが、役所・学校・病院、それに仕事の場など生活に必要なものの全てが下部（低地）の高田平野にあり、買い物も同様であるため、団地内には小さい店のみであっても生活のための品物が揃う店は無い。その一方で各家庭には乗用車やバイクが家族人数に合わせ数台有り、それで各人の日常生活に合わせて低地の平野部を結んでいるだけのベッドタウンの状態だと判断した。

　これから「新・高田市街」地域として市街地を高台へ移転すると考えれば、今の「鳴石団地」の状態ではよくない。今まずやらねばならないのは、しっかりとした「新高田市」の理想像を描き、それに基づいた「街造りプラン」を立てることを急ぐべきである。それには「鳴石団地」の現状をしっかり検証することから始めることが大事である。初期は高台移転案が中心であったものの具体案になるとそのような発想がまったく感じ取れないし、行政側・被災住民側からも聞こえてこないのが残念というより、不思議である。

　そこで、どうあるべきかと筆者なりに考えてみた。

　高台（丘陵）の中心部には既に「鳴石団地」が立地しているので、ここを核としつつも、この

団地をも「新・市街団地」の一部として改造するくらいのつもりで進めてほしい。新市街の中心部には、復興を示すモニュメントを中心にした公園や広場を作り、それを取りまくようにマーケット・各種専門店を配置し、その外側には役所や病院・教育施設などの公共施設がある。それより少し離れて戸別家屋や集合住宅を配置するのがよい。

このような構想の背景には、高台の「新・高田市街」地域に向けての夢と理想を求めた人達が移転したのちこの高台の上だけで〈生活が完結できる〉こと、しかも〈すべてを徒歩で行動できる〉こと、全体としては〈エコでバリアフリーの安全な街〉を目指すのが良いと考えるからである。

現実的には不可能な部分も多いだろうが、夢がなくバラバラに高台を目指すのとは違うよ、という「高田としての姿勢」をまず出して移転を進めることが大事であると考える。

(2) 海岸に12.5mの防潮堤を構築する案について

被災前の防潮堤の高さは5.5〜6mであったが、それを約2倍高の12.5mとする案である。まず、その高さへと至った経過を示す。

今回の津波の高さが、15〜17mに達した。そこでこの高さを基に県が防潮堤で守るにはとシュミレーションした結果20m以上の高さが必要との値が出た。しかしそれはあまりにも高すぎるとし、どのくらいに下げるかを考慮中に、高田市の市長が15m案を提出した。その後、県も下げることを検討して上限を12.5mとし、それより低くてもよいとした。そこで市長は14m、13mと下げたものの、現在は県が提出した12.5mで検討しているのが現状である。

では、筆者は自然地理学・地形学の研究者の立場から、どう考えているかを記す。防潮堤は12.5mと高いだけではなく、堤長も2kmと長大となる。構築する場所は三角州のフロントの約40mと厚い軟弱な堆積層の直上である。しかもそこは今度の震災でも約1m地盤が沈下しており、液状化や不等沈下している可能性が高い。そのような厚い軟弱な地層の上に、高くて長大なコンクリート重量堤を乗せることは避けるべきと考える。

さらに、海を生業としている漁業・水産業・観光業への配慮も当然ながら必要である。これまで綺麗な素晴らしい海の景観を誇りとしてきた市民や観光客にとっても、海の見えない、海に接する楽しみの欠けた高田で良いのだろうか。

しかも高い防潮堤が出現すれば、いずれ人々は津波が襲来しでも大丈夫だろうと考えるようになり、避難訓練にさえ出なくなり、防災意識は減退してしまうだろう。将来、高田は第2の「田老」となってもよいのかを考えてほしい。

では、どう考えたら良いか。この地域のもつ自然環境を学び、この地域がかつて経験してきた天災には逆らわず、むしろ共生できるような対策を考えること。そのためには1つだけの高い防潮堤で市域を守るという考え方ではなく、「多重防御」的発想を取り入れるべきである。たとえば、海岸とやや内陸部に低い二重の堤を造ることや、その前後に森林帯（新松原）を挟む。

さらに前述したように市街中心部を高台に移転し、平野部の土地利用を市民の多くが利用できるような公園・スポーツ施設・田園的観光農地・ソーラー畑による太陽光発電施設などを考

えればよいし、それはすでに最初の検討案として出ている。

　市街を「高台へ移転すること」と「高い防潮堤を構築すること」は相反するが、そのことに対してはどのように考えているのだろうか。防潮堤は低くて良い。造らなくても良いという考えも周辺の大槌町や気仙沼市の一部には出ている。高田でも決定する直前には「田老」をはじめ、他地域の計画も参考にして検討してからにしてほしいものである。

5. さいごに

　まちづくりの視点から筆者は、高田復興には前向きな夢も必要でありそのことを元に考えると、市街を高台（丘陵）に移転させるならばその中心部には復興記念のモニュメントとショッピングセンターを、その周辺には役所や学校、病院などを配置して、住民達の生活がその高台地域で完結するようにエコでバリアフリーな「コンパクトシティ」的プランを考えることを提言した。

　海岸の12.5mという高い防潮堤築造案に対しては、厚い沖積層の上に高くて長大なコンクリート堤を乗せるのは液状化や不等沈下することを十分考慮すべきである。さらに素晴らしい海岸風景が見えなくなることや漁業・水産業従事者への対応を考えることや高い防潮堤の存在で、津波はもう大丈夫という人間側の感覚のマヒが生じ、教育にも影響すると懸念する。防潮堤は高ければ良いというものではないと考えている。

〈 参考文献・資料 〉

池田　碩(2009)：「2005年の震災からよみがえった玄界島」、地理54(6)。
池田　碩 他(2012)：「超『想定外』だった『東日本大震災』被災地域の状況 現地調査報告」、奈良大学研究紀要 第40号。
池田　碩(2013)：「陸前高田周辺の地形と津波」、『東日本大震災調査報告書』所収、国土問題74号。
赤桐毅一(2011)：「津波で高田松原消滅」、地理56(11)。
岩手県(2004)：「岩手県津波浸水予測図」、2.5万分の1。
昭文社(2011)：『東日本大震災　復興支援地図』、昭文社。
千田　昇・松本秀明・小原真一(1984)：「陸前高田平野の沖積層と完新世の海水準変化」、東北地理36(4)。
高田市役所市史編集委員会(1994)：『陸前高田市史 第1巻　自然考古編』、高田市役所市史編集委員会。
原口　強・岩松　輝(2011)：『東日本大震災　津波詳細地図』、古今書院。
ベン・ワィズナー 他(著)、岡田憲夫・渡辺正幸 他(訳)(2010)：『防災学原論』、築地書館。
陸前高田市(2006)：「陸前高田市津波防災マップ」、1万分の1。

第6章　東北地方太平洋沖大地震に伴う宮古市「田老地区」津波の実態／2011年

1. はじめに

2011.3.11 東北地方太平洋沖でM9.0の巨大地震が発生、大津波に襲われた。我が国では、科学的観測以来初めての大規模なものであり、被害は東北地方の太平洋側沿岸を中心に北は北海道から南は関東地方の沿岸まで広域におよんだ。

本章では、リアス海岸が発達する岩手県北部、宮古市「田老地区」（図6-1）を襲った津波の実態と被害の状況を中心に報告する。

「田老地区」は下閉伊郡の田老村が田老町を経て2005（平成17）年に宮古市と合併したため現在は「地区」となっている。

図6-1　岩手県宮古市田老地区

典型的なリアス地形の湾口から湾奥にかけて位置しているため、過去に何度も大津波に襲われそのたびに壊滅的被害を受けた歴史を持っていることで知られる土地であり、田老は「**津波太郎**」と（の異字名で）称されることも多い。近年では、1896（明治29）年と1933（昭和8）年の大津波時にほぼ全滅。そして今回も同様状態になってしまったが、すでにそれから2年が経過した。そこで現在最も重要な段階をむかえている復興プランと将来の田老の姿（イメージ）への行政側と住民達との対応の状況を整理しておく。

2. 過去の大津波災害

「田老」の壊滅状況は何度もあり、近世では1611（慶長16）年にも発生している。科学的データと地図資料が残されるようになってからは、1896（明治29）年6月15日の「明治三陸大津波」時の津波高は15mであった。村民約2,000人中助かったのは、沖合に漁船で出ていた人と、出稼ぎで村を離れていた60名ほどを含め約100名足らずであった。

1933（昭和8）年3月3日の「昭和三陸大津波」時の津波高は10mであった。村民2,739人中、548名が死亡。363名が行方不明となった。この時は村民の半分以上が助かったため、集落をどうするかが大きな問題となった。

集落背後に連なる山地の平坦な部分を造成して集団移転する案が持ち上った。しかし、村民

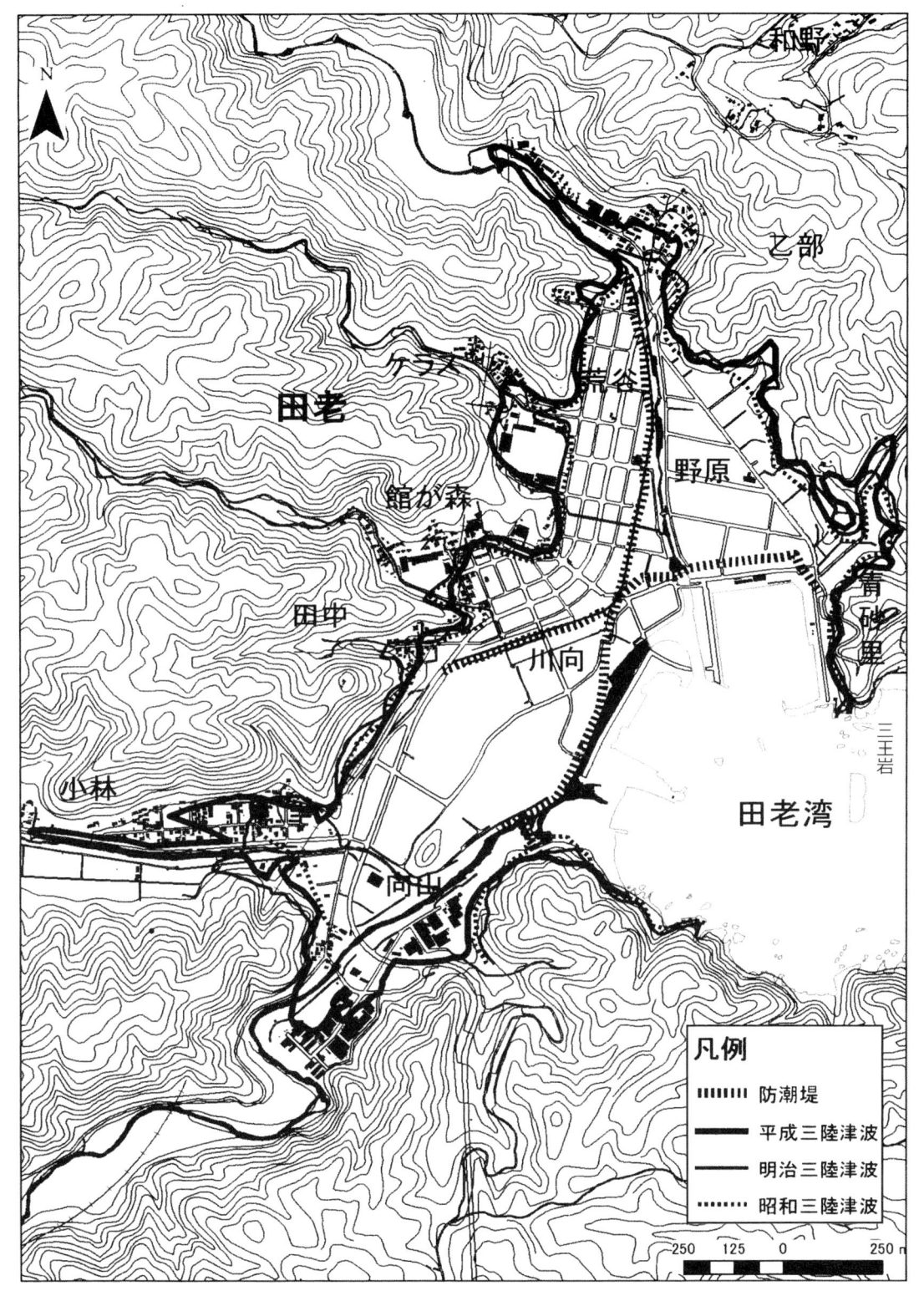

図6-2　田老地区の防潮堤と過去の津波到達ライン

表6-1　被害状況の比較

被害状況	1896（明治29）年6月15日 午後7時22分強震	1933（昭和8）年3月3日 午前2時30分強震	2011（平成23）年3月11日 午後2時46分強震
＊マグニチュード	7.6	8.3	9
＊最大波高	15m	10m	15m
＊罹災戸数	336戸	505戸	1,609戸
＊死者・行方不明者	1,859人	911人	184人

津波防災の町宣言

田老町は明治二十九年、昭和八年など幾多の大津波により壊滅的な被害を受け、多くの尊い生命や財産を失ってきました。しかし、ここに住む先人の不屈の精神と大きな郷土愛でこれを乗り越え、今日の礎となる奇跡に近い復興を成し遂げました。

生まれ変わった田老は、昭和十九年、津波復興記念として村から町へと移行、現在まで津波避難訓練を続け、また、世界に類をみない津波防潮堤を築き、さらには最新の防災情報施設を整備するに至りました。

私たちは、津波災害で得た多くの教訓を常さにも心にもち続け、津波災害の歴史を忘れず、近代的な設備におごることなく、文明と共に移り変わる災害への対処と地域防災力の向上に努め、積み重ねた英知を次の世代へと手渡していきます。

御霊の鎮魂を祈り、災禍を繰り返さないと誓い、必ずや襲うであろう津波に町民一丸となって挑戦する勇気の発信地となるためにも、昭和三陸大津波から七十年の今日を期して、ここに「津波防災の町」を宣言します。

平成十五年三月三日

田　老　町

写真6-1　当時の町役場

長大な防潮堤を完成、チリ津波（1960年）の被害も妨げたことで自信をもった田老町は、2003（平成15）年に「津波防災都市宣言」を行った。

のほとんどが漁業従事者であり、やはり危険を覚悟しても漁港に近いところを生活の場にしたいうことになった。

そのために、漁村全体を取り囲むように長大な防潮堤を築くこと決定した。工事は、途中第2次大戦をはさんだため中断したが、戦後再開され、1978(昭和53)年に海側と陸側に2重の構造で高さ10m総延長2.4kmで完成。「防潮堤万里の長城」と称されギネスブックにも登録された(図6-2)。

陸側の防潮堤の内部に配置された街並みの区画やその周囲の道路は、背後の山地に直結し夜間でもすばやく避難できるように角を落とすなど工夫された。さらに住民による自主防災組織を育成し、津波時を想定した避難訓練を行ない、学校では防災教育を徹底させるなど充実した対策が取られた。

その後の1960(昭和45)年5月4日に発生し三陸地方の沿岸に大きな被害を出した「チリ地震」時にも、田老は完成されていた防潮堤に守られ内陸部への被害はほとんど無かった。

そうして、津波防災に自信を持った「田老町」は2003(平成15)年に津波防災サミットを開催し、「津波防災の町宣言」を行なった(写真6-1)。その結果、田老は世界にも類の無いといわれるほどの防災対策を取っている町として外国にまで紹介されることとなった。

ところが、宣言から8年後の2011(平成23)年3月11日にM9.0の巨大地震と大津波が発生、津波高は10mの防潮堤を軽々と越える15m以上で襲来したため、田老地区はまたもや壊滅した(写真6-2)。

3. 2011.3.11の巨大地震と大津波

この地震の前、田老町には1,593世帯・4,527戸・4,434人が居住していた。そして地震と津波のため、753世帯・全壊1,609戸・184人が死亡行方不明を生じる大災害となった。

被災後、ただちに避難を開始した。その場所は幸にも町域北方8kmの山上で海の展望のすばらしい地域に設置されていたリゾート観光施設「グリーンピア三陸みやこ」があったためまとまって避難できた。その後は周囲の広いリゾート敷地を中心に仮設住宅(群)を建築することができた。

筆者が、震災発生後3回目にこの地を訪れた半年後の2013年10月には、すでに仮設住宅はほぼ完成しており、生活支援のための仮設のプレハブ2階建て店舗「たろちゃんハウス」がオープンしたところだった(写真6-3)。その周辺には主要銀行の各支店もプレハブで仮設されていた。仮設住宅地と被災地田老さらに宮古市中心街へと向う国道45号線沿いに臨時のバス停(写真6-4)も設置されており、不自由な状況の中でもどうにか日常の生活には落着き出していた。おそらく東北全被災地域の中では、最も早い避難住宅地であった。

そして、それから約1年半後の(震災発生からは2年後)3月20日にこの地を再訪した。

I 地震・津波

▲ギネスブックに記載された2.4km・高さ10mの防潮堤。津波は軽々と乗り越えた

▲高い防潮堤から廃墟と化した町内を望む

▲ビルの下半分を津波に破壊された「田老観光ホテル」

▲2年後の田老観光ホテル。ビルは津波遺産建造物に指定され残すことに決定

← 津波高

写真6-2　被災直後の田老地区（左側）と、2年後の状況（右側）

写真6-3　田老地区の急造された仮設住宅街とオープン当初の商店街「たろちゃんハウス」
（被災半年後の10月）

写真6-4　仮設住宅前のバス停とバス停横の掲示板
日常生活のためのさまざまな情報が提示される。

4. 復興計画とスケジュール

　震災発生から既に2年経過。元の「田老地区」は、瓦礫の片づけはほぼ終了したが、全域が荒寥とした更地の状態である。
　過去に何度もくり返し壊滅状態に見舞われたこの地を、これまでの歴史的状況をふまえ、次はどうするか。被災後、行政と住民の間で対応してきたプランが、やっとまとまってきた。
　その要点を整理しておく。

(1) 復興計画

　復興の主体は「土地区画整理事業」であり、その計画は、行政と住民との合意にもとづき、最終的には知事の認可を経て進められる。
　田老では被災前の田老地区自体が、あまり広くはないリアス湾内の地域に位置しており、地域と住民がまとまってまさにコンパクトシティ的に生活していたこと。そして被災後もほぼまとまって「グリーンピア三陸みやこ」リゾートへ避難し、その後仮設住宅も周辺地区に建てられ、現在はさながら「避難者の街」が形成された状態を呈している。
　そうして「田老地区復興街づくり協議会」のもとに、仮設住宅の集会所で、当面の生活のことや復興に向けての対応について、週1回程度の集まりを持ち、産業・商業・防災・新市街や高台移転などの班に分けて話合い、意見の集約をはかっていく活動が続けられてきた。
　行政側では、宮古市の都市計画課が中心となって、地元区民への説明会を市長・都市整備部長をはじめ、都市計画課の課長、主査、技師も出席、岩手県の震災復興支援局の宮古事務所の所長や主幹も出席して、避難地の「グリーンピア三陸みやこ」に定期的に集まりながら開催されてきた。説明会では安全で住みよい新しいまちの姿を目標に模索し、アイデアを出し合って計画案の提示と修正がなされてきた。
　ほぼ煮詰まった現段階の計画では、「防潮堤」は再び2重で整備することとし、海側の破壊された防潮堤は14.7mの高さで「第1線堤」として再築する。内陸側で破壊をまぬがれた高さ10mの防潮堤は一部かさ上げするが「第2線堤」として残す。第1線堤と第2線堤と間は厳しく土地利用規制をする。そして第2線堤と山麓にかけてはかさ上げをし、国道45号線を中心に商業地・公共建物・一部を住宅地とする。しかし住宅地の主体は、低地に隣接する高台「乙部地域」の山地を宅地として造成し、集団で移転することにしている。
　このための復興計画図(完成時の予想図)を図6-3に示しておく。
　工事は今年2013(平成25)年9月から被災地域と高台移転地の造成作業が開始される。そうして8年後の2021(平成33)年に完成予定である。
　これから行なわれる作業のスケジュールを図6-4に示しておく。

第6章　東北地方太平洋沖大地震に伴う宮古市「田老地区」津波の実態／2011年

図6-3　現地で掲示されている復興計画図
右上部は山上の高台移転地集落

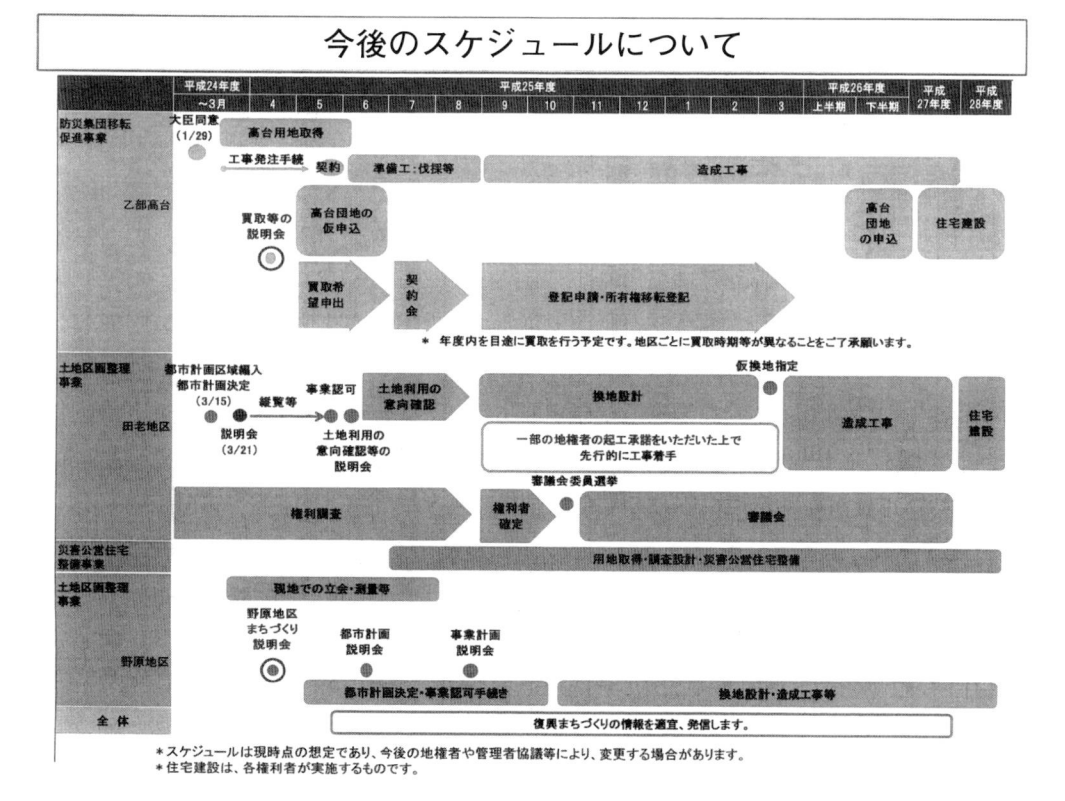

図6-4　復興へ向けてのスケジュール

(2) 復興に向かっての問題点

　避難している住民達からの要望としては、早く元の生活にもどりたいし、復興のスピードを少しでもスピードを上げて進めてほしい（その背景にはいつも何でもおくれているとの気持ちがある）。せめて新しい移転地の我が家の設計図を描きつつ将来への夢でも見せてほしい。

　さらに高台の移転地から出勤する漁業者となることの不安も若干ある。しかし、それは前災時の昭和三陸大津波時は、高台移転にふみ切れなかったが、現在は一家に複数台の自家用車、トラック、バイクがあるのが、普通の状態であり、覚悟はできている。それよりも漁業には船が必要である。しかし新しく船を所持するにはかなり高額の費用が必要である。銀行からの融資には、若い後継者が居るかを問題とされる。それによっては漁船の規模まで変えねばならないなどの問題が大きいとのことである。

　また、これまでは区民が低地にまとまって生活し、コンパクトシティ的だったが、地区が2分され、しかも行政機能などの分散、学校への通学、市場、国道や鉄道駅から離れることでの生活上の不便に対する不安などがあげられていた。

5. さいごに

　若い造山帯の日本列島の生い立ちと、それぞれの地域特有の自然環境や災害との葛藤の歴史は当然これからもくり返される。時折発生する強力な自然の猛威にはさからえない。それぞれの地域が有している自然現象に対する畏怖の念を忘れず、災害とも上手に付きあっていくことが大事である。異常事態を感じたらこの地元では「津波てんでんこ」という教訓がある。

　巨大な防潮堤防などの土木構築物も完全なものはない。科学技術も使用不可となったり放送で津波高は3m・5mと予測されても過信しすぎるとだめだということがわかった。むしろその結果のシッペ返しがいかに大きいかを今災が教えてくれた。

　最も大事なことは、この地は明治以降の115年間で巨大地震に3回も襲われ、その都度、壊滅的状況となったこと、それを忘れずに復興を目ざしてほしい。

〈参考文献・資料〉

岩手県田老町(1969)：「津波と防災─語り継ぐ体験─」。
岩手県復興局企画課(2013)：「復興実施計画における主な取組の進捗状況」。
田老町教育委員会(1971)：「防災の町」。
田老町史津波(編)(2005)：「田老町津波誌」、田老町教育委員会。
山下文男(2003)：「三陸海岸・田老町における「津波防災の町宣言」と大防潮堤」、歴史地震 第19号、165-171頁。
寅貝和男(2012)：「田老町スーパー防潮堤からの教訓を学ぶ」、地理57(11)。
宮古市危機管理課(2012)：「宮古市東日本大震災 津波浸水図」。
宮古市(2011)：「宮古市東日本大震災復興計画」。
宮古市(2013)：「3.11被災地2年目の出発」、『月刊みやこわが町』。
宮古市都市計画課復興まちづくり担当(2013)：「復興元年を振り返る・新しいまちの姿・他」、『広報みやこ』。

COLUMN

スマトラ沖巨大地震時の津波被害

　スマトラ巨大地震はインドネシアのスマトラ島西北岸沖を震源として2004年12月26日に発生したM9.0の巨大地震である。

　被害は、震源地域を中心に大津波が生じ、インド洋を超え、10時間後にはアフリカ沖にまで達し、全体の犠牲者数は約30万人におよんだとされる。

　震源地からベンガル湾をはさみ1,600kmも離れたスリランカでは、発生から2時間後に津波の第1波が到達した。

　その間、ニュースで地震の発生やインドネシアでの津波の被害は報じられていたが、スリランカでは震度2程度で津波の来襲は想定されておらず、何の前ぶれもなく津波に襲われた。

　しかも第1波より第2波の波高の方が高く、第1波の引き波に誘われて海岸に出た人の多くが犠牲となった。

　被害の大きかった南部の中心都市で人口10万人を超えるゴールでは、岬の付け根に位置していたバスのターミナルが津波に襲われ、一瞬にして10数台のバスと乗用車や家材が流された。バスの屋根に上った人がバスもろともに濁流に飲み込まれた様子を報じた当時のニュースは衝撃的であった。この時の強烈な印象が残り、6年後にこの地を訪れ、その後の状況も確認した。

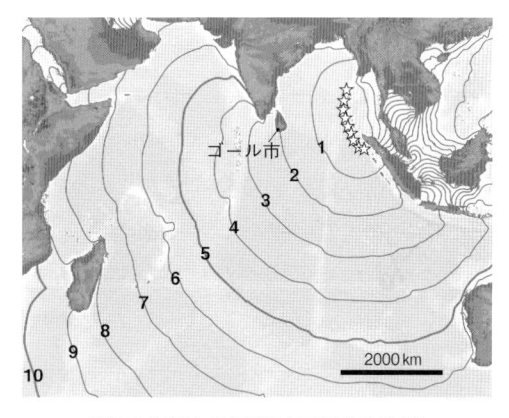

津波の伝播と時間（数字の単位は時間）
NGDC Global Historical Tsunami Database
(http://www.ngdc.noaa.gov/hazard/tsu_travel_time_events.shtml)より作成

被災列車の様子を描いたスリランカの切手

　この地での津波の水位は、2.8mを記録している。助かったのは建物の2階以上に避難できた人だけであったという。

　海面ははじめの10分間ほどで数m低下し、その後上昇に転じた。このため港に係留していた110隻の漁船が被害を受け、このうち27隻が破壊された。さらに陸上に打ち上げられた船も多かった。

　ゴールの北15kmのヒッカドゥワの南西海岸付近には珊瑚礁が発達しリゾート地として人気が高い。この北側のカハラ地区では避難する人達を乗せた9両編成の列車を津波が直撃した。この付近の地形は海岸沿いに砂丘が発達するが、内陸側に向かって低くなり海面と同じくらいの後背湿地となっている。国道は海岸の高い砂丘の上を走っているが、鉄道

は海岸から内陸へ200mほど離れた低地に敷設されていた。民家はさらに1m位の高さであり、緊急停車した列車の床くらいまで浸っただけであった。このため住民たちは自分の家より停車していた列車内の方が安全だと考え乗り込んだ人と、内陸へ向かって逃げた人とに分かれた。そこへ津波の第2波が列車の屋根を超える勢いで押し寄せた。車両はばらばらに離れ、線路から70mも内陸側に押し流されたものもあった。その結果、列車内だけで1,000人近い人達が犠牲になった。スリランカ全体では死者行方不明者30,615人という大被害となった（同行した辰己 勝氏の報告書文より）。

　この時、水牛や象などの動物たちは逃げ助かっていたという。このニュースを聞いた時、同じ動物であり進化をとげた人間との自然への感覚や感性の差はどう違ってきたのか、同じ人間でも昔の人と現代人とではどうなのだろうかと大きなショックを受けた。

　さらにスマトラ付近の列島とトラフの状況は日本列島太平洋岸のトラフと極めて疑似しているのに、津波の実態とその被害のすさまじさには注目したが、それ以上の取り組みには至らないうちに、2011.3.11東北地方太平洋沖大地震が発生した。教訓として学んでいなかったことを痛感したし、反省することになった。

　このことを考えると、ほぼ同様な現象として日本列島の反対側に位置する南米チリで1960年5月24日に発生した巨大地震の大津波が、22時間後に日本列島の太平洋岸に到達し、全国で142名の犠牲者を出していることへの教訓ももっと学んでおくべきと痛感する。

① 津波災害慰霊碑　② ゴールのバスターミナル　③④ 修復中の砂丘に沿う建物

第7章　大阪湾岸低地域での震災を考える

1. はじめに

　2011年3月11日、東北地方太平洋岸の広い範囲で、世界的にみても観測史上最大級の地震が発生した。この地震は、これまでわれわれが抱いていた自然現象へのイメージを一変させた。単に、その大きさや発生の要因、プロセス、振動波の伝播のようすといった物理的な要素にとどまらず、現代の科学技術や社会のあり方をも揺さぶる力を示した。

　今回の震災における被害は、約99％が津波によるとされる。1995年に発生した阪神淡路大震災以降、多くの自治体で各種のハザードマップが作成され、津波災害にも備えてきた。とくに東北地方では、観測記録の残る明治以降でさえ幾度も津波被害を経験しており、岩手県の田老では、街全体を防潮堤で囲みこみ、早くから万全の防災体制を築いてきた。しかし、今回の津波によって堤防は決壊し、街は壊滅状態となった。田老だけではなく他のほとんどの地域でも、地震の後には津波が来ることを警戒しつつも、被害を食い止めることはできなかった。その要因にはさまざまな因子があ

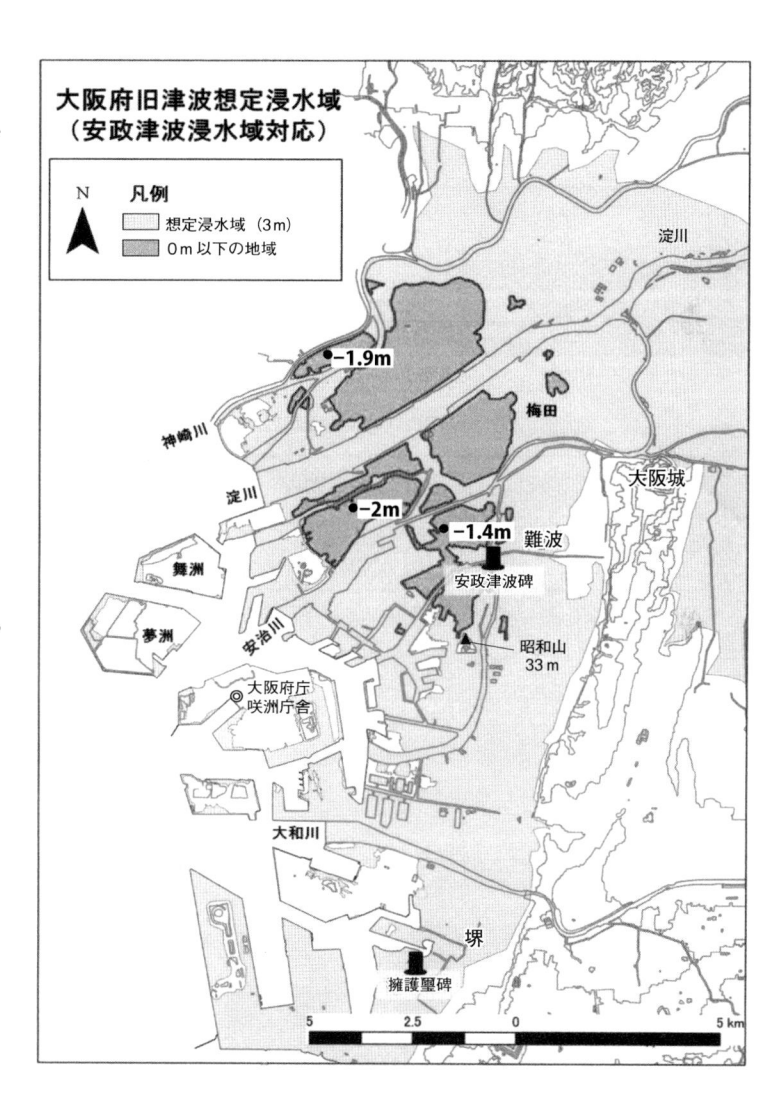

図7-1　大阪低地の地形と東日本大震災前に作成された津波想定浸水域
0m以下と津波の侵入が予想される3m以下の地域を示す。

るが、被災地の復興がはじまる今こそ、東日本大震災を教訓とした「日本の防災のあり方」を考え直すときではないだろうか。

　本研究の対象地域である大阪市は近畿地方の拠点都市であり、260万人の人びとが住み、昼間人口は350万人を超える。しかし、市域には、その生活基盤となる大地の高さが海抜０mないしはマイナスとなる低地帯が広く分布している。昔は海の底であった主に西側の地域は、自然史の要因以外に、近代以降急速に行なわれた干拓地や埋立地であり、現在は市街地になっている。当然、このような地域は地盤沈下や液状化などのリスクが高く、とくに津波襲来時には甚大な被害が考えられる（図7-1）。ところが、現地には海抜の高さや想定される浸水高をしめす標識すら見られない。それは、防波堤や水門設備で食い止められるという前提からであろう。その他、急速に開発が進む高層ビルや地下鉄、地下街などでの防災対策も局所的な感が拭えない。

　東日本大震災後、大阪では地震や津波の想定規模についての再検討が行なわれた。その結果、最悪の場合には現在の対策では防ぎきれないことが明らかになった。しかも、いくら資本を投下し技術を開発しても、完全な防災対策は不可能であることも今回の震災で明らかになった。すなわち、どこまでリスクを受け入れるかというコンセンサスづくりが今後の防災対策の基本となる。

　このことを前提にして、今後の防災を考える。

2．「安政南海地震」の大津波を伝える石碑と絵図から学ぶ

　江戸時代の末期、1854（嘉永7）年12月24日に推定M8.4の地震が発生し、難波周辺の沖積低地から市街地域に津波が襲来、大被害を出した。このときの状況は、「大坂大津浪図」と瓦版が残されており、津波の浸水状況や被害のようすを知ることができる（図7-2）。

　津波は２～３mの高さに達し、当時の市街地中心部に存在していた道頓堀川を駆け上がり、200～300艘の船が流され、堀江川、安治川などに架かる多くの橋を押し流した。大黒橋の周辺では、川岸に乗り上げた船が家々を破壊、犠牲者は2,000人に達したと記されている。この状況は、まさに2011.3.11東北日本太平洋岸大地震で発生した津波が仙台平野付近を襲来し、布状となって侵入してきたようすとそっくりである。

　木津川（旧淀川）大正橋の袂には、安政南海地震（推定M8.4）の大津波を伝えるためその翌年に建てられた石碑が残されており、それには「この地では、1707（宝永4）年にも大地震と大津波に襲われ、同様の被害を受けていたが、年月がたつにつれ、人びとから忘れられていた。そして、またこんなことになった。だから忘れないようにこの石にしっかりと刻しておくので、文字が消えかかったら心ある人は墨を入れて欲しい」という内容の文が記されている（**写真7-1**）。

　現在、この地域は大阪を代表する繁華街のミナミに近く、1日に約20万人が訪れる地下街「なんばウォーク」や「NAMBAなんなんタウン」が近くまで延びている。近い将来、東南海・南海地震の大津波がこの地域を襲うことが予想され、そのときには想像を絶するような状況に

第7章　大阪湾岸低地域での震災を考える

▲安政南海津波石碑
難波木津川大正橋袂　安政南海大地震(1854年)による大津翌年築▶

写真7-1　安政南海津波の教訓を示す石碑

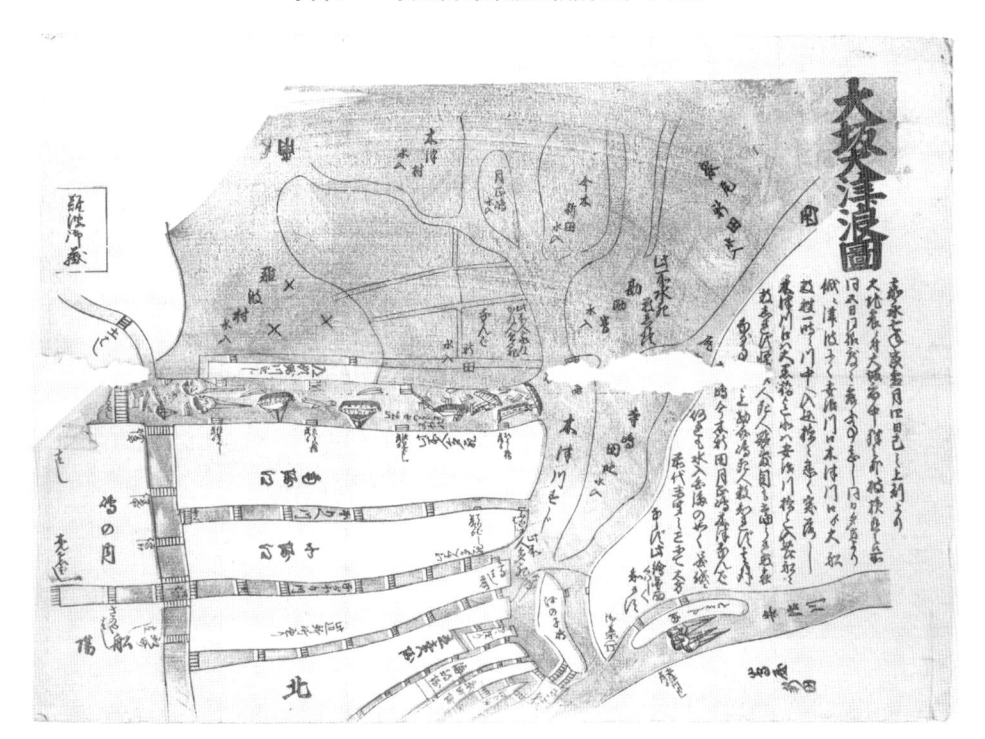

図7-2　安政南海地震(嘉永7(1854)年)時の大坂大津浪図(大阪城天守閣蔵)
図幅は下方が北で、安治川と木津川の合流点が見える。一方、上方は南で、木津川の河口である。図の左端に戎橋があるが、そこから南西一帯には津波による浸水域が描かれており、難波村はほぼ全域浸水している。とくに、道頓堀川では転覆した小船や帆船が押し上げられ、すべての橋が落ちているようすがわかる。長尾武(2006)解説文より。

なることは間違いないだろう。

3. 大阪低地 ── 地形の形成と土地利用の進展 ──

　本章であつかう大阪低地とは、地形からみると淀川下流に広がる三角州であり、土地利用か

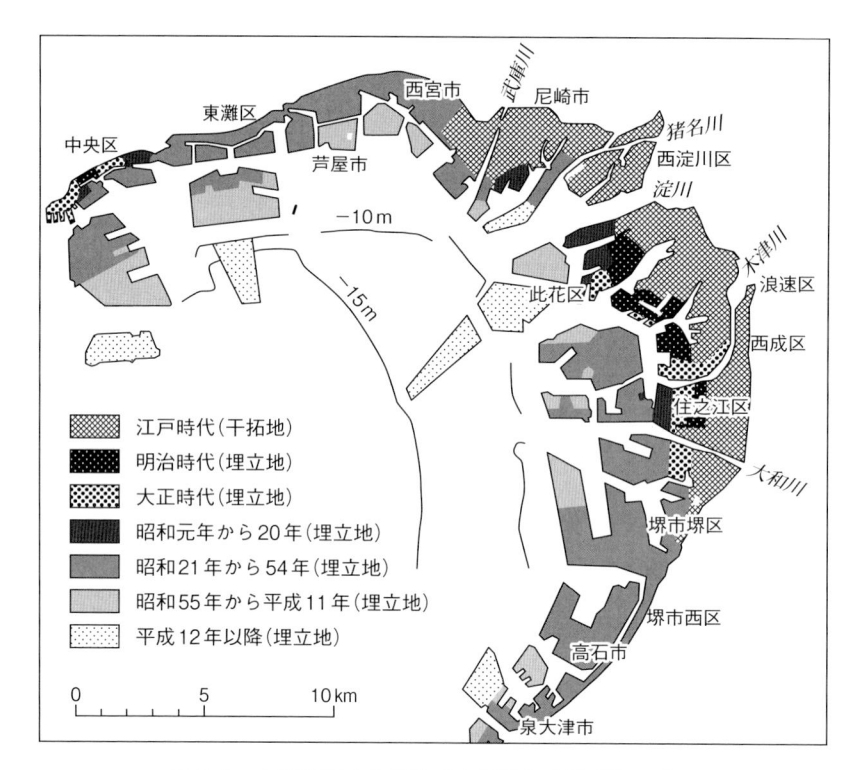

図7-3 大阪湾岸の土地造成の経過と土地利用の進展
(大阪湾地盤情報の研究協議会、2002から引用、加筆)

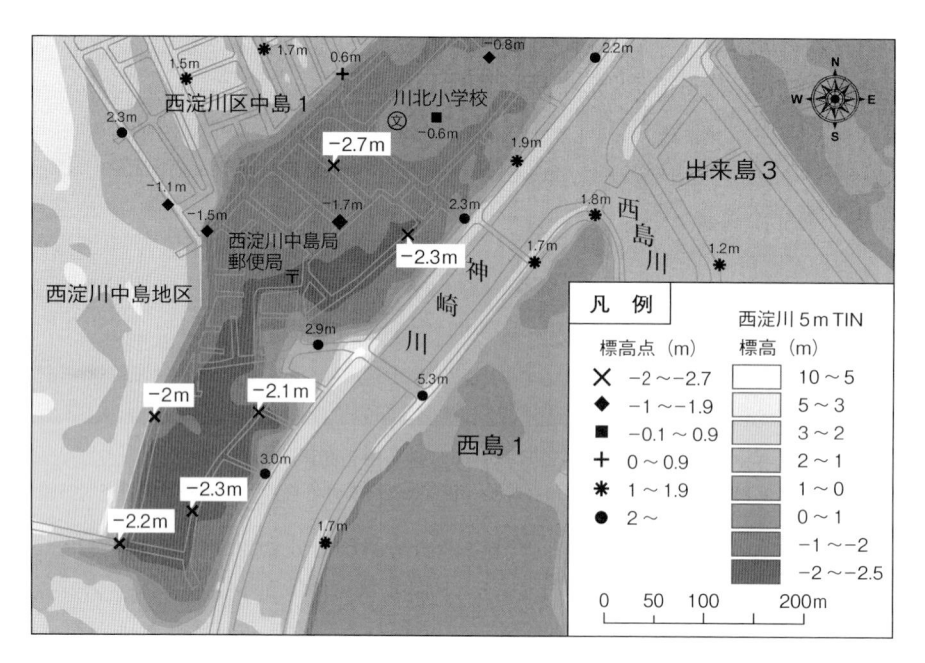

図7-4 西淀川区中島の最低標高地点5mTIN解析図
海抜高度は、国土地理院の基盤地図情報(2500レベル)を使用した。紙の地形図での最低地点の表記は「−2m」であるのに対し、GIS地形図ではより精細な「−2m以下」の少数第1位(航空測量と現地測量に基づく値)まで確認することができる。

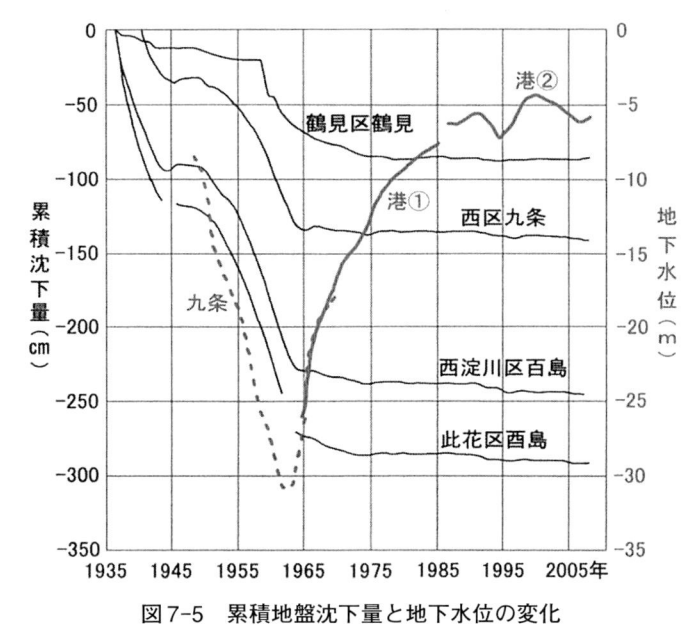

第7章　大阪湾岸低地域での震災を考える　　　　　　　　　　　99

図7-5　累積地盤沈下量と地下水位の変化
大阪市市政　地盤環境から引用
http://www.city.osaka.lg.jp/kankyo/page/0000064234.html

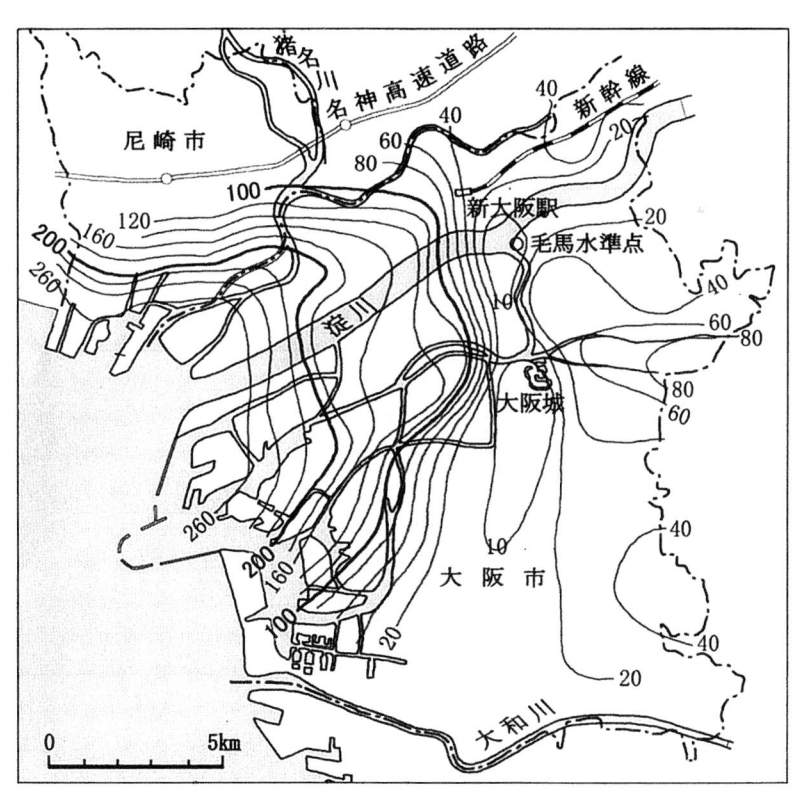

図7-6　大阪低地域の累積地盤沈下量とその分布
大阪市市政　地盤環境から引用
http://www.city.osaka.lg.jp/kankyo/page/0000064234.html

▲「西淀川区」佃周辺　−1.9〜−2m

▲「此花区」安治川口駅付近　−1.6〜−2m

▲「港区」九条北小学校付近　−1.3〜−1.4m

写真7-2　0m以下の市街地域の状況
数値は、昭和61年・平成20年発行2万5千分の1国土地理院地形図による。

らみると西方が水田開発のための干拓地で、東方は上町台地までの水郷的市街が発展してきた平野である。

　本章では、江戸時代・1687（貞享4）年の絵図「新撰増補大坂大絵図」を起点にし、それ以降の状況を検討する。この絵図には、デルタフロントに生育するヨシ原の背後に迫る「干拓地」のようすが描かれており、当時の状況を知ることができる。一方、東方の上町台地の麓にかけては、市街地の道路と並行する水路が目立ち、舟運を中心とする水郷的な商業の街として発展しているようすが見られる。さらに、海側の先端が現在のミナミ繁華街付近であることが、木津

第7章　大阪湾岸低地域での震災を考える

▲ 木津川水門

▲ カミソリ（パラペット）堤防　水面より市街地の方が低い

▲ 安治川水門

▲ 道頓堀川水門　手前道頓堀川・前方木津川

写真7-3　安治川・木津川水門

川や尻無川、道頓堀川などの位置から推定できる。

　江戸時代末、このように繁栄した大阪低地を襲ったのが1854年の安政南海大地震（**図7-2**）と津波であった。その状況は前項に記したのでここでは略するが、まもなく復旧、復興が進められ、明治期には、さらに近代的な産業・商工業の街として発展した。その礎となったのは、海岸一帯を標高2〜4mまで嵩上げした「埋立地」の造成と、その内陸側に広がっていた水田地帯（海抜0m前後）を商工業地や住宅地にした「旧・干拓地」の造成であった（**図7-3**）。そして、現在はさらに沖合まで延伸され、大規模に埋め立てた海抜5〜7mの広大な「人工島」群が造成された。このように歴史的に形成された海岸近くの平均的な土地断面は、海側から、5〜7mの人工島群、2〜4mの埋め立て地域、その背後の0mの市街地と、内陸側に向かうにつれて低くなっているのが大きな特徴である。

　高度経済成長時代になると、沖積平野であるこの低地帯では、商工業を中心に産業都市として発展する過程で大量の地下水が汲み上げられたため、最大で2.8mの地盤沈下が生じた（**図7-4、5**）。現在は汲み上げが停止されて沈下は止まっているが、かつての干拓地を中心とした海抜0m以下の地域が拡大しており、-1.5m、さらには-2m地点も出現している（**写真7-2、3、図7-6**）。しかも、一帯は市街化が極度に進んでいるにもかかわらず、その対策や危機感が見られない。このような地域が巨大地震と津波に襲われたとき、どのような状況となるだろうか。

写真7-4　港区・咲洲人工島の大阪府庁舎ビル(55階256m)と高層マンション群
超高層ビル群が海中の「人工島」へと進出している。

4. 人工島「咲島(さきしま)」の高層ビルと東北地方太平洋沖大地震

　大阪湾に臨む沖積低地の西岸には、舞洲、咲洲、夢洲などの巨大な人工島群が造成されている。そのうちの「咲洲」には、一時、大阪府庁の全面移転が検討された旧WTCビル(55階建、高さ256m)がある(**写真7-4**)。この移転計画は、上町台地にある大正15年築の大阪府庁舎が老朽化し、現状では震度6強の地震で倒壊する危険性が指摘されたため、改修か移築かで検討が行なわれたことが契機である。そして、府庁機能を全面的に移転する案が決定され、2008年、府は、WTCを所有していた大阪市からビルを購入、2011年8月には府職員の一部(2,000人)がここで勤務する計画であった。

　ところが、その間の2011年3月11日、東北地方日本太平洋岸沖大地震(M9.0)が発生した。当初、大阪は震源地から約700km離れており震度も3であったため、平地で生活する市民にとっては、被害はごく軽微なものに限られたと思われた。しかし、その後徐々にわかってきたのは、長周期振動地震波による超高層ビルの想定以上の被害であった。たとえば、新府庁ビルの最上階では137cmの揺れが発生していたことが、地震計の計測値から判明した。これによって、ビル全体で360ヵ所に何らかの被害が生じ、壁のひび割れだけでも100ヵ所に達した。51階ではスプリンクラーが破損し水浸しとなった。他に天井ボードが落下したり、エレベーター

4基が停止し5名が閉じ込められた。防火扉も47カ所でゆがみ、壁面パネルの落下やガラスの割れが多数発生した。このような、建物の高さと周辺の地質および地震波の周期との相関で決まる揺れの増大は、これまであまり議論されてこなかった。この点を含めた再検討の結果、近い将来に発生が懸念される「南海・東南海地震」を想定した超高層ビルの揺れは、今回の5倍に達する可能性があるとの予測が出された。

巨大地震の全容が明らかになるにつれ、その対策が検討された。まず、新庁舎の7～28階に鋼材の筋交いを入れる緊急耐震工事が決まり、9億円の予算が組まれた。しかし、今回の東京湾岸での被害状況などからも、そもそもこのビルへの大阪府の機能の全面移転が妥当かという議論が起こった。その主な論点は、個々の構造物自体の耐震性だけではなく、液状化や地盤沈下をはじめとする埋立地の軟弱な基盤の問題や、さらに広域的には、巨大災害時の都市全体からみた新庁舎の立地する位置の妥当性などであった。たとえば、今回と同等の地震では約6mの津波が想定され、現状ではこれを完全に抑えきることは非現実的である。すなわち、被害を最小限に抑え、復旧をいかに速やかに行なえるかが検討された。その結果、一時府庁舎の全面移転は凍結され、今後は、国の「中央防災会議」での長周期地震動の予測に関する議論の結果を待つことになった。

本項では、具体的なデータが得られた「咲洲府庁ビル」を中心に、地震と津波による被害と課題点について記したが、これは大阪低地全体、とくに海岸地域全域にわたる共通した問題である。

5. 津波・高潮ステーションとハザードマップの検討

2009年、大阪府西大阪治水事務所の所管で「津波・高潮ステーション」が開設された(**写真7-5**)。この施設は2棟からなる。一つは、津波や高潮の被害を防ぐ防潮堤や水門を一元管理する拠点としての「防災棟」であり、もう一つは、府民の防災意識を向上する施設としての「展示棟」である。展示棟ではパネル解説のほか、模型、ジオラマ、体感シアターなどを通して、かつて大阪を襲った津波・高潮の状況と歴史や、現在の防災事業のようす、さらに、近い将来に予想される「東南海・南海地震」による津波への理解と対応などについて学ぶことができる。しかし、現段階では高潮対策のみの施設であり、津波の実状は示すものの対応はまったくされていないのが実態である。

写真7-5 大阪府 津波・高波ステーション

展示棟では、体感シアターが特筆される。映像と音響を駆使した疑似体験ではあるが、科学的に検証されたシミュレーション画像は迫力があり説得力がある。たとえば、津波による電源の消失によって近代的な電動式の水門が閉まらなくなり、やむなく人力によって閉めようとするが水圧によって扉が動かず、まもなく津波に飲み込まれてしまうシーンでは、津波の恐ろしさが臨場感をもって迫ってくる。この状況は、まさに2011.3.11大地震時の福島原子力発電所で生じた状況に酷似する。

科学技術の進展はこれまで不可能であった人間活動を可能にしてきた。しかし、科学には一般性と再現性が求められ、技術はどうしても想定内で開発されざるをえない。ここから得られる課題は、技術を事業化するときのシステム設計が、思想・哲学・倫理に裏付けられているかどうかということであろう。

関係地方行政機関では、中央防災会議の中間報告（2012年3月7日）を受けて、津波高の再検討が進められた。大阪府では、これまで津波高の予測を1.5〜3mと想定し、防潮堤を3〜6mの高さで構築してきた。

今回、2011.3.11大地震をふまえ、津波予測高を2倍に高めてシミュレーションした結果、淀川を遡上する津波は10km上流付近まで達し、浸水エリアは、これまでの30km^{2}から6.7倍の200km^{2}となり、10市町村が含まれることがわかった。当然、大阪の中心繁華街のキタやミナミも水没する。浸水エリアの居住人口も、これまでの約10倍にあたる165万人に及ぶと予測された。この予測は、既存のハザードマップ「防災地図」の記載内容をはるかに越えている。新たなシミュレーションの結果に基づいたマップの作成を急がなければならない。

6. 被災地域と被害の立体化

都市化が進んだ大都市、特に大阪のような巨大都市では、地震や津波時の被災空間は立体化し、かつてない状況の大災害となることが想定される。大阪の中心市街地は地表部だけではなく高層化への一方で地下へと広がっており、特に地下では、「地下鉄」や「地下街」が重要な交通手段として利用されている。昼間人口の多くが立体的な空間で活動しており、さらにこれからも数10階建て、数100m高の「超高層ビル群」の建設と「大深度地下開発」が進められていくと予測される（**写真7-6〜7**）。

このような立体的な市街地域に、今回仙台平野を襲ったような規模の津波が襲来すればどのような状況になるだろうか。前項に記したように、大阪は、江戸時代に大津波を経験しており、近い将来、東南海・南海地震の発生が確実視されている。防災の観点からは過去の災害から学ぶことはもちろんであるが、現在の都市化の状況下での経験はなく未知の領域を想定する必要がある。

東北地方太平洋沖大地震はその貴重な教材となる。たとえば、前記した「咲洲」での長周期地震動による被害のほか、千葉県浦安市周辺で生じた液状化現象も同様である。高層ビルやマンション群の建物自体に大きな被害はなくても、地盤が液状化して沈下し、マンホールなどの

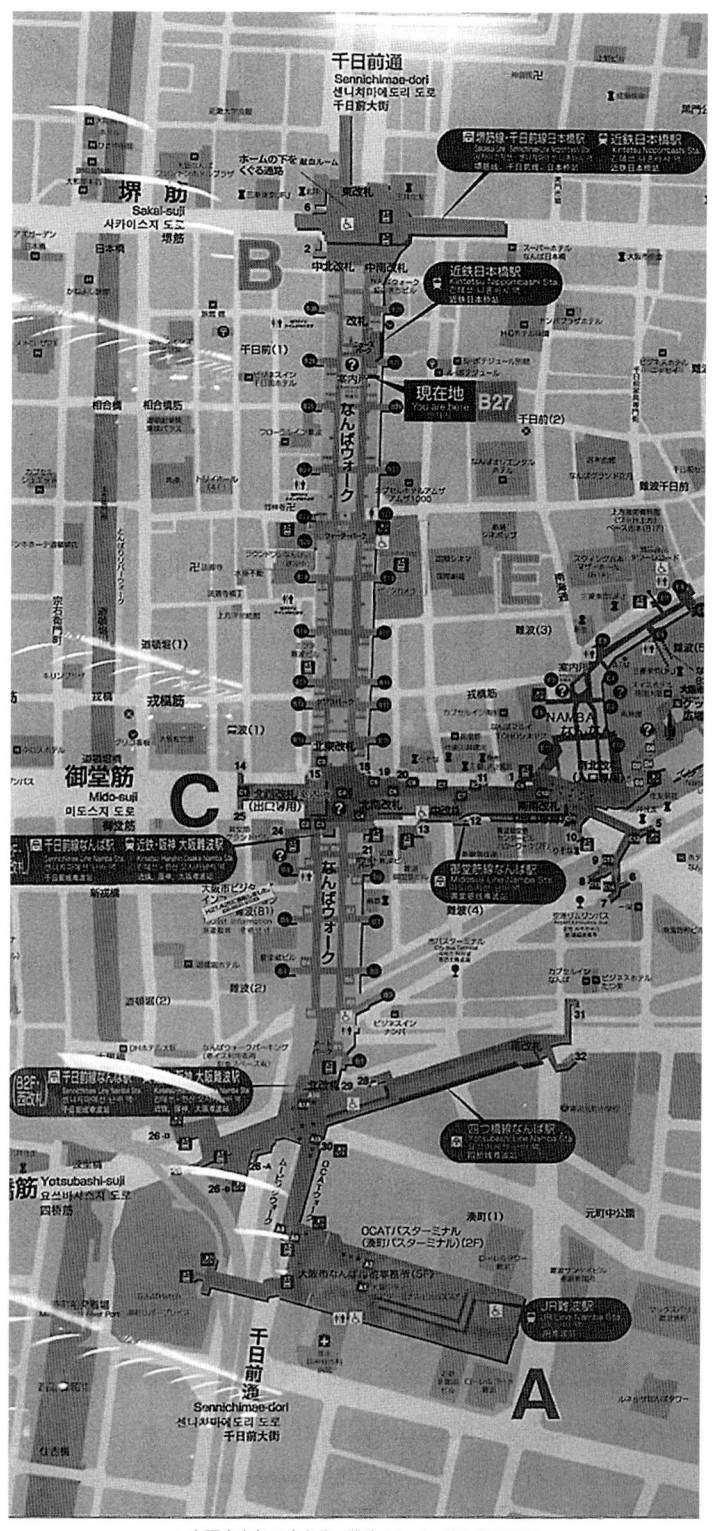

第7章　大阪湾岸低地域での震災を考える

▲大阪市南部の中心街・難波ナンバ　地下街周辺図

難波周辺出入口

▲なんばウォーク　10番出入口

▲大阪市営地下鉄　なんば駅13番出入口

▲NAMNAMなんば　E1番出入口

梅田周辺出入口

▲ディアモール大阪　梅田地下街出入口

▲大阪駅前第一ビル　地下街出入口

▲ドージマ　地下センター出入口

写真7-6　地下街・地下鉄への浸水対応状況
北部の梅田付近は地下街が多層化・複雑化しており難波同様には図化できない。

▲梅田周辺の高層ビル 　　　　　　　　▲背後に生駒山を望む

▲JR梅田駅から北部開発地域を望む

▲難波「道頓堀」に沿うビル群 　　　　▲「浪速区」難波

写真7-7　高層化する大阪中心地のビル群

地下埋設物が突出、電気・水道などの重要なライフラインが寸断し、復旧には数ヶ月を要した。この間、マンションの住民は自宅で生活ができず「高層難民」と化した。ほかに地震に伴う火災問題もある。高層ビルや地下鉄・地下街からの避難は、地上と比べて格段に困難がともなうことを想定しておかねばならない（**写真7-6〜7**）。

大阪市では、避難場所の確保対策として2011.3.11以後「避難ビル」の指定を急いでいるが、大正区の海岸に位置し、1970年に完成した地下鉄各線建設現場からの廃出土による人工築山「昭和山（33m）」を、津波襲来時の避難高台山として改造し、そのための施設を充実させることを提言したい（**写真7-8**）。

写真 7-8 「避難高台山」への改造を提言。大正区「千鳥公園」(上)と昭和山(下)

旧貯木場と周辺の 0 m 以下の地域を嵩上げして造られた千鳥公園と標高 33 m の人工築山「昭和山」。ここは「地下鉄」各線築造時の廃出土砂で構築された人工地盤である。安治川(旧淀川)下流の「天保山」も同様に避難高台山へと改造することを提言したい。

7. さいごに

　本章では、いずれ近い将来に発生すると考えられる南海トラフ地震を想定し、そのとき、大都市化した「大阪沖積低地」がどのような状況になるかを調査、検討した。そして、主な項目として5点を取り上げた。1つめに、津波災害の貴重な教訓として残る江戸時代の安政南海地震(1854)の石碑と絵図から過去の被災状況を検討した。その結果、過去の教訓は今も有効であることがわかった。2つめに、江戸時代の干拓地にはじまり、明治時代以降の埋立地、そして戦後の産業の復興、都市化の過程と、それに伴う地下水の汲み上げによる地盤沈下の推移を検討した。その結果、海岸線が海側に移動するにつれ、内陸側ではリスクの存在がわかりにくくなっている状況を確認した。3つめに、人工島「咲洲」に建つ旧WTCビルを事例に、巨大地震による埋立地と超高層ビルの挙動と被害のようすを検討した。その結果、長周期地震動による被害と液状化の可能性が確認され、府庁舎の全面移転の危険性が考えられた。4つめは、上記の経過をふまえた大阪府・市の取り組みとしての防災ステーションの設置と、3.11以降の予測にもとづくハザードマップの作成。最後に、建物群の高層化と地下鉄・地下街の拡大により、大都市の空間が急速に立体化している状況を検討した。その結果、地下での津波対策が不十分であり、とくにハザードマップでの都市の立体化への対応の遅れが確認された。

　東北太平洋岸で発生したM9.0の巨大地震は、それに起因して発生した被害の凄まじさばか

りではなく、これまで積み上げられてきた科学技術の限界を目の当たりにした。科学技術は、現在の豊かな社会を構築し、今後もその役割は大きいが、一方で、見落としていたことがあったことも明らかになった。

　拡大する都市では災害対策も常に更新され続けなければならない。災害のたびに繰り返される想定外を極力減らす努力が必要であるが、そこでは、防災技術の進展と拡充はもちろんのこと、都市の立体化にみられるような都市の変容に最大限の留意が必要である。また、減災対策で最も大切なことは防災教育であるが、都市化とともに忘れられがちな過去の災害の教訓は、今後も貴重な教材である。

〈参考文献・資料〉

池田　碩（1997）：「都市開発・都市化と災害」、志岐常正（他著）『新編宇宙・ガイア・人間環境』所収、三和書房。

池田　碩（2012）：「兵庫県南部（阪神淡路）大地震と東日本（太平洋岸）大地震との比較研究」、奈良大学研究年報 第17号。

市原　実（編著）（1993）：『大阪層群』、創元社。

大阪市史編纂所（1988）：「凶荒と災害─大地震の発生」、『新修大阪市史（第4巻）』。

河田惠昭、鈴木進吾、越村俊一（2005）：「大阪湾臨海都市域の津波脆弱性と防災対策効果の評価」、土木学会 海岸工学論文集 第52巻、1276-1280頁。

大阪府総務部HP（2011.8.9）：「咲洲庁舎の安全性等についての検討結果（一部修正）」（http://pref.osaka.jp/otemaemachi/saseibi/senmonkaigi.html）。

大阪府総務部HP（2011.5.13）：「咲洲庁舎の安全性等についての検討結果」（http://pref.osaka.jp/otemaemachi/saseibi/bousaitai.html）。

大阪歴史博物館（蔵）、貞享四年（1687）：「新撰増補大坂大絵図」。

大阪湾地盤情報の研究協議会（2002）：『ベイエリアの地盤と建設─大阪湾を例として─』、602頁。

岡本良一（編）（1976）：「嘉永期大坂大津浪図」、『大坂（江戸時代図誌第3巻）』、筑摩書房。

梶山彦太郎・市原　実（1986）：『大阪平野のおいたち』、青木書店。

長尾　武（2006）：『水都大坂を襲った津波─石碑は次の南海地震津波を警告している』（改訂版）。

長尾　武（2008）：『1854年安政南海地震津波─大阪への伝播時間と津波遡上高』、歴史地震 第23号。

羽鳥徳太郎（1980）：「大阪府・和歌山県沿岸における宝永・安政南海道津波の調査」、地震研究所彙報 第55号。

ベン・ワイズナー 他（著）、岡田憲夫・渡辺正幸 他（訳）（2010）：『防災学原論』、築地書館。

河田惠昭（2010）：『津波災害─減災社会を築く』、岩波書店、191頁。

高橋　裕（2012）：『川と国土の危機─水害と社会─』、岩波新書。

COLUMN

北海道・奥尻島の地震災害と復興経過

　1993(平成5)年7月12日午後10時47分に、M7.8の北海道南西沖地震が発生。震源地に近かった奥尻島は大きな被害に見舞われ、島の人口の約4％に当たる198名が死者・行方不明となった。南部の青苗地区ではホテル背後の山腹の斜面が崩壊し、土砂にまき込まれて宿泊客と従業員28名が死亡した。地震発生から2分後には津波の第1波が到達し、その遡上高は藻内地区で29m・米岡で22m・初松前で21mに達した。このため島の南西部海岸の低地域の漁村は高い津波に覆いつくされ、しかも火災が発生、192戸が焼失する壊滅的状況に至った。

　その後、最大被災地の集落では、背後の丘陵状山地の上へと「高台移転」が進められた。さらに海岸に沿う集落には写真のような高い防潮堤が築かれた。漁港も防潮堤に囲まれ海が見えなくなった。市場には津波避難タワーも構築された。筆者もこのように至る過程を現地を訪問して記録を取ってきたし、これからも追跡していきたいと考えている。

　この震災から18年を経た2011(平成23)年3月11日にM9.0の東北地方太平洋沖大地震が発生した。その被害は規模と広がりこそ違うが、津波の遡上も極めて高くその後に火災が発生するなど状況も似ている。

　現在奥尻島での復興工事はすでに終了し、津波災害後の復興にかかわるほぼすべての工事施設が存在しており、「津波博物館」も開設されている。しかし現在復興を終えた施設の管理作業とその維持費などの対応に追われているという。しかも島の主産業である漁業・水産業自体が衰退してきており、「観光の島」を目指そうとしているが、人口も減少し過疎化している。

　現在まさに復興途時にある東日本大震災地域では、上記のような経過をたどってきた奥尻島での災害復興事業から学ぶべきことは多いと考えられる。

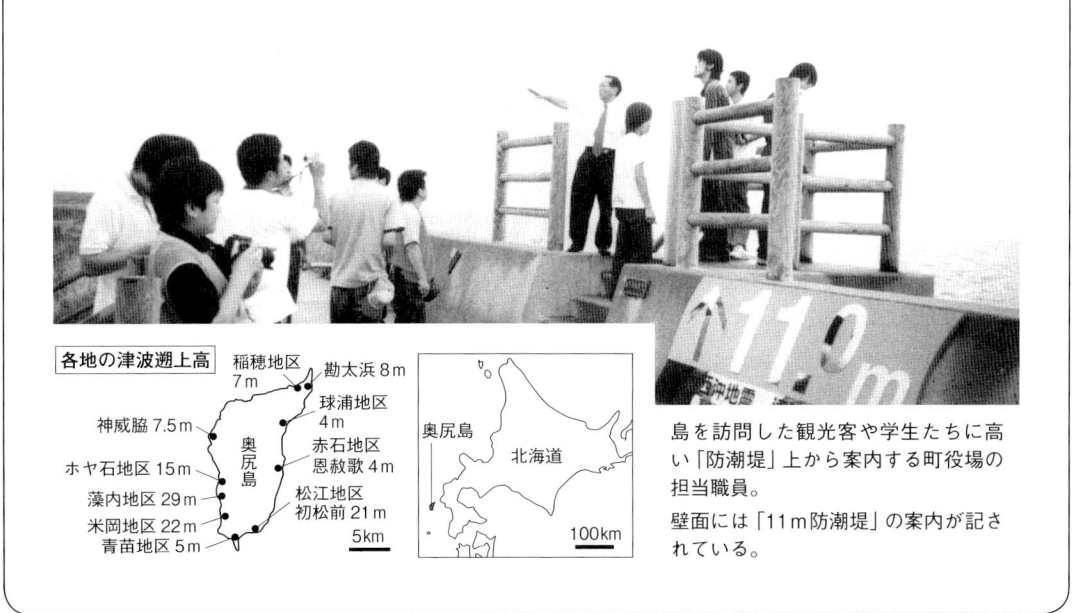

島を訪問した観光客や学生たちに高い「防潮堤」上から案内する町役場の担当職員。
壁面には「11m防潮堤」の案内が記されている。

各地の津波遡上高
- 稲穂地区 7m
- 勘太浜 8m
- 球浦地区 4m
- 神威脇 7.5m
- 赤石地区 4m
- 恩赦歌 4m
- ホヤ石地区 15m
- 松江地区 初松前 21m
- 藻内地区 29m
- 米岡地区 22m
- 青苗地区 5m

COLUMN

沖縄・石垣島の「津波石」

　「津波石」とは、大津波によって海底の岩盤がめくれあがり、海岸付近に打ち上げられた岩塊（群）のことである。しかもそれらの岩塊は、巨大津波時には陸地まで打ち上げられ津波が遡上到達したラインに沿って点在している。

　サンゴ礁が発達する琉球石灰岩地域の八重山諸島や宮古島付近では、そのような巨大津波が発生したことを示す「津波石」が存在している。ここはフィリピン海プレートが巨大なユーラシアプレートの下に沈み込む地域で、岩盤の歪みが蓄積されるため頻繁に地震を発生させてきたところである。だからこの地域は「津波石」の存在地として我が国ばかりか世界的にも珍しいところとして知られている。

　この地域の「琉球石灰岩」の形成や「津波石」の出現について精力的に調査されていた琉球大学の河名俊男教授と大学院生の東山盛茜さんを訪ね、石垣島を中心に現地を案内してもらったのは2004年9月であった。この地の「津波石」の形成にかかわる津波は、1771（明和8）年4月24日に発生したマグニチュード7.4（理科年表）の八重山地震による明和津波である。この時の津波は、八重山諸島の南東沖で発生したが、石垣島をはじめとする八重山諸島およびその北方の宮古諸島を襲い死者・行方不明者1万2,000人、家屋流失2,000戸という大被害をもたらした。

　津波の遡上高は、明和津波では35〜40mと推定されている。しかし古い「津波石」も存在しており、それが明和津波により再移動していることもわかってきている。

　現地ではこのような「津波石」の存在は、明らかに大津波がもたらしたものだけに、いつ大地震が再来するかが心配であり、研究者達にも大きな関心事（テーマ）となっている。

　地元紙でも、津波対策は遅れており、防災マニュアルを整備し、危機管理に努めるべきと指摘している。特に医療機関や老人ホームなどの高台移転や避難誘導訓練が必要などと報じられている。

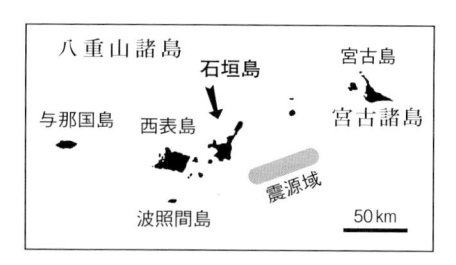

石垣島の位置

写真左は、海岸に発達する広い礁原上に散在する津波石群の一つである。写真右は、海岸から100mほどの陸上に打ち上げられた津波石（約200〜300トン）で、現地では「つなみうふいし」と称されている。

II　地すべり

第8章　亀の瀬地すべり／1903・1931・1967年 112
第9章　U.S.A.融雪時に発生した大規模地すべり／1983年ユタ州 118
第10章　長野市地附山の地すべり／1985年 128

コラム
紀伊山地に多発した「深層崩壊」 127

第8章　亀の瀬地すべり／1903・1931・1967年

1. はじめに

　地すべりとは、土地の一部が重力の作用で下方へと移動する現象である。その典型的な例であり、しかも大阪と奈良を結ぶ地理的に大変重要な場所に位置しているのが「亀の瀬地すべり」地である（図8-1、8-2）。この地すべりは、集水域である奈良盆地唯一の排水河川である「大和川」が河口から25km上流の大阪府と奈良県の府県境付近で、生駒山地と金剛山地を北東-南西方向に横切り、断層に沿って貫流する先行性峡谷の右（北）岸側斜面に発生するものである。その広がりは、長さ1,100m・幅1,000m最大厚さ（すべり面の深度）約70m・推定移動土塊量1,500万m^3におよぶ。地すべり地域とその対策工事の概要を図8-3に示す。

　この峡谷は、古くからの交通の要衝であり、現在は国道25号とJR関西本線が並行して走行している。

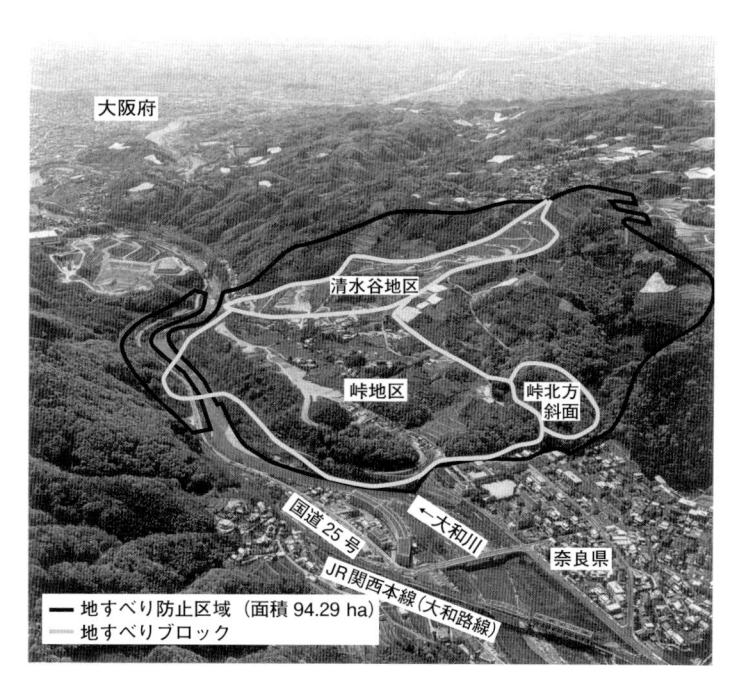

図8-1　亀の瀬地すべり地域の全景
（国土交通省大和川工事事務所資料より）

2. 周辺の地質と地すべり現象

　この地域の地質は、大和川付近では、基盤の花崗岩とそれをおおう第三紀末ごろに噴出した二上山系の安山岩質火山溶岩で凝灰岩や集塊岩でできている。亀の瀬の北側にあったドロコロ火山で大きな火山活動が2回あり、1回目の溶岩と2回目の溶岩が重なるところが図8-4に示すようにすべり面となっている。さらにその間を流れる大和川が河底を下刻するため北側の地

第 8 章　亀の瀬地すべり／1903・1931・1967 年

亀の瀬地すべり

H20年度までの諸元：H14現況調査

	全体	奈良県	大阪府
流域面積(km²)	1070	712	358
幹線流路延長(km)	68	44	24
流域内人口(万人)	215	123	90
想定氾濫区域内面積(km²)	423	94	329
想定氾濫区域内人口(万人)	393	23	370
想定氾濫区域内資産(兆円)	71	3	68

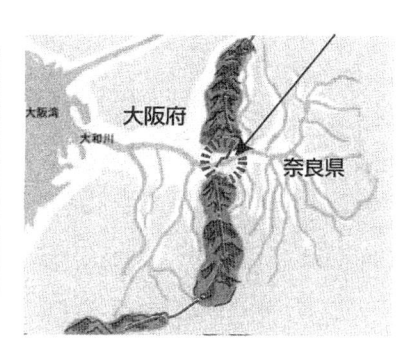

図 8-2　調査地概要（国土交通省大和川工事事務所資料より）

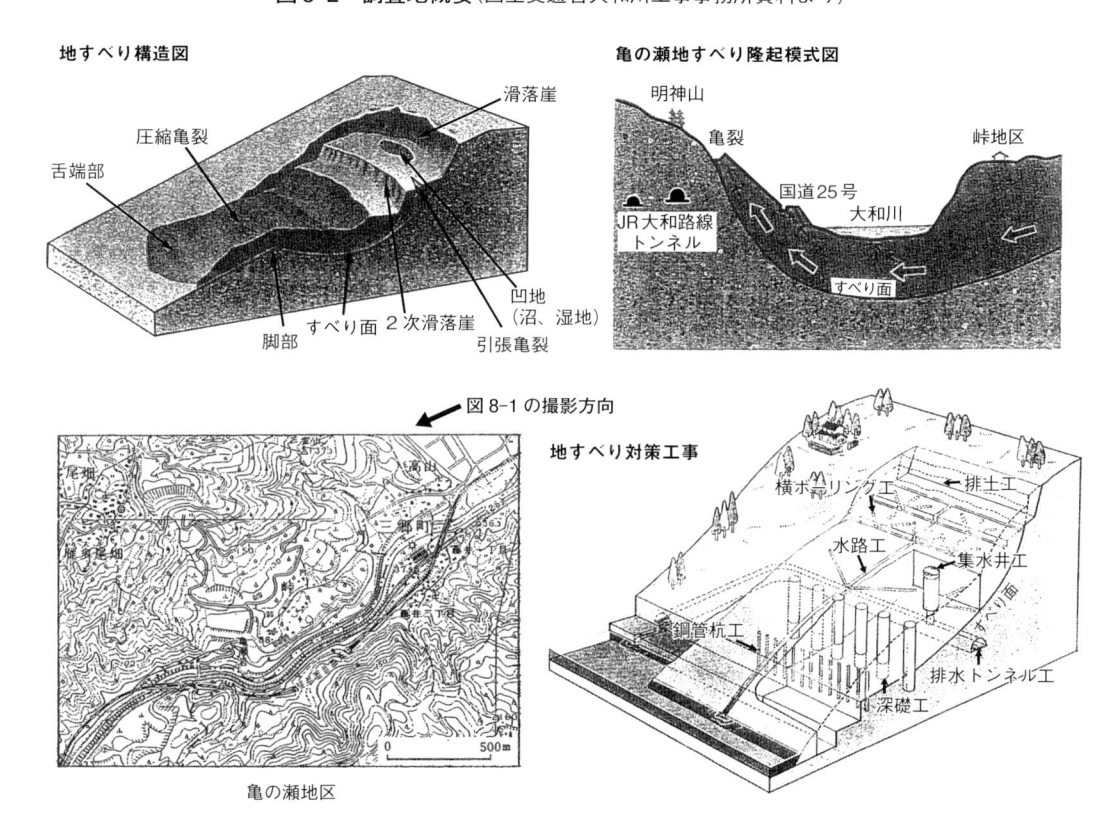

図 8-3　亀の瀬地すべり地域とその対策工事

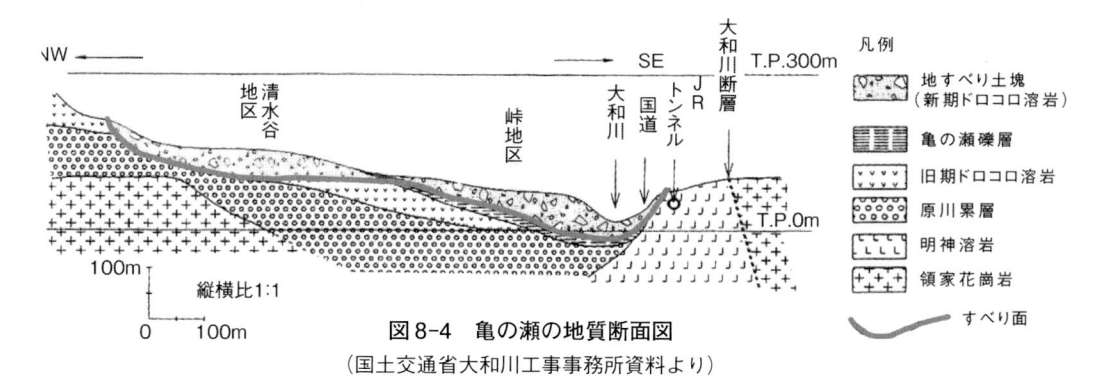

図 8-4　亀の瀬の地質断面図
（国土交通省大和川工事事務所資料より）

すべり斜面はすべり台の状態となって上部の凝灰岩や集塊岩の土塊を落下させているのである。
　しかも、これらの土塊は水を含むと膨張して軟弱化し、一層すべりやすくなる。
　記録に残る古い地すべりは、1903（明治36）年7月の大雨時に発生している。地すべり地を通る鉄道ではトンネルの東口が崩壊した。この時は大和川がせき止められ亀の瀬の上流部で44.9ha（甲子園球場の約34個分）におよぶ広い地域が浸水している。
　1931（昭和6）年から8年にかけては、峠地区32haが滑動（水平に53m・河床が36m隆起）して河道を閉塞し、上流側の大正橋が水没した。当時地すべり地内を通過していた国鉄関西本線の亀の瀬トンネルも崩壊したため地すべり地を迂回する形で大和川対岸の左岸側に新設された現在のルートとなった。現在の大和川の流れは左岸側の明神山麓を削り取って新たに開削された河道である。
　1967（昭和42）年2月には、清水谷地区を含む53 ha（甲子園球場の約38個分）の広さにわたり滑動（水平に26m・河床隆起1m）し、国道も1.3m隆起し、大和川の川幅は約1m狭くなった。この時は筆者も現地に入り、各地の状況を確認した。
　地すべりが発生するたびに大和川の河床が隆起しているのは、地すべり面が大和川の河床の下に位置しており――すべり出すと大和川の河道全体を持ち上げるという状況となるためである。

3. 対策工事の進展

　1967（昭和42）年の地すべり以後、恒久的対策工事が開始された。まず、地すべり面の頭部を切り取って排土し、荷重を軽減しようとする作業が進められ、1982（昭和57）年度までに97万m^3が排土された（**図8-5、写真8-1**）。
　地すべり面付近には地下水の豊富な水脈が広がっているため、排水トンネル工事も進められた。トンネルの位置は全体の地層構造を把握した上で地すべり面より下の安定した地盤に施工され、杭口は7本で、トンネルの総延長は約7.2kmにおよんでいる（**写真8-2**参照）。
　さらに、地上からは地すべりの移動土塊と基盤との間に杭を挿入して杭の強度によりすべりを抑止するための工法が採用され、我が国最大の直径が6.5m最深96mの深礎工である鋼管が560本施工された。
　一連の工事は世界的にも大規模で高い技術を必要とし、種々の課題を解決しつつ進められるという試験施工地ともなった。
　1983（昭和58）年以降は伸縮計の動きも停止している。
　そして2011（平成23）年にはこれまで800億円という巨費を投じて全工事が完了した。後は国土交通省から大阪府へと移管される。

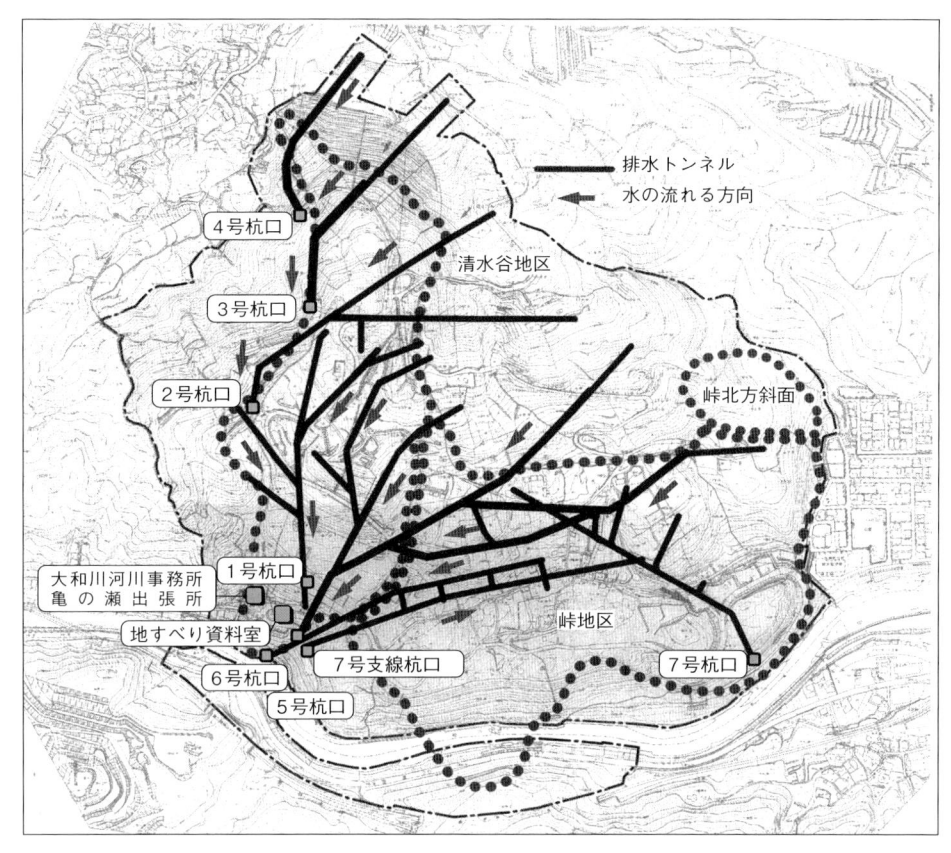

第 8 章　亀の瀬地すべり／1903・1931・1967 年

図 8-5　地下水排除工事の全体図（2010 年 3 月現在）

◀ 地すべり地の上方部─中央から右下にかけての伸縮計測装置。

▶ 地すべり地の下方部─右下に集水井の一つがみえる。

写真 8-1　地すべり地内中央部（峠地区付近）からながめた地形の現状

◀ 排水トンネルのゲート。亀を模した形で作られている。

◀ 排水トンネルの内部。大きくは図8-5に示すように1号から7号に分かれ、それぞれには血管のように地下全域に広がり、その総延長は約7.2kmにおよんでいる。

◀ 120年前に作られた旧国鉄の亀の瀬トンネル。地すべりで破壊されず残っている部分。

写真8-2　地すべり地内の地下施設

4. 工事の完了と残された問題

　地形的位置から考えると、これまでの一連の工事によって将来ともにこの地域の地すべりを完全におさえこんだとは到底言えない。また、地すべりが止まったとしても、それで難問題がすべて片づいたわけではない。すなわち現在の大和川の最大流水量は1,100トン/秒であるが、

大和川の河川規模と上流側の開発状況に合わせると3,500トン/秒は必要であるという(大和川工事事務所)。しかしそのためには、どうしても大和川の拡幅と河床の掘り下げが必要となるが、その結果としてまた地すべりを招く可能性も出てくる。この例はハードの工法で地すべりをおさえ込むだけではなく、特異な地形地質を有する地域性に対する配慮が今後も必要となることを教えている。

5. さいごに

地すべり指定地域外側の周辺地域は、1967(昭和42)年の地すべり発生以後に急速に宅地開発による市街化が進み、今ではすでに宅地でおおわれてしまったと云ってもよい状況に至っている。

このため新たな住民は、近くに重要な地すべり地が存在し、居住地域も関連した地域であると感じている者は少ないようである。

筆者が地すべり地域内を流下する大和川上流の王子町内から「亀の瀬地すべり」について講演を依頼された折に、その内容も示されている全家庭に配布されている町発行のハザードマップを再配布して説明したが、出席者のうち亀の瀬地すべり(地)を知っている者は約8割だが、現地へ行ったことがある者は2～3割にすぎなかった。さらに各戸配布されたハザードマップを見たことがある者は4～5割くらいであった。

地すべり地管轄の工事事務所やハザードマップを配布する町役場共に、もっと積極的に広報活動に取り組むべきであり、住民側も直接的な地すべりによる被害ではなくても、地すべり地内を流下している大和川が氾濫してもその原因は河幅を拡げられずさらに掘り下げることができないためであることぐらいは理解すべきである。

例えば、1982(昭和57)年7月には台風10号とそれに続いて低気圧が重なって全半壊233世帯、床上浸水1,658世帯、床下浸水267世帯という大被害となったことを忘れないでほしい。そのような被害は、この地域が有する特異な自然環境にもとづくものであり、これからも発生することを学校・市民教育や避難訓練を含むソフト面でも対応することが大事であることを実感した。

〈参考文献・資料〉

池田　碩(2003):「山地山麓の災害——亀の瀬地すべり」、志岐常正・池田　碩(他著)『宇宙・ガイア・人間環境』所収、三和書房。
国土交通省近畿地方整備局大和川河川事務所(2011a):「亀の瀬地すべり対策事業　直轄施行のあゆみ」。
国土交通省近畿地方整備局大和川河川事務所(2011b):「亀の瀬地すべりの歴史と地すべり対策のあゆみ」。

第9章　U.S.A.ユタ州融雪時に発生した大規模地すべり／1983年

1. はじめに

　U.S.A.では、1982年から1983年にかけて、エルニーニョの影響を強く受け、広範な地域が異常気象に見舞われた。そのうち筆者が滞在していたグレートロッキーの西麓一帯では、1982年の降雨が通常年の166％を越し、現地ではジャイアントストーム(Giant Storm)年だと騒がれていたが、それに、さらに1983年にかけて豪雪が加わったため、当地方における気象観測史上最高値を記録しセンチュリーストーム(Century Storm)と報道されるに至った。

　その結果、山間地域や山麓部では、山崩れや地すべりを多発させ、さらに平野部にかけて位置している農村や都市では各地で洪水に襲われた。ユタ(Utah)州都のソルトレーク(Salt Lake)市(図9-1)でも、1983年の初夏には街始まって以来という融雪洪水に見舞われ、大きな被害を出した。

　ユタ湖や閉塞湖であるグレートソルト湖の水位も急上昇し、湖岸沿いに発達する製塩施設を

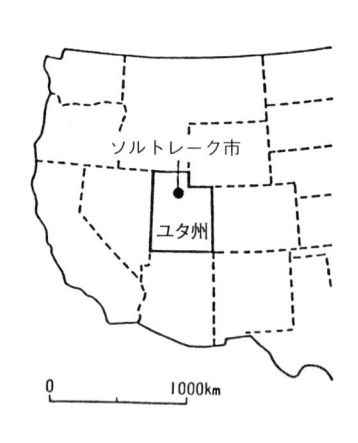

図9-1　ユタ州の位置

表9-1　度量換算表

1 マイル(Mile) = 1609.3 m
1 フィート(Feet) = 30.479 cm
1 インチ(Inch) = 2.539 cm
1 エーカー(Acre) = 0.004 km^2
1 立法ヤード(Cubic Yard) = 0.764 m^3

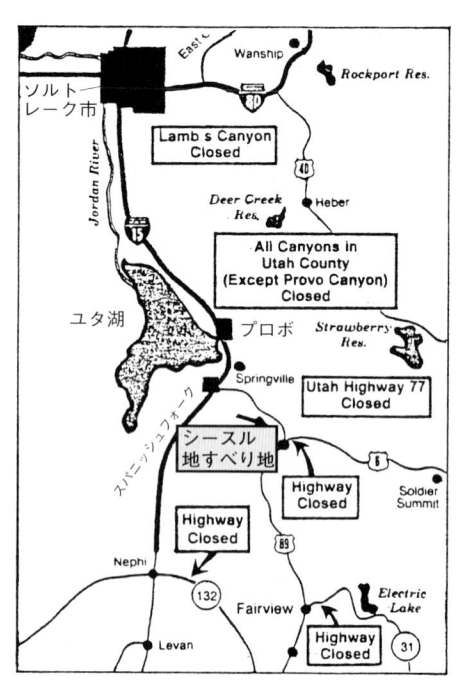

図9-2　シースル地すべり地の位置と当時の周辺道路の混乱状況

はじめ、牧場など農業地域も長期にわたって水没させてしまった(**図9-2**)。

これら一連の災害のうち、本章では、我が国においても同種災害発生時に対して多くの教訓を含んでいると考えられるグレートロッキー山地西部のワサッチ(Wasatch)山中で発生した大規模地すべりの実態とその後の対応について報告する。

たとえば、この地すべりは規模ははるかに大きいものの、その形態と被害の内容は我が国の代表的な地すべりで、筆者も何回も現場を見てきた第8章の「亀ノ瀬地すべり」と極似している。

度量単位の記載に当っては、理解しやすいように一部のものに限りメートル法に換算した数値を記したが、他は図中に記されている数値との関連もあり、換算表(**表9-1**)を付したので資料どおりに記しておくことにした。

2. シースル(Thistle)地すべりの実態

1983年3月に入る頃からワサッチ山麓では、各地で小規模な地すべり性の崩壊や土石流が発生しだした。3月中旬には、山間地でもハイウェイ40沿いのキートリー(Keetley)のように地すべりにより道路が埋没し、不通となるところがつぎつぎと出だした。その後、4月10日頃から、ソルトレーク市の南東90kmに位置するワサッチ山中、スパニッシュフォーク川(Spanish Fork River)中流域のシースル峡谷(Thistle Creek)とソルディア峡谷(Soldier Creek)の合流点に位置するシースル(Thistle)の街の下流側で大規模な地すべりが発生した。

この谷間は、U.S. Federal 6・89 のハイウェイとデンバー・リオグランデ西部(Denver and Riogrande Western)鉄道が通過・分岐する交通の要衝である。

地すべりは、スパニッシュフォーク川の左岸側で、標高6,800フィート(2,067m)のピークをもつ斜面の中腹から発生し、北東方向にすべり、5,008フィートの谷底まで、全長1,700mにおよぶものである。流下してきた土石流は、ハイウェイと鉄道を埋没させ、さらにこの川を堰止めてしまったため、上流側は湖と化し、シースル・ソルディア両クリークの合流地点附近のやや広がった谷間に敷設されていた鉄道操車場と25戸の商店や民家を水没させた。周辺地域の交通は完全に麻痺し、旅行者にとっては迂回による時間のロスが長期的に生じることになった。特にカーボン(Carbon)・エミリイ(Emery)両郡で採掘される石炭の搬出ができなくなり、地域経済に大きな打撃を与えた(**写真9-1～9-3**)。

ところで、今回地すべりを起こした範囲は、古い大規模な地すべり地の中に位置しており、かっての地すべりが再活動したものであった。このようなところであるから、元来シースル地すべり地として危険地に指定されており、予測調査もなされていた。

まず、この周辺地域の地質・地形について整理しておく。今回の地すべり地は、地質図に示すように、第三紀のコルトン層(Colton Formation)の赤色砂岩・礫岩層や第三紀のフラッグスタッフ層(Flagstaff Formation)の砂岩・頁岩・石灰岩層と、中生代ジュラ紀のヌージェット(Nugget)砂岩層にはさまれた白亜紀～第三紀のノースホーン層(North Horn Formation)の砂

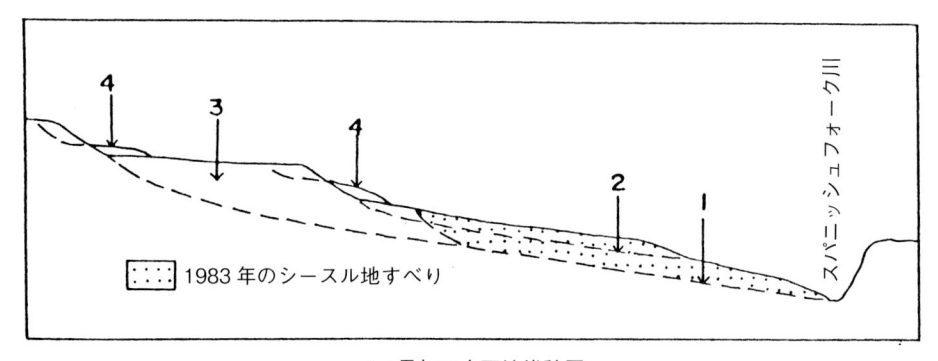

1：最初の土石流堆積層
2：2回目土石流堆積層
3：最初と2回目の土石流堆積層にかかわる層
4：歴史時代の土石流堆積層

図9-3　シースル地すべり地の模式断面図

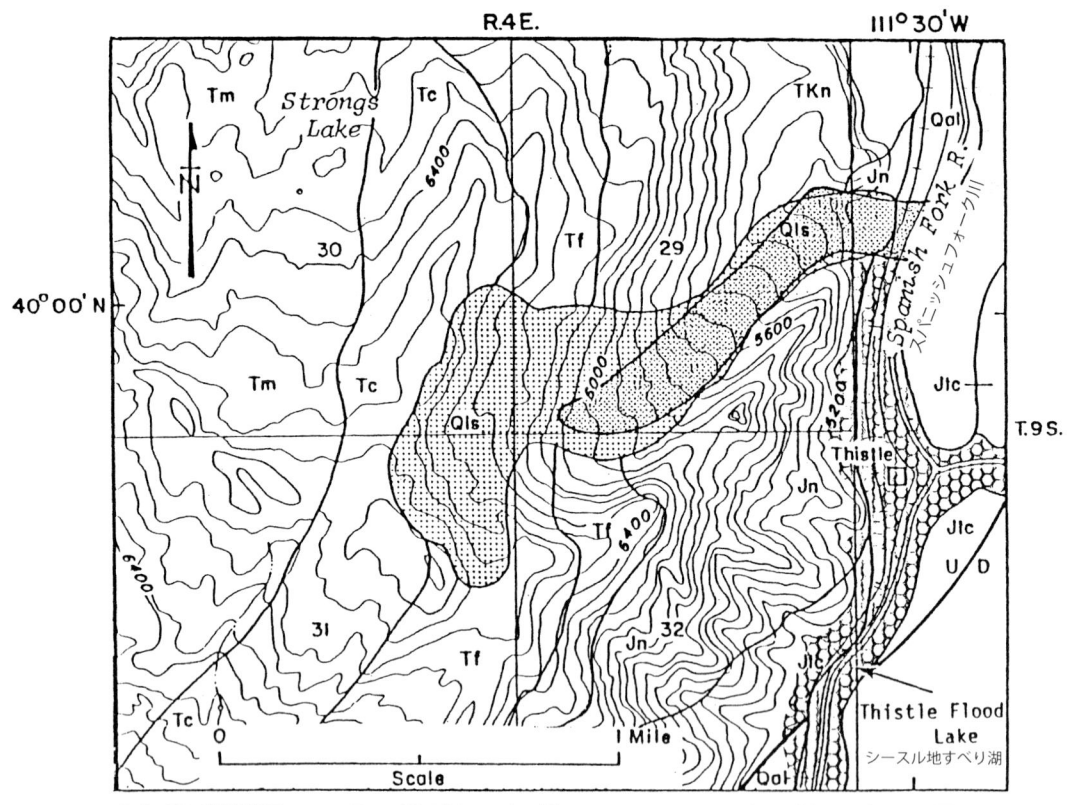

Qal：第四紀沖積層　　　　Tc：第三紀コルトン層　　　　Jn：ジュラ紀ヌージェット層
Qls：第四紀地すべり層　　Tf：第三紀フラッグスタッフ層　Jtc：ジュラ紀 twin creek 石灰岩層
Tm：第三紀モロニ層　　　Tka：白亜紀〜第三紀ノースホーン層

図9-4　シースル周辺の地質図と新旧地すべり地
濃いアミの部分が1983年の地すべり範囲。

第9章　U.S.A.ユタ州融雪時に発生した大規模地すべり／1983年

写真9-1　ユタ州シースル地すべり（1983年）
上：地すべり発生前、下：巨大な堰止湖を形成した地すべり発生後の状況。

写真9-2　シースル地すべりにより形成された堰止湖
水没した建物が見える。

写真9-3　工事直後も次々と現われてくる水平方向のすべり面(層)

岩・頁岩・礫岩層からなる部分がすべったものである。

　地すべり物質によって堰止められたスパニッシュフォーク川の横断面を見ると、地すべり斜面側が緩斜しているのに対し、幅100m程の谷間をはさんで対岸は、堅硬なヌージェット砂岩で侵食に対する抵抗力も強く、急峻な谷壁を見せており、両側の斜面形は著しく非対称な形を呈している(図9-3、9-4)。

　古い地すべり地の範囲は、頂上付近からすべりだし、谷底までの全長は2,430mで、比高が542m、傾斜角12°30′、面積は$1.037 \times 10^6 m^2$、すべり面までの深さ約50フィート、土量は2,500万立方ヤード(25 Million Cubic Yard)と推定されている。植生は、中腹から下方がセージブラッシュ(Sage brush)、上方はスクラブオーク(Scrub Oak)のかん木である。

　さらに今回の被災初期の予測では、地すべりの規模は**写真9-1**とほぼ同じであるが、その範囲はやや異なり、全体が少し南側によっていた。今回活動した範囲は、全長が1,700m、比高316m、傾斜角10°40′、面積$3.392 \times 10^5 m^2$で、土量は500万立方ヤードと推定されている。

　新・旧地すべり地の規模を比較してみると、旧期の地すべり地内の、面積で約3分の1、土量で約5分の1が今回再活動したことになる。

　古い大規模な地すべりは、Colluvium以降に発生したものと推定されているが、明確なデー

タはない。最近では、1940年頃・1960年頃にもわずかにくずれたとされるが、今回のような規模ですべった記録はない。

3. 地すべりの発生と経過

今回の地すべり時の状況をもう少し詳細にたどり、それぞれの時点でとられた対応について整理しておこう。

4月10日頃から、危険が予測され始めた。12日、小規模な地すべりが発生。14日には、泥流(Mad flow)が観察され、警戒を強める。そのうちに、今回の地すべり範囲のほぼ全域がじわじわとすべりだしたようである。

15日の早朝、AM1:30には、地すべりの末端でもある河床に接する部分が大きく滑動、土石でスパニッシュフォーク川の谷間を埋めた。土石流はこの日のうちに道路面より4.5mの高さに達した。

16日、現場では150名程が作業に当たる。堰止められた谷間の上流側では水位が上昇し、浸水域が広がる。地すべりの末端部では、1時間につき水平方向に約5インチの速度ですべり、さらに垂直方向にも3インチの割合でつき上げられており、この動きは、ほぼ一週間ほど続いた。

17日、堰止めによる水位の上昇で、上流側の浸水域が拡大、この日までにシースルの住民22家族が避難した。

さて、現地では、地すべり発生後ただちに対策が練られ、現場での処置がとられだした。しかしながら、地すべりの規模が大きく、しかもその背後に広がる古い地すべり地の範囲へ拡大していく可能性があり、地すべり自体に対してはしばらくは鎮静してくるのを待つより方策がなかった。河床部に埋積した土石を早急に取り除くことは、横圧によりすべりを助長することになる恐れの方が大であると判断されたからである。

このため、ひとまず堰止湖の水位上昇に伴なう埋積部の自然崩壊を防ぐことを最大の目標に、河床部を人為的にも固めることになった。これは上方からのすべりが続く中で危険をおかしての作業であった。状況を監視しつつ、大量の土木機材が投入され、堰止めダム湖堤体の拡張と嵩上げ工事が進められた。

一方、刻々と上昇してくる堰止湖の水位に対しては、大型ポンプが投入され、直径24インチのサイフォン式パイプを5本取りつけ、排水にあたった。同時に、対岸の堅硬なヌージェット(Nugget)砂岩中に余水吐(Emargency Spill Way)として、河床より172フィートの高さに、長さ1,500フィートのトンネルの掘削が4月27日から20日間の予定で始まった。

4月下旬頃になって、地すべり活動は若干鎮静化してきた。幸い旧地すべり地全体に波及していくのではないかという初期の心配からは解放された。そこで、経済的に打撃の大きい、堰止湖底に埋没してしまった交通幹線の回復案が検討された。

早期に元位置への復帰は無理と判断され、まずハイウェイは、対岸の山地中腹を削り山越え

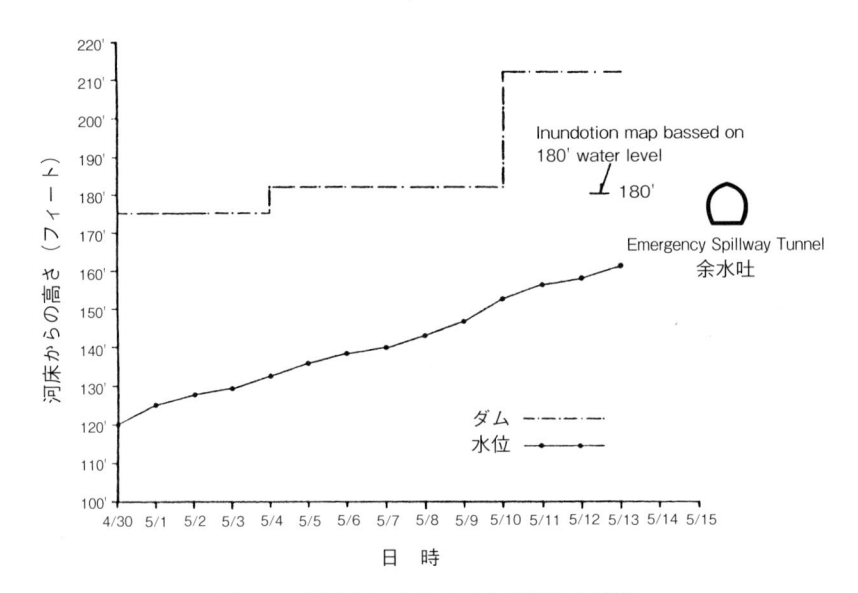

図9-5　堰止湖の水位上昇と堰堤高の変更
5月13日段階の資料。

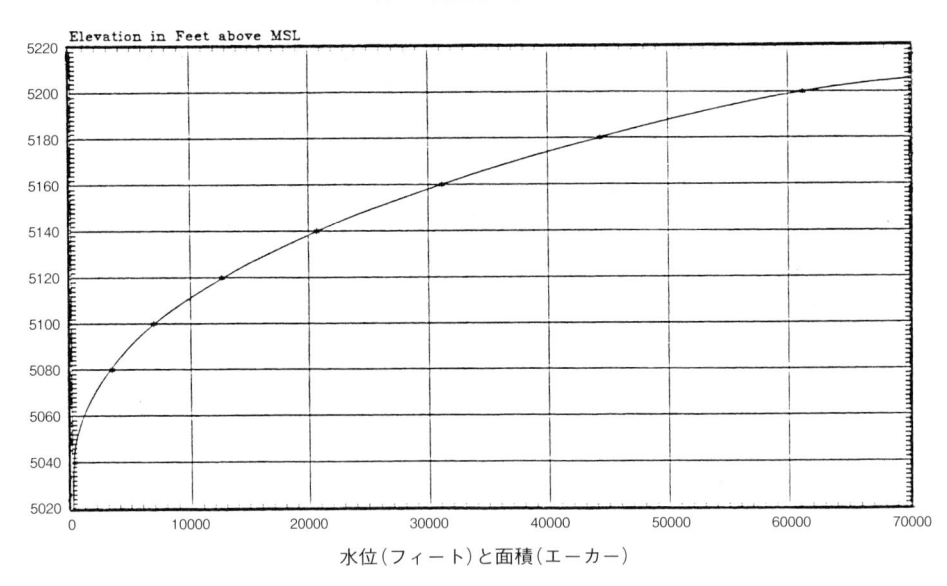

図9-6　堰止湖の水位上昇と洪水面積の拡大予測

する新ルートが決定され、ただちに工事がはじめられた。鉄道も対岸の堅硬な砂岩中に2本のトンネルを掘削し、山腹を抜けることになり、この工事もはじめられた。

　この間にも、堰止湖の水位は上昇。このため、行政当局や特に下流域の住民の関心は、堰止め堤の崩壊による大洪水という、二次災害の対応に向けられることになった。

　しばらくは、土石による堰止め部分の嵩上げや堰止堤の拡張工事、サイフォン式パイプによる排水、余水吐の工事と、湖水位上昇率との深刻なにらみ合いが続いた（**図9-5、9-6、写真9-4**）。

　レーガン大統領がこの地を国家的災害地域に指定した4月30日には、湖水位は120フィー

トに達し、なお1時間に0.5フィート位の割合で上昇していた。

5月13日には161.4フィートに至る。この頃でもまだ1日に付き3～4フィートずつ上昇していた。

突貫工事の末、5月19日に余水吐が完成。これでやっと堰止湖崩壊による下流域への大規模な2次災害の危険性はくい止めることができた。この時点で、湖水位は余水吐と同高の172フィートに達しており、まさに危機的状況が近づいていたことがうかがえよう。

写真9-4 上方中央部の谷間がシースル地すべり地
右側が構築中の堰止堤、左側が堰止湖。

その後、堰止堤の高さは202フィートの計画高に達したが、途中予想を上まわる水位の上昇のため堰止堤の高さも3度にわたって変更をよぎなくされた。しかも、この川の規模であれば、通常のダムの場合は堤頂の幅50フィート堤底の幅1,150フィート位が標準であるのに対し今回の応急堤では堤長の幅600フィート、堤底の幅1,800フィートという巨大なものになってしまった。ハイウェイは5月24日に開通、鉄道もトンネルの完成後7月4日に開通した。

4. 下流域への対応

シースル堰止湖より約11マイル下流の谷口から、扇状地、氾濫原に位置しているスパニッシュフォーク市では、4月15日のシースル湖出現以来、予想される堰止湖決壊による二次災害の恐怖につつまれた（図9-7、9-8）。

初期には、ニュースが入りみだれ、一部混乱も生じたが、ただちに市の危機管理委員会や赤十字の支部等を中心に、堰止湖が決壊した場合を想定した処置や避難対策がつぎつぎとたてられた。

スパニッシュフォーク市の人口は9,825名。このうち、被災対策地域住民は約25％で、これらの住民には、各地区毎の学校に避難場所が指定され、誘導体勢が整えられた。さらに、長期間にわたっても支障のないよう、食糧や救護用品等が備畜された。このように、初期の対策・対応は終えたものの、1週間・半月・1カ月と経過しても安息な日を得られないまま過ごさねばならぬ日が続いた。

徐々に堰止湖の水位は上昇しており、むしろ堰止堤崩壊の危険性がいよいよ高まってきた。

4月30日には、堰止湖の水位が180フィートまで上昇したら決壊する可能性が高いと発表され、その場合の被災予想地域と危険度を明示した地図も公表された。

住民へは、ラジオやTVのニュースに注意してほしいこと。それとともに、万一の時は市の公報車の誘導に従ってほしいことなど、きめ細かな指示や住民対策が出された。

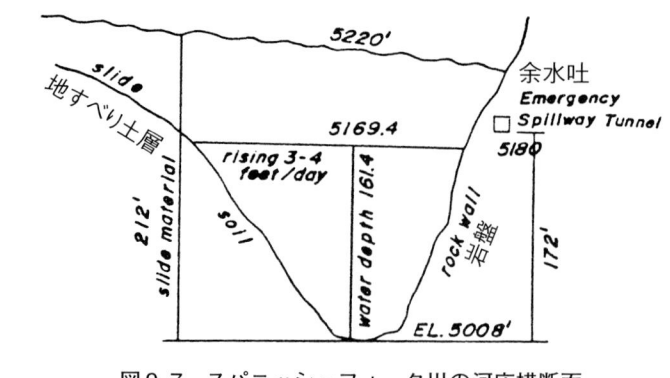

図9-7 スパニッシュフォーク川の河床横断面
5月13日段階の堰堤高と水位

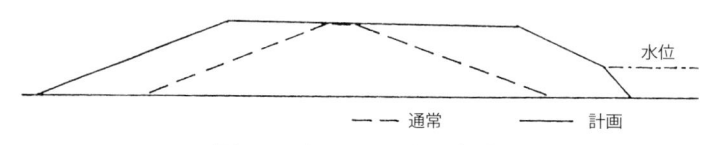

図9-8 シースル堰堤の規模

こうして40日が過ぎ、やっと5月19日に余水吐が完成。2次災害を受ける危険性からは一応救われたが、危険性は最終的には堰止湖が存在し湖水を湛えている限り続く。

5. さいごに

以上のようなシースルの地すべりに伴なう災害は直接的被害だけでも2億ドルとされる。この額は、今回各地で多発した地すべり、土石流、洪水等さまざまな被害を含むユタ州全体の被災額の4分の3に達するもので、人間活動とかかわりの強い地区で発生した地すべりの場合、いかに膨大な被害となるかを示す例でもあった。

その後のニュースでは、すでに湖水はほぼぬけたが、堰止湖の堤体部分を除去することは、地すべりを助長することになるため、不可能に近いので堤体を恒久的に固定して、本格的なダムにすることに決定した。

〈参考文献・資料〉

斜め空中写真：Utah Geological and Mineral Survey 撮影

池田　碩(1985)：「融雪時に発生した大規模地すべり——1983年USA Utah州 Thistle LandSlideの発生と対策」、らんどすらいど2号、1-10頁、地すべり学会関西支部。

Bruce, N. Kalliser(1983)："Geological Hazards of 1983　Utah Geological and Mineral Survey", *Survey notes* Vol. 17, No. 2.

The Spanish Fork River Slide-Dam and Thistle Flood Disaster Declaration, F. E. M. A.-680-DR-Utah 1983.

Geologic Map of The Thistle Area Utah County, Utah 1983, Utah Geological and Mineral Survey Map 69.

COLUMN

紀伊山地に多発した「深層崩壊」

　モンスーン気候下の我が国では、しばしば局地的な豪雨が発生し、山地の斜面が岩盤ごとくずれ大量の土砂岩石が落下、山麓に大きな被害を発生させる。そのような山地崩壊のタイプを通常発生する表層崩壊に対し「深層崩壊」として近年マスコミでもとりあげられるようになった。

　深層崩壊は、大量の土砂・岩石が山麓を流下している河谷を閉塞し、土石流ダム（天然ダム）を出現させた。しかもこの種のダムは、その後に崩壊しさらに下流域に大きな災害を発生させる。

　最近では、2011年9月台風12号が紀伊半島を襲った折、国土交通省のまとめによると奈良・和歌山両県を中心に深層崩壊を72カ所で発生させ、死者行方不明者98名を出すという大被害を発生させた。この大災害をふまえ、気象庁が2013年9月に50年に1回程度発生する「特別警報」を設定する契機となった。

　この時吉野郡の野迫川村北股地区で発生した深層崩壊の状況を事例としてあげておく。この村は奈良県南西部紀伊山地の中心付近に位置し険しい山地が連なる全人口500人ほど、その内半数が60歳以上の高齢村である。北股で写真で示すように山頂近くから崩壊しており、崩壊地は、高さ約135m・長さ約400m・幅約200m・深さ約20mで、120万立方メートルの土砂・岩石が流出し、山麓に位置した集落の一部を破壊した。このため地区民全員が避難した。この時できた土石流ダムは緊急工事を進め同年11月には埋め立てられたため警戒区域は2012年12月に解除されたが、住民は家には戻れないままである。

　現地では、その後残った集落を守るための砂防ダムを建設中であり、その完成（2014年3月完成予定）は発生から3年半後になるという。

　今回発生した72カ所による深層崩壊を調査し分析した結果、発生の特徴として次のようなことがわかってきた。

①積算雨量が600mm（付近の年間雨量の4分の1）に達し、
②山地の山頂域がなだらかか平坦（面）な地形を有し、
③しかも山地の北側斜面に多いことがよく似ている

　この状況は、1889（明治21）年の十津川大水害時に発生した28カ所の大崩壊地の状況とも共通していることもわかった。

　このため国土交通省を中心に、ヘリコプターや小型航空機を使用して空中電磁波によるレーザー探査を行い、地下150mまでの地下水の状態を調査し「深層崩壊警報地図」の作成を急ぐことにしている。

　また、このような大規模な崩壊は、地震時にもしばしば発生している。地震国である我が国ではこのことも忘れてはならない。

◎千木良雅弘著(2013)：『深層崩壊』、近未来社。

2011年9月野迫川村北股地区（池田 碩）

第10章　長野市地附山の地すべり／1985年

1. はじめに

　1985(昭和60)年7月26日に地附山地すべり災害を起こした地すべりの急激な運動(大崩落)は、一連の地すべりの最終段階として起ったものであり、観光道路バードラインの敷設工事に伴なう地形改変によって促進されたものである。それは長期的にも短期的にも予測されていた。

　当時、地附山では、地すべりの前兆現象が多く認められ、地すべりの発生が予測されていた。このため、すさまじい崩壊時の状況を、国民は茶の間でテレビを通して見ることにもなった。ところが、その結果はなんと犠牲者26名・全壊家屋50戸を出すという対応のまずい大災害となった。しかも、この地域を開発したのが、県の企業局であったため、その後特に厳しく責任が問われてきた。しかし、その責任は今なお明らかにされないままである。

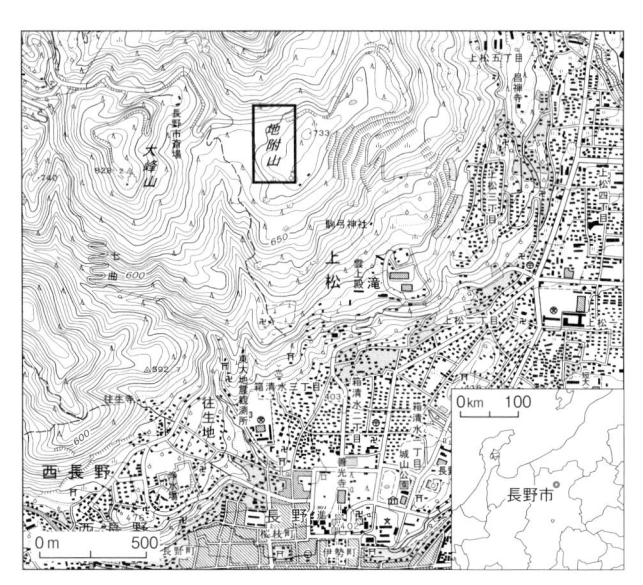

図10-1　現在の長野市地附山地付近
2万5千分1地形図「若槻」(平成17年更新)「長野」(平成13年修正)。70％。

　災害発生直後から、多くの専門家による調査が行なわれ、それぞれに報告書も出されてきた。それらをふまえつつ、筆者も現地を調査してきた者のひとりとして、現在までの見解を整理した。

　なお、本報告を行ううえで基本にした文献は、地元信州大学のスタッフを中心にまとめられた「昭和60年長野市地附山地すべりの災害調査研究」(1986)である。以後文中で特に明記する場合は「信大報告書」とした。

2. 地附山の位置

　大規模な地すべりを発生させた地附山付近の山系は、長野盆地(善光寺平)の北西緑を限る構造性の山地である。地附山(733m)の西方には、大峰山(828m)、葛山(812m)が位置し、それ

それの山頂域には、小起伏平坦面が発達している(**図10-1**)。

その山中には、しばしば山体とほぼ平行方向に急斜面と緩斜面をはさみ階段状に低下しているのが特徴である。

山腹の下部にも、広い平坦面・緩斜面が発達しており、ここに雲上殿や湯谷団地等が位置している。山麓は、構造線に規定され、ほぼ直線的に盆地と接している。

長野県北部の長野盆地は、フォッサマグナ北部地域に位置し、新第三紀中新世以降から造構運動の激しかった地域である。長野盆地の西縁では、NE～SW方向の構造線(帯)が卓越している。この方向の造構運動が、地附山一帯の山系の形成やその後の解体をも大きく規定している。すなわち、NE～SW方向の断層を軸に、盆地側は沈降しているのに対して、山地側は隆起してきたのである。

この運動は現在まで継続してきている。すなわち、盆地縁辺部に発達する湖成層(南郷層—後期更新世)が盆地側へ40°傾斜していること、1884年に発生した善光寺地震の際、生じた段差が西上り、東落ちであったこと、さらには、最近の盆地内の水準点変位量を見ても、盆地や沖積層の地域が沈降していることなどがそれを物語っている。

なお、今回の地すべりは後述するように裾花凝灰岩地域に発生した。凝灰岩地域にかかわる地すべりは本地のみならず、その分布は全国的にきわめて多い。なかでも本地域から地すべり最多の新潟県を含む日本海側には特に多い。その他でも、山梨県の岩殿山、神奈川県の大涌谷・早雲山・阿部倉、宮城県の鳴子ダム、大阪府の亀ノ瀬……等の例をあげておこう。

3. 地附山と地すべり地の地形・地質

(1) 地すべり地の地形

地附山地すべり地の地質図と断面図及び全景を**図10-2**、**図10-3**、**写真10-1**に示す。

今回の地すべりを発生させた地附山の東南側斜面には、あたかも地すべり地の広がりを暗示していたかと疑いたくなるほど、すっぽりと、県営の戸隠有料道路(バードライン)が山麓から山頂に向けて山腹斜面の急・緩部に対応しつつ、大きくヘアピンカーブをとりながら敷設されていた。さらに、その山腹部には、公営の老人ホーム松寿荘と、湯谷住宅団地が造成されていた(**写真10-2**)。

そこで、まず地附山東南側斜面の山頂域から山麓にかけての地形について考察しておこう。

地附山の山頂域には小起伏平坦面を発達させているが、これは、更新世前期紀～中期頃の原初準平原(侵食面)と考えられている(小林、1953)。山頂平坦面から南東側の斜面にかけては、古い地すべり地の滑落崖を含む急傾斜面に移行するが、移行部付近には、山体とほぼ平行するリニアメントや線状凹地・列状に並ぶドリーネ状の穴(地すべり性ドリーネ)がみられる等、地溝状の亀裂が数列にわたって生じている。この状況は今回災害以前に撮影された空中写真の判読によって明瞭に読み取れるし、分析および現地調査の結果は、大八木(1985)、古谷(1985)、富澤(1986)、藤田ほか(1986)、吉沢(1986)等によって詳細に報告されている。

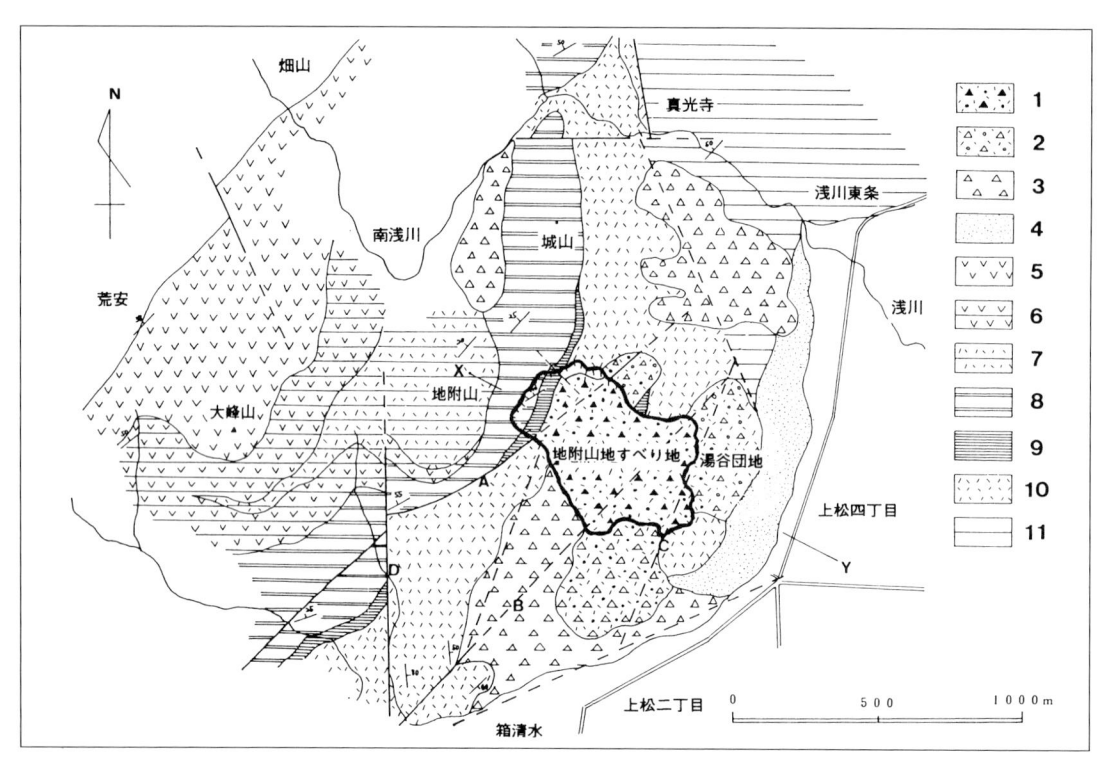

図10-2 地附山地すべり地の地質図（信大報告書、1986）
凡例 1：新崩積土、2：古崩積土、3：崖錐、4：南郷層、5〜8：裾花擬灰岩層上部層、5：SU4・SU2、7：SU3、8：SU1、9：裾花擬灰岩層中部層、10：裾花擬灰岩層下部層、11：浅川泥岩層、A：地附山断層、B：山の神断層、C：鬼沢断層、X-Y：地質断面位置。

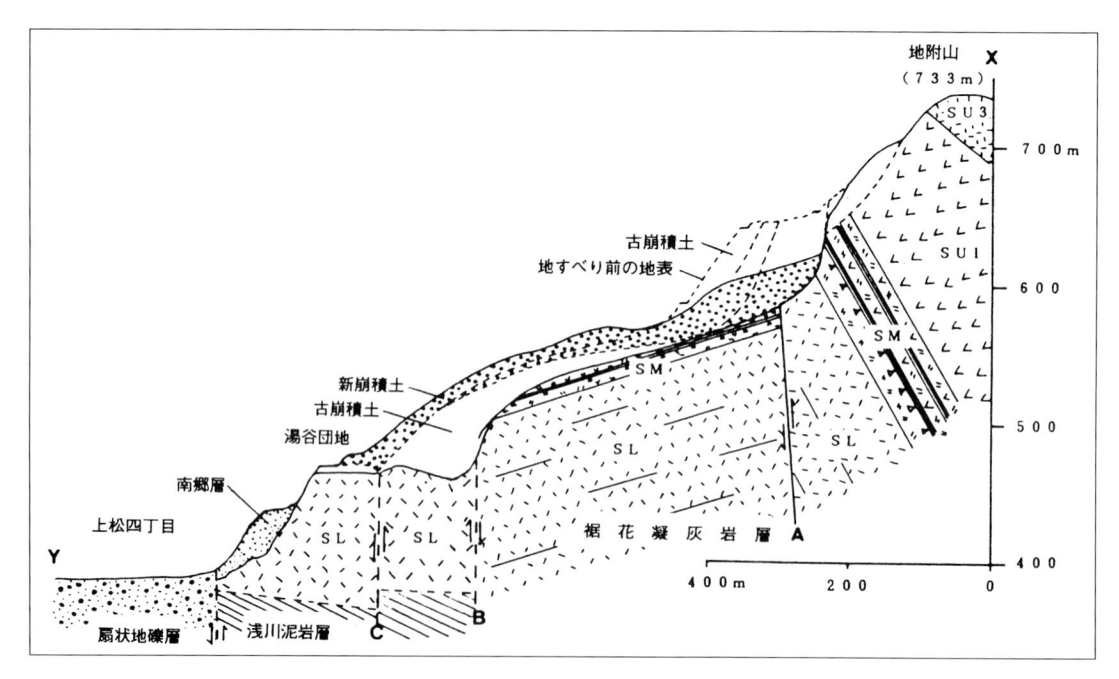

図10-3 地附山地すべり地の地質断面図（信大報告書、1986）
A：地附山断層、B：山の神断層、C：鬼沢断層。SL、SM、Su_1、Su_3などについては図10-2参照。

第10章 長野市地附山の地すべり／1985年

写真10-1 地附山地すべり地全景(建設省土木研究所砂防部地すべり研究室、1986)

　今回の地すべりは、このような旧滑落崖の周辺を上限として発生している。さらに、斜面の中腹にも旧滑落崖が推定されており（信大報告書54頁図）、その上部に位置する平坦地にも数例の線状凹地が発達していた。また、その延長方向の凹地域は山間部でありながら幅の広い谷を形成していた。この谷間を流れる水流（谷）は最大傾斜方向に流下せず、それとほぼ直交するような方向に流れる谷、すなわち「斜流谷」である。山系中にこの種の斜流谷の分布が目立つのも大きな特徴（信大報告書58～59頁）で、斜流谷の存在が本地すべりの地面の変状、地表水の流入、地下水の増加と地下水域の拡大等に重要なかかわりを有している。

　ところで、この斜流谷の末端は、急折して山地の必従傾斜に従い南流していたことが、バードライン建設前の地形図によって明瞭に読みとれる。この末端部を後述するごとく、バードラインの道路敷設のため盛土で埋めており、谷水の疎通が悪くなった幅の広い谷間となった斜流谷部は、ヨシやアシの生い茂る湿地帯と化してしまったのである。

　山腹には、段丘地形が断片的に存在している。そのうち、バードラインのほぼ中間地域に当たる通称球根カーブ付近やその周辺の標高600m前後の平坦地は、山系周辺に分布する高位段丘面に対比され、おおむね、その表面は旧崩積土におおわれている。中・低位の段丘との対比は確定されていないが、湯谷団地には、2段の段丘面があり、そのうち上位のものは470～

写真10-2 上:「老人ホーム松寿荘」に達した地すべり土塊、下:「湯谷団地」に覆いかぶさる地すべり層

480m、下位のものは440～460mである。ここでも段丘面上は旧崩積土におおわれている。

松寿荘が位置していた500～520mの緩斜面は、湯谷団地上位面の西方上部に続くものであるが、この場所は、かつて2本の谷の合流点でもあり水田地帯であったし、松寿荘用地造成後もその山地側法面からは、常に湧水があった。

湯谷団地上位面とその上方の山腹斜面末端部との間を、団地造成以前に流下していた鬼沢は、断層に沿う地溝であると推定されている。ボーリングの結果からも、鬼沢に沿って、厚さ約10mの湖沼堆積物が造成時の埋積土および旧崩壊土の下に分布していることがわかっている(信大報告書54頁)。この鬼沢を埋積して造成された場所に、今回災害で襲われた湯谷団地の民家の多くは位置していたのである。

以上のように、地附山の山頂から南東側にかけて見られる特徴は、斜面の最大傾斜方向では

なく、ほぼ山地と平行方向に多数のリニアメントや断層・線状凹地等の地溝状の亀裂が発達しており、地表に斜流谷や湿地帯を形成しているだけではなく、地表下にも、旧崩積土におおわれた湿地性堆積物の層がほぼ同方向に数列にわたって分布していることである。

　このような山地及び山腹斜面形の成因については、まず、大八木則夫ほか(1985)が、地附山の山頂部が相対的に沈下しているためであり、それに対応する形で山腹斜面では膨張ないし、はらみ出しが進行し、その際山体側へ急斜する断裂系と地表面との交線に沿って線状凹地が、その山腹側に線状凸地が形成されるものと推定し、その状況を模式図で示している。また、長岡正利(1985)は、山体の荷重沈下を思わせる微地形……とし、藤田至則他(信大報告書47頁)は、岩体がクリープする過程で形成された重力性の亀裂、ないしはそうした亀裂が原因で生じた地形、さらに吉澤孝和(信大報告書57頁)も、重力性スライドまたは大型地すべりによると考えられるとしている。

　このような山体の地形特性からみると、地附山は潜在的に山地解体が進んでいる山であり、その結果斜面には、その過程で生じた亀裂・凹地や地すべり跡地をとどめており、さらに地表は主として、その際生じた崩積土でおおわれているのである。このため、今回の地すべりで当面のヒズミは解消されたとしても、まだ山頂部や周辺部には線状凹地が発達しており、不安定な山地としての位置づけは変わらない。

(2) 地すべり地の地質

　基盤は、山頂から山麓までほぼ新第三紀後期中新世の裾花凝灰岩から構成されており、その地表部は、旧崩積土におおわれている。

　旧崩積土は、地質図で読み取れるごとく大きく2段に分かれて分布していることから、この地では少なくとも過去に2回の大崩壊が地すべりを起こしていることが推測される。このうち、高位置で古い方の旧崩積土は、山腹の緩斜面でバードラインの通称球根カーブ付近にみられる旧滑落崖上方の小起伏面に広がっており、その下限は標高590m付近である。旧崩積土の下位には、高位段丘面が存在していることから、大崩壊は高位段丘形成後に発生したことになる。旧崩積土の厚さは29mのところもあり、その中間部の8.4〜15.3m間には、湖沼堆積物とみられる泥炭層が挟まれており、その中の木片を ^{14}C 年代測定した結果、4万年より古い値を示し測定不能だった。低位置の旧崩積土は、郵便貯金会館周辺、旧テレビ中継所付近、それに湯谷団地上位面をおおっている。郵便貯金会館では崩積土層が40〜50mと厚い、湯谷団地上方斜面をおおう旧崩積土層の最下部から採取した木片を ^{14}C 年代測定した結果、24,480±1,180yr.B.Pという値が出ている。しかしながら、旧崩積土層は、これら以外のいくつかの異なる時期における崩積土が積み重なっているものと考える。

　地附山南東側斜面には、多くの断層が発達している。それは、この山地が断層運動を伴う地塊化・山地解体を起こしつつあることを示している。山中には、大きく分けると山体とほぼ平行するNE〜SW方向の断層と、これを切る関係にあると推定されるN〜S方向の断層の2種類に分けられる。ここでは、信大報告書に従い、この山地の解体に強くかかわっている山体とほ

地質時代	地層名		柱状	層厚(m)	岩　　　相
第四紀	完新世	新崩積土		5〜30	地すべり堆積物（泥・砂・凝灰岩角礫）
	後期更新世	古崩積土		5〜10	地すべり堆積物（泥・砂・凝灰岩角礫）
		崖　錐		5〜30	凝灰岩角礫
		南郷層		10〜40	シルト・砂・砂礫
新第三紀	後期中新世	裾花凝灰岩層 上部	SU5	70〜100	塊状軽石凝灰岩（上部砂質、ラミナ発達）
			SU4	80〜100	塊状軽石凝灰岩（角礫・黒雲母・角閃石含む）
			SU3	10〜30	白色細粒凝灰岩
			SU2	80〜100	塊状軽石凝灰岩
			SU1	50〜60	軽石凝灰岩（下部塊状・上部層状）
		中部	SM	30〜40	泥岩挟在する凝灰質砂岩・凝灰岩・凝灰角礫岩
		下部	SL	300+	白色細粒凝灰岩（黒雲母散在） 下部に溶岩
	中期中新世			100+	暗灰色塊状泥岩

図10-4　地附山地すべり地周辺の層序（信大報告書、1986）

ぼ平行する主要断層の性格について、それぞれの特徴を整理しておく。

　i）地附山断層

　地附山の南東斜面に位置し、地すべり地滑落崖の直下を走る。断層面は北西に傾く北西上がり、南東落ちの高角逆断層である。この断層の両側で地層の傾きが逆になると同時に、地すべり地の滑落崖直下を走ることなどからみて、古い地附山地すべり発生と深い関係をもった断層である（図10-4）。

　ii）山の神断層

　山の神温泉から雲上殿方向に走り、地すべり地の下部を横切る。山の神温泉から雲上殿にかけては、凹地形や湧水地が直線状に配列する。また山の神と花岡平の間で地層の構造に大きな差異が認められる。

　iii）鬼沢断層

　ほぼ鬼沢沿いに推定される東上り西落ちの高角断層である。鬼沢の流路形成はこの活断層に支配されている。

　地すべり地には、全体としては盆地側ほど下位の地層が分布し、北西の山側ほど上位の地層が分布する。地すべり地東部滑落崖より山側の裾花凝灰岩層は走向がN50°E傾斜20°〜40°NWで山側へ傾斜する単斜構造をなし、滑落崖には裾花凝灰岩下部層が露出する。しかし地すべり地内では地すべり面下に分布する裾花凝灰岩層の中・下部層が傾斜約20°で盆地側に傾き流れ盤となっている。滑落崖の直下付近に断層が存在する。これは地附山断層であり、地すべ

4. 地すべりの経過と地形の変状

　一般には、1985(昭和60)年7月26日の急激な活動(大崩壊)を今回の地すべりとらえているようだが、一連の地すべり運動の中に位置づけてみると、それは一連の運動の最終段階の現象であったのである。すなわち、時間的には、1964(昭和39)年のバードライン敷設後、道路の法面や道床に異変・変移が始まり、補修・補強工事を必要としてくる1973(昭和48)年頃から徐々に活動し出した地すべりと考えてよい。その後、1975(昭和50)年、1977(昭和52)年にも変状は拡大、1981(昭和56)年3月の融雪期には、明瞭に道路の亀裂や断崖、石積法面に亀裂等として地すべりの前兆および進行しつつある状況が次々と認められており、さらに、1983(昭和58)年9月、1984年4月、同年7月などの降雨時および融雪期には変状も拡大し、末期的状況に近づきつつあった。したがって、県が事態の進展に気付き、相前後して2業者へ委託して調査を行い、その結果が両業者からほぼ同様な報告、すなわち、進行している地すべり現象の状況と、それをもとに判断された地すべり範囲の推定図が報告された段階で、地すべり地域の全体像と重大性が認識され、十分な対策がこうじられてしかるべきであった。その後も伸縮計による変移量の増加は続いたし、道路の変形が著しくなり、バードラインは全面不通となる。さらに、1週間前の豪雨時の道路法面の肩よりの崩壊に伴う湯谷団地への土砂流入……等を経たうえで、最終的段階での急激なすべりが起る。このような一連の経過は、何も異例なものではなく、まさに、地すべり現象進行過程の典型的なパターンであり、まさに教科書的事例であったといえよう。

　次に地すべりの発生地・場を分析してみよう(図10-5、10-6)。

　一連の地すべりの最終段階の現象が発生しだした場所は、中央部のヘアピンカーブ地点付近からであった。それは斜流谷をはさんだヘアピンカーブへと波及し、この間が地すべりの主動部すなわち初期移動域であり、回転運動をする形でほぼ円弧状に落下した。この運動の末端は、標高560m位に当たるが、この付近には、以前から湧水地が点在していたところである。

　この回転運動の中心部から頭部にかけては、地形的に最も脆弱な線状凹地で、斜流谷の湿地帯が位置している。このようなきわめて不安定な地盤であるので、この周辺への道路工事に伴う地形改変には最高の慎重さが要求される。しかし、結果的には、谷の流下口を盛土でふさぎ脆弱性を一層高めたため、斜流谷部では流出できなくなった水をここに貯留し、浸透地さらに地下ダム状化を進めてしまったと思われる。地中へと浸透した水が凝灰岩の粘性を高め、地すべり面の形成と流動を促進することになったのである。

　さて、回転運動を起こした主動部・初期移動部の崩壊土流は、下方の山麓へと流下した。この折、山腹上をおおっていた未固結で、しかも風化を進めていた旧崩積土層を圧したため、旧崩積土層自体もめくり上がるような状態で流下しだしたが、旧崩積層の下部は傾斜20°で流れ盤構造をなし、しかもモンモリロナイト粘土化が進んでいる裾花凝灰岩中部層であるため、一

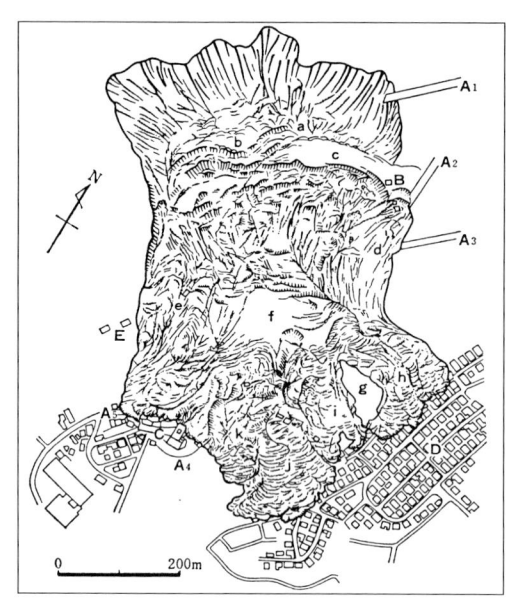

図10-5 地附山地すべりの地すべり地形
（古谷作成、地理 1985 より）
A：戸隠バードライン、B：NHK電波中継所、
C：松寿荘、D：湯谷団地、E：駒弓神社
注）空中写真から直接写し取ったので、周辺部
のゆがみが実際より大きくなっている。

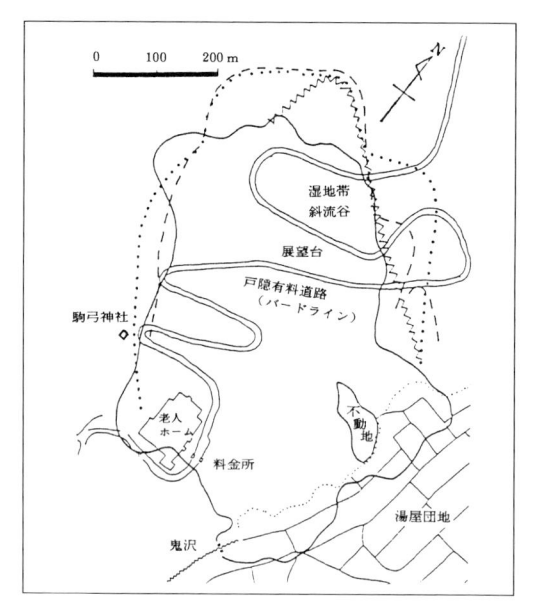

図10-6 地すべり推定地域と地すべり発生地域
（コンパイル・池田碩）
・・・・・・・・ 1981年度中部地質(株)報告書による地すべ
り推定範囲の外隔線
−−−− 1984年度および1985年度明治コンサルタン
ト(株)報告書による地すべり推定範囲の外隔線
～～～ 1985年7月23日地元対策本部作成の地すべり
推定外隔線
──── 1985年7月26日発生の地すべり範囲

層流下が助長されたようである。これが今回の地すべりの検討委報告書で述べている従属塊およびそれに接する下部流動塊と称されるものである。それが末端で、松寿荘や湯谷団地のうち山側の斜面直下に位置していた部分を襲ってしまった。このため、今回の地すべりで、人的被害、家屋の被害を直接受けたのは、下部流動塊によるものであることを強調される場合がある。確かに下部流動塊の土流に襲われたわけだが、下部流動塊を押し出す引金となったのは、上方の主動塊・初期移動部であったし、下部流動塊末端部には一部不動地域があったように、主動塊からの崩積土の流下を止めようとする力が働いていることも確かである。もし従属塊および下部流動塊に当たる地域自体が本格的にすべったとしたら湯谷団地や松寿荘、望岳台一帯は、全滅に近い被害を生じていたであろう。これらのことを考えると、今災による被害は、下部流動塊のみによるものであるという見解は成立しない。

では、なぜ今回の地すべりが、この地に、今発生したのであろうか。

まず、この地域が古い地すべり地域であり、地形からも地質からも、今後とも地すべりを発生させやすい性質を潜在的に有している地域であることは前述した。とはいえ、今回のような大規模な地すべりの発生は数万年ぶりであった。この点から、このような長期間をおいて発生したのだから、天災と言えるのではとの考えもある。それなら、むしろこのような長期間休んでいた地すべりを、今急に目覚めさせたものは何であったかを考えるべきである。今回の最終

的な地すべりの経過をたどってみれば、それは凝灰岩からなる地すべり地形域の中に、しかも元来不安定な旧崩積土層を切り土・盛り土させつつ、ほぼ全域をおおう形で、敷設されたバードラインの工事であり、地すべりはその結果として生じてきた多くの変状とその拡大の反映であることがおのずと理解できよう。

さらに、今回の地すべりは直前に観測史上第2番目の降雨量を記録した豪雨年に発生したので、これまた天災だとする考えもある。しかし、この考えもおかしい。もし、そうだとするならばこの地だけに被害が出たことへの説明がいる。また、第1位の降雨量を示したときにはなぜ発生しなかったのだろうか。さらに、この程度の豪雨は数万年間には、何度となく降ったはずである。ただ言えることは、近年の地すべり地内の開発で、地盤が急速に脆弱化し、地すべりの最終段階を迎えつつあった時(年)に、たまたま通常年より多く降った雨が引金の役を果たしたということである。

バードラインのヘアピンカーブ地域の外周が、まるで今回の地すべり地の範囲を示していたかのような広がりをとっていたのは、敷設された範囲がほぼ旧地すべり地域と同じ範囲であったこととともに、バードラインの敷設が今回の大地すべり発生を醸成してきていたことを物語っている。

次は、今災で大きな被害を受けた湯谷団地と老人ホーム松寿荘の造成と土地条件について考察しておこう。

湯谷団地のうち、今回の地すべりで被災した地域は、地附山の山麓を東北から西南方へ流下していく鬼沢の流路上の谷を埋め立てて造成されたところであり、しかも被害は山麓直下の山側という住宅立地としてはきわめて悪い土地条件の部分であった。そこは団地造成前の地形図を見て、また造成前の状況をヒヤリングしたところ、日頃は水の無いような谷であるが、豪雨時には荒れて鬼の沢のようになる「谷の鬼沢」を埋め立てた上に建てられた家屋の部分に当っていた。豪雨時における鬼沢の再生と、今回のような地すべりによる斜面からの土石流のおおいかぶせによる被害の両点からみて、この地は、土地条件的に、きわめて不安定な地域であり、仮に埋め立てるとすれば十分な防災工事が必要であり、埋立て後も防災緩衝地帯として公園、グランド、緑地等に使用するならともかく、民家を建てるべきではなかった。老人ホーム松寿荘の造成についても同様で、土地条件的には、山腹の集水しやすい小規模な平坦地で、かつては水田であったところに松寿荘は造成され建設されていた。すなわち、この地域の造成は自然を無視し、自然への技術対応をも欠いた開発であったと考えられる。

5. 災害への対策と対応

地形改変に起因する災害を防ぐ、または防げないにしても被害を軽減させるにはどうしたらよいだろうか。防災という視点から考えてみよう。そのためには、まず、対象地とその周辺の1)現状をよく知ること。その上で、2)予測すること。3)前兆現象を速くつかむこと。4)前兆に対する処置とともにその後の対策を立てる。長期的にはまさに防災対策であり、短期的には避

難対策である。5)災害が発生した場合を予測し対応策を作っておく。……等について考察しておくことが重要である。

では、各項目どのような点に注意しておくべきだろうか。

1)には、現地での詳細な調査とともに、過去の記録(被災歴)をも調べておくこと。

2)には、発生の範囲と可能性の高い時期の推定を行っておくこと。

3)のためには、定期的に点検が必要である。

4)異常な状況・前兆と思われる状況が出現したら、たとえそれ自体は小さな現象であっても、地附山地すべりが示したような大きな異変の前ぶれである可能性も大きいので、当面の処置とともに、伸縮計等の設置などにより、さらに慎重に調査しその後の対策を立てておく。

5)は、4)にもとづいて処置が進めば、被害も少なく犠牲者は出さなくてすむだろう。また、十分対応したうえで被害が出た場合は、事後の処理も進めやすい。

以上の防災視点の項目に今回の地附山地すべり災害をあてはめてみると次のことが指摘できる。

1)は十分な調査がなされず、開発が先行した。

この地域が旧地すべり地ということにほとんど注意がはらわれずにバードライン・松寿荘・湯谷団地等の工事が施工されている。

2)・3)は前兆現象が現れ、しかもそれらの現象が増加・拡大してきたため、専門的調査を行い、地すべり発生範囲の推定図までできていながら、対応できなかった。

4)は重大性の理解ができなかったか、あるいはできていたにしても、対応・対策とも縦割り行政の谷間に漂っているうちに後手後手になった。

5)はまさに処置がなされなかったため、松寿荘では26名という犠牲者を出してしまっている。全体としては、地すべり対策の遅れが被害を大きくしてしまったといえるし、住民の要望にも対応していないことが、事後の処理をも困難にしてしまっている。

6. さいごに

長野県は、新潟県に次ぐ第2位の地すべり県である。行政として、地すべり対策の経験も豊富で、技術は高いはずである。このことを考えると、信大報告書にも「他の地すべり地では、もう少しきぱきぱと事が進められている現状からすると、縦割り行政の谷間の問題ではなかったかという感がする」とあるように、今回の地すべりへの対応のまずさは納得しかねる。さらに、「大崩落の前夜から徹夜の観測が行われ、大崩落を予測できる情報は収集されている。また崩落時刻予想の技術も20年前に開発されていた。ただこれらの情報を集積・整理して判断をする組織体が欠落していたといえよう」と述べられている。まさに同感であり、このような状況では「防災」という用語自体が意味をなさないことを強く指摘したい。

〈 参考文献・資料 〉

大八木則夫・田中耕平・福囿輝祺(1985):「1985年7月26日長野市地附山地すべりによる災害の調査報告」、国立防災科学技術センター。

大八木則夫(他編)(1986):「斜面災害の予知と防災・所収中の地附山関係」、25-26頁、152頁、表、325-329頁。

(株)クボタ(1982):「日本の代表的な地すべり」他、アーバンクボタ No.20「特集—地すべり」。

建設省土木研究所砂防部地すべり研究室(1986):「昭和60年地附山地すべり災害現地調査報告書」、土木研究所資料第2296号。

地附山地すべり機構解析検討委員会(1989):「地附山地すべり機構解析報告書」。

信濃毎日新聞社(1985):「地附山地すべり検証」、『山が襲った:長野市地附山地滑り記録』所収。

信州大学自然災害研究会(1986):「昭和60年長野市地附山地すべりによる災害調査報告書」。

中部地質(株)(1981):「地質調査報告書」、昭和56年8月、同追補、昭和56年9月、56年11月。

富澤恒雄(1987):「長野市地附山地すべり地におけるマスムーブメントの発達過程」、地質学雑誌93(7)。

長岡正利(1985):「長野地附山地すべりの災害状況と地形変化」、測量1985年10月号。

長野市地附山地滑り災害記録刊行会(編)(1985):「長野市地附山地滑り災害報告」、グラビア信州。

古谷尊彦(1985):「長野市地附山地すべり」、地理30(10)。

丸山孝四郎・岡村　尊(1988):「「証憑」—長野市地附山地すべり—」、グラビア信州。

水谷武司(1987):「地変前兆域と地すべり変動域との一致」、信州大学自然災害研究会(編)『昭和60年長野市地附山における地すべり、防災地形』所収。

明治コンサルタント(株)(1984-1985):「戸隠有料道路地すべり対策調査委託工事(報告書)」、昭和59年3月、59年9月、60年1月。60年3月。

文部省科学研究費(No.60020045)自然災害特別研究突発災害研究成果No.B-60-5 研究代表者、川上浩:1985年長野市地附山地すべりの災害調査研究(1986)。

地附山地すべりの発生機構と災害原因調査報告書(1994):『国土問題』47号、特集、146頁。

COLUMN

防災地図から、洪水「想定深」の標示へ

　ハザードマップ——防災地図は、すでに各地区の市役所や役場から、各家庭へ配布されている。そしてこの地図をもとにしてそれぞれの地域の防災訓練が行われるようになってきたので、身近な地域の災害や環境を示す馴染みの深い地図として定着してきた。

　しかし、この地図は、一枚の平らな地図（平面図）であるため、洪水時の水位の高さがカラーで着色されているだけであり、立体感が無い。その点を補うため、最近（近年）目に付きやすい公共の建物の壁などを利用して「想定深」をリアル（立体的）に標示し、洪水時に地域住民の命を守るための注意を喚起させるようにしてきている。

　その事例を示しておく。ここは京都盆地の最低地域である、かつて湖であった「巨椋池干拓地」の西側の低地に位置する大型スーパー「イオンモール」に隣接する、「まちの駅 クロスピアくみやま」の壁面で大駐車場から目につく建物の標示例である。

　しかし、洪水の「想定深」がなんと4.8mだから、2階よりさらに高い上方に設置されている。高すぎて見えるかな？　と思える位だが建物の直下地面上には、この上方だよと示す標示と注意文が標示されている。

「想定深」標識の標示状況

ここは「巨椋池干拓地」西側の低地に位置する大型スーパー「イオンモール」に隣接する「まちの駅 クロスピアくみやま」の大駐車場から目につきやすい建物壁面。しかし、その標識はなんと4.8mの高さだから建物の2階にいる人よりさらに上方に設置されている。

洪水時の想定深の標示板

ハザードマップにもとづき浸水時の恐れを、身近な建物に「想定深」として標識と注意文で示されている（写真左の下方円内）。

III　豪雨・豪雪

第 11 章　京都府の南山城大水害／1953 年 142
第 12 章　比叡山地の自然・開発と災害 151
第 13 章　香川県小豆島の豪雨による土石流災害／1974・1976 年 163
第 14 章　U.S.A. ソルトレークの市街を襲った融雪洪水／1983 年 177
第 15 章　新潟県南部 59 豪雪地帯を歩く／1984 年 184
第 16 章　南山城豪雨災害／1986 年 196
第 17 章　京都府南部を襲ったゲリラ豪雨災害／2012 年 208

コラム
防災地図から、洪水「想定深」の標示へ 140
近代土木技術の導入とヨハネス・デ・レーケ 149
「潜水橋」と「流れ橋」 194
高水工法から総合治水へ 207
天災は忘れたころにやってくる 225

第11章　京都府の南山城大水害／1953年

1. はじめに

「災害は忘れたころにやってくる」これは東京大学地震研究所の創設者である寺田寅彦教授が、教訓として残されたことばである。地震・津波・火山の噴火・梅雨・台風・豪雪…等、我が国を取りまく自然環境を考えれば、災害はなくせないどころか、必ずやってくることを忘れてはならない。だから災害時の体験やそのときに得た教訓を大切に受け継ぎ、運悪く災害に遭遇したときは被害を少しでも軽減できるように努めよとの教えである。

今・2013（平成25）年は、「南山城地方」が1953（昭和28）年に、8月の集中豪雨と9月にも再度台風13号に襲われるというダブルパンチを受けた大水害から60年目に当たる。この大災害を体験しその後の復旧に携った当時の青年達もすでに70～80歳、役場に勤め対応に追われた職員達はすべて定年を迎え退職されている。このため残された資料等を実感をもって説明できる者はいなくなった。京都府下では戦後最大の被害を出したが、やはりこの大水害の記憶もそろそろ忘れかけられ始めているのではないだろうか。当時の被害状況を振り返っておこう。

2. 8月の集中豪雨

日本海から南下してきた寒冷前線が、京都府南部の綴喜郡・相楽郡を中心とする約40km²の特に木津川右岸地域に雷を伴う猛烈な集中豪雨をもたらした。この時、北方の京都市内では夜空に星が出ていたし、南方の奈良でも雨は降っていないとの記録が残されている。

お盆の8月14日夜から15日の明け方にかけての集中豪雨に見舞われた（図11-1）。京都南部の田辺にあった土木工営所の記録では、午前1時30分から2時30分にかけての1時間雨量が80mmに達し

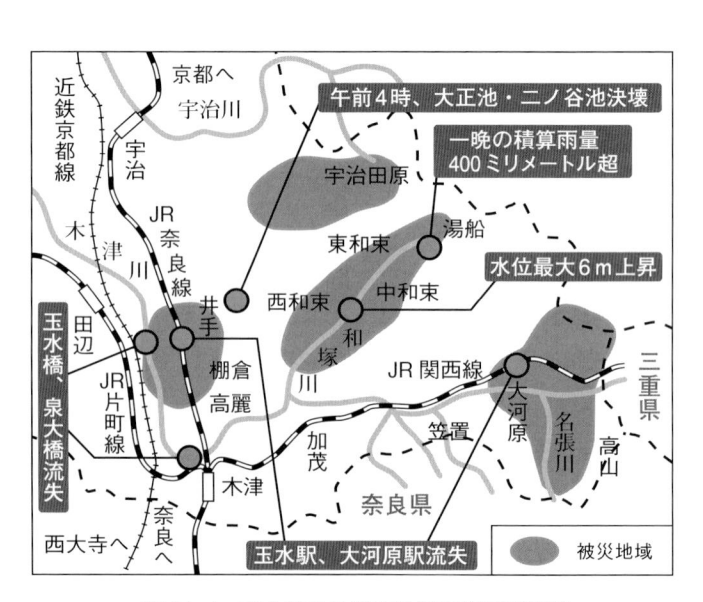

図11-1　南山城8月災害地域図（京都新聞）

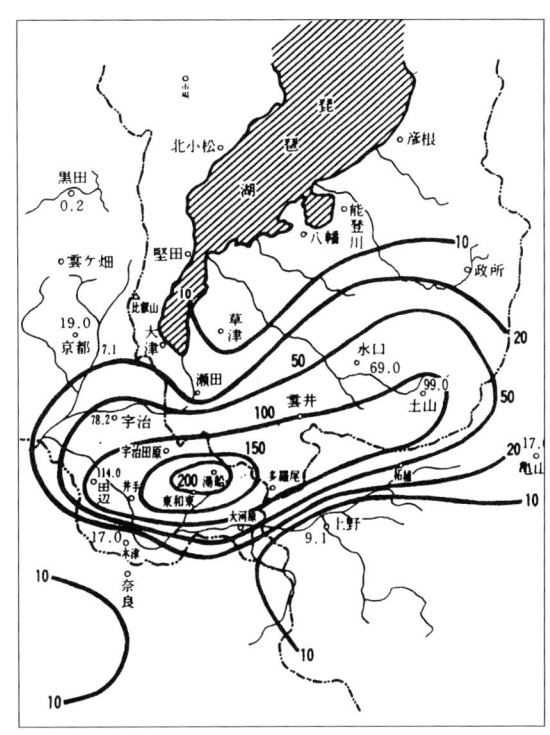

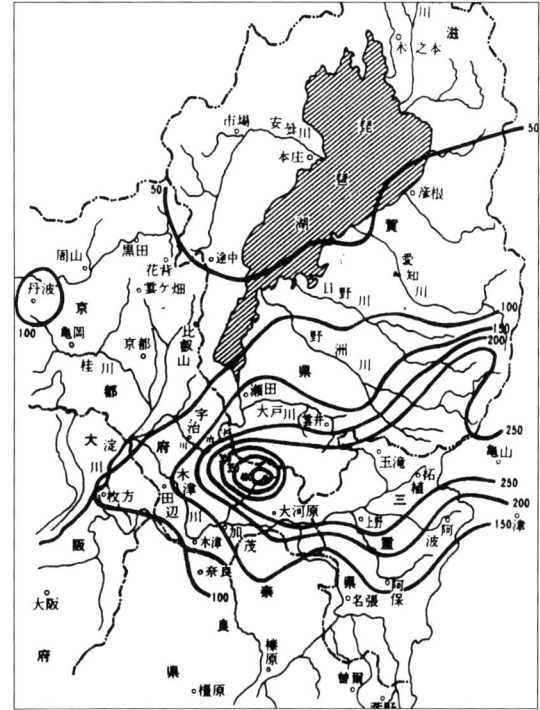

(a) 8月15日0時〜3時の雨量　　　　　　(b) 8月14・15両日の積算雨量

図 11-2　8月災時の等雨量線図

ていた。30 mm であれば前方が見えない位の雨である。50 mm となるとバケツをひっくり返したようなといわれたが、今ならシャワーを全開にしたような強雨である。だから 80 mm とは激烈な数値である。しかも当時は半鐘・現在ならサイレンも聞こえない程の雨音だったという。この時の総雨量は、山間部の旧・湯舟村（現在・東和束村）で 428 mm に達している（**図 11-2**）。この値も 1 年間で降る平均雨量の 3 分の 1 に当たるという驚異的な雨量である。

このため被害も想像を越える状況となってしまった。山腹には崩壊が多発し（**写真 11-1**）、「土石流」を発生させたが、実は土石に加えて根付きのまま押し出されてきた流木がすさまじい量であったため、「土木流」とも称されている。それらが山間支谷に架かっていた橋の前で積み重なり、水流をダムアップしたのち、橋もろとも押し流すという状態で、木津川支流の全ての橋をことごとく破壊してしまい、さらに木津川本流の泉大橋や玉水橋まで流失させてしまった。

この豪雨による被害は、死者 336 名、全半壊・流失家屋 1,306 戸、床上・床下浸水家屋 4,370 戸におよぶ大変な事態となった。このうち最大被災地は井手町で死者 108 名を出し、次いで、和束川が氾濫し陸の孤島と化した山間部の中和束村（**写真 11-2**）でも 101 名の犠牲者を出している。井手町では、山間部に位置していた農業用溜池大正池と二ノ谷池が増水し決壊したため激流が一挙に玉川に流入し、その下流の天井川となっている部分で決壊した（**写真 11-3**）。民家の屋根より高いところを流れている天井川の決壊は、まるで集落に向かって滝から流水が落

写真11-1　各所で山肌に亀裂崩壊を生じた相楽郡大河原村(現・南山城村、毎日新聞)

写真11-2　和束川のはんらんによる相楽郡中和束村(現・和束町)

写真11-3 空からながめた木津川添い低地の浸水と玉水橋の流失（現・井手町、朝日新聞）

写真11-4 木津川堤防上からながめた玉水地区の浸水状況（現・井手町）

146   Ⅲ　豪雨・豪雪

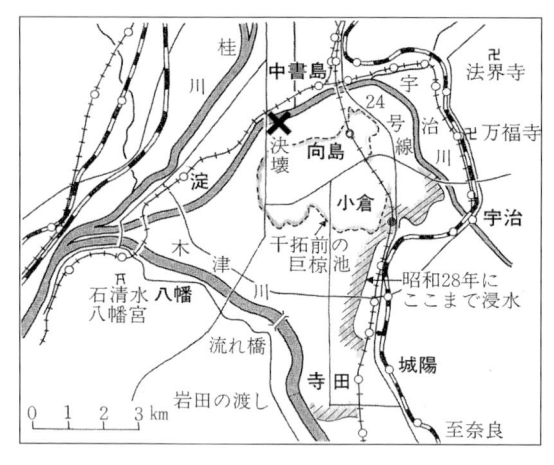

図 11-3　台風 13 号による破堤部と洪水浸水域図
（京都地学教育研究会）

写真 11-5　台風 13 号で決壊した宇治川
（朝日新聞）

下する状態となり、民家をはじめ多くのものを押し流した。しかも集落全体がほぼ水没してしまうという惨憺（さんたん）たる状況であった（**写真 11-4**）。役場も水没したためその後の対応に大きく支障をきたしたのみならず、村に関する多くの資料を失ってしまった。

3．9 月の台風

さらにその夏には 9 月にも台風 13 号の襲来を受け再度被災するという悲惨な状況に見舞われたのである。

台風 13 号襲来に伴う豪雨時に、井手町域も再度水没してしまったが、この時の大きな被害は南山城地方でも北部の宇治周辺で発生した。9 月 24 日から宇治川上流の山間地域では 6 時間に 160 mm の集中豪雨に見舞われ、25 日午後 9 時 30 分ごろ宇治川は向島付近・観月橋の下流 2 km の左岸地点で、堤防が 450 m にわたって決壊した（**図 11-3 ～ 4、写真 11-5**）。

その結果、1941（昭和 16）年に干拓された旧巨椋池 800 ha が水没した（**写真 11-6**）。洪水域はさらに周辺の低地や木津川沿いに拡大し、巨椋池干拓田の約 3 倍の面積 2,300 ha が水没した。水深も深いところでは 5 ～ 6 m に

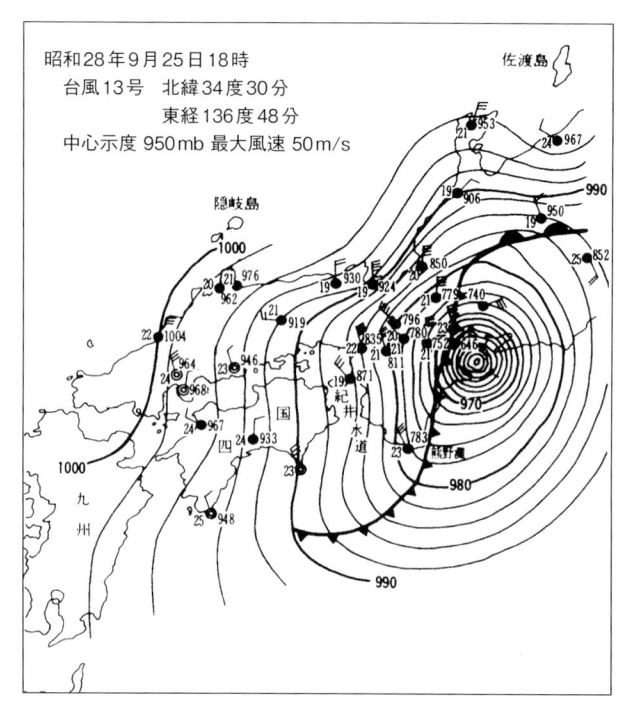

図 11-4　9 月 25 日 18 時の天気図

第11章　京都府の南山城大水害／1953年

写真11-6　巨椋池干拓地の氾濫、水没した近鉄京都線、中央部が小倉駅（図11-3参照、宇治市歴史資料館蔵）

達した。死者は1名だったが、被災者は1万人以上におよび、この年の農産物収穫はほとんど無かった。なお、台風13号はその後京都府を縦断するコースで北上したため被害も拡大し府下全体では死者行方不明者119名、被災家屋65,000戸という大災害となってしまった。この結果8月に襲われた南山城被災地で救援作業中であった人達や援助資金の多くが、9月災による被災地の方へと流れてしまい結果的に南山城地域は置き去りにされてしまった。

4．災害へのそなえ

今、当時の被災地を訪ねてみると、豪雨直後の写真でも持っていかねばまったくわからないほど、いやその写真を見ても信じられないほどに変貌し、立派に復興している（**写真11-7、8**）。

写真11-7　玉川の最初の決壊口
（京都府立総合資料館）

写真11-8　玉川決壊地の現在
中央の大木は、左写真の左側堤防上の大木。

井手町付近では、玉川最上流の山間部に位置し、決壊した灌漑用の溜池である大正池は放棄され、その後旧二ノ谷池であった部分を拡大復旧し、新たに大正池として改称された。下流で決壊した部分は、河道が拡幅され堤防全体が補強されて、決壊以前とくらべれば安全性は、はるかに増した。しかし増水時には今でも民家の屋根より高いところを流れる天井川であることには変わりない。JR玉水駅の構内には、決壊時にこの地まで押し出されてきた直径1.8m・高さ1.5m・重量6トンほどの巨石が、災害時の状況をとどめておくために保存されている（**写真11-9**）。

写真11-9　JR玉水駅に流れついた重さ6トンの巨石
災害時の状況を教訓としてとどめておくため保存されている。

　水没した巨椋池干拓地一帯にも1965（昭和40）年頃から都市化の波が押しよせ、まず旧池内の北部に10階建て以上の高層マンション群からなる向島ニュータウンが出現した。その後は周辺地域へ、商業施設や工場も進出してきた。旧池内の南部に当たる小倉地区周辺では低層住宅からなる民間の集合住宅を中心に宅地開発が進み、周辺には商業施設も進出した。現在も国道24号線・近鉄京都線に沿って開発が進んでいる。

　さらに、巨椋池干拓地や周辺部を横断するように東西方向の京滋バイパスが、縦断するように南北方向の第2京阪道路や国道24号線が敷設されてきている状況であり、かつて最も被害の大きかった地域が急速に都市化してきている典型的な地域例となっている。土木技術の進歩で決壊した池や堤防も強化されていることは良いが、そのことが、被害はこの地から無くなったと過信しがちであり、一層災害の体験を風化させることにつながっていることにも注意したい。

　忘れないために必要なのは、災害時の写真と合わせて、当時の被害の内容や広がりを記入した地図・被災状況図である。

〈 参考文献・資料 〉

池田　碩（1983）：『南山城災害誌』、京都府綴喜郡井手町。
池田　碩（2003）：「水とのたたかい―南山城水害から50年―」、京都府立山城郷土資料館。
近畿地区各大学連合会水害科学調査団（1954）：「南山城の水害」昭和29年。
淀川・木津川水防事務組合（1970）：『水防50年史』。
京都府砂防協会（2004）：『京都府の昭和28年災害』。

COLUMN

近代土木技術の導入とヨハネス・デ・レーケ

お雇い外国人　鎖国体制から解放されると、我が国では多くのお雇い外国人を各分野に招き入れ、西洋の近代的思想や技術の導入に努めた。荒廃していた国土の治山治水にも、西洋の工事方法を取り入れることにした。

明治政府は西洋の科学的合理法に基づく近代土木技術を導入するために、オランダからファン・ドールン、ヨハネス・デ・レーケたち10人を明治6(1873)年に招いた。さっそく各地を巡視する。山地の無い低地国オランダからやってきた彼らは、平野の背後にすぐ山地が迫り、その山地から流下してくる河谷を見て、「これは川なんていうものじゃない、滝だ」と驚嘆したという。淀川の河川改修をはじめ、滋賀県南部の田上山の砂防、東京の神田下水工事、木曽三川分流工事など、各地の治水と港湾建築に関わった。

その上で下流域の村落や市街を洪水から守るためには、上流の荒廃した山地から治めることが先決であること。すなわち流域を一貫して考えつつ治山から治水を進めることが大事だと考えた。

近代砂防工事の発祥地　大阪に着いたデ・レーケは、淀川下流の港湾工事にあたり河床が浅いのは上流山地が荒廃し土砂流出が多いのが最大の要因であると気づき、水源山地の砂防からはじめることとし、木津川上流の支流である「不動川」が流れ出してくるハゲ山の多い荒廃した「三上山」から作業を開始した。風化した花崗岩山地であり、洪水のたびに多量の砂を流出し下流で「天井川」を形成する原因となっている。そこで工事はハゲ山の進行を防ぐことからスタートすることにしたのである。

そのためには、不動川の河床に「石積みの堰堤」を多数作って増水時の流速を殺ぎ砂の流下を止めるための作業をした。現在も彼が計画したシステムで設計施工した「デ・レーケ堰堤群」が10数基残されており、この地域は近代砂防工事の発祥地とも称されている。

荒廃した「三上山」の緑化は、松の植林から進められた。しかしながら根付かず失敗した。その後ヒメヤシャブシ（ハゲ山に根付いた木として俗称・ハゲしばりとよばれている）

不動川の石積堰堤（木津川市山城町）

不動川砂防歴史公園内の
ヨハネス・デ・レーケの銅像

風化土壌（マサ）化の進んだ田上花崗岩山地のバッドランド

を用いた植林で成功した。

　デ・レーケ達は、滋賀県南部の花崗岩地域でハゲ山が連なり、バッドランド化した田上信楽山地でも、石積堰堤を築き、植林を行っている。
　土砂の流出を防ぐため、日本で最初の直轄事業地域に指定され、精力的に挑戦し回復に努めたことから、砂防の語を生み、SABOとして国際用語となっている。

堤防万能主義を嘆く　ところで治水は、明治20年代になるとオランダ工法に代わって、洪水防御を主目的とする堤防万能主義の工法時代となる。その後は急速に富国強兵・殖産興業時代へと移行していく。その結果、山地も平野も過度に利用が進み疲弊していき洪水も多発しだす。その進展状況を実感していたデ・レーケは「しょせんオレは雇われ外人、技術を切り売りするだけなのか」と嘆いている。そして1903(明治36)年に帰国した。

　明治以降、我が国の砂防の近代的工法は大きく変遷してきたが、その過程を現場で学べる砂防体験学習施設としてデ・レーケ堤防群が現存している不動川上流一帯を砂防公園、正式名称は「不動川砂防歴史公園」として、府民憩いの場を兼ね1986(昭和61)年に整備された。

第12章　比叡山地の自然・開発・災害

1. はじめに

　比叡山地は、京都盆地東縁を限って南北に走り、比叡山脈ともよばれ、京都市民に親しまれている（図12-1）。比叡山地の地形・地質を中心とした自然と、古代から現代まで私たちの祖先はどのようにこの山地を利用、開発してきたか、その結果人間はどのような災害をこうむるようになったか、をながめてみることにしよう。

2. 比叡山地のおいたち

　京都の街から比叡山地をながめると、まるで屏風のような急崖をもってそそりたっているのがわかる（図12-2）。山頂域には隆起準平原面と思われる小起伏面が卓越するのが特徴で、その上に比叡山と如意ガ岳・大文字山が一段と高くそびえ、スカイラインの単調さを破っている。

　このような盆地と周辺山地の地形の特徴は、その生いたちに深いかかわりをもっている。すなわち、定高性の山地と、盆地に面した直線的な急崖は、この山地が地塁山地としてできたこ

図12-1　比叡山地周辺
（50万分の1地方図、国土地理院発行、135％）

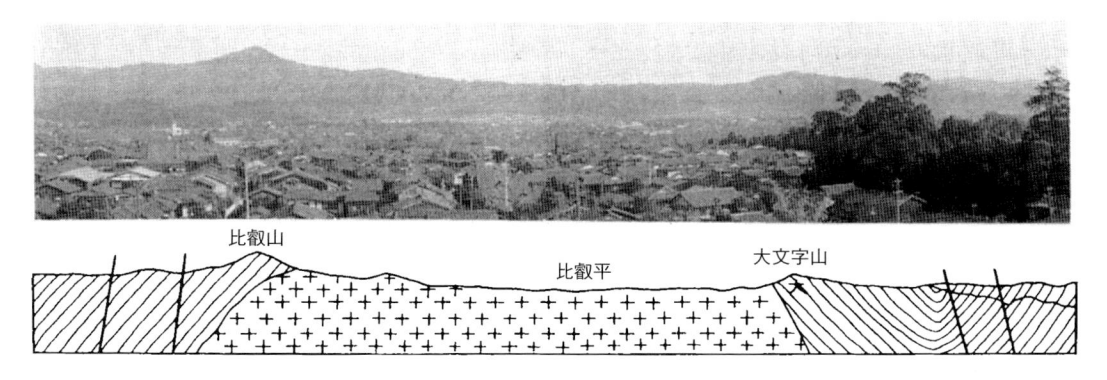

図12-2　比叡山地の遠望と地質断面図
京都盆地北西部鷹ガ峰扇状地からうつす。

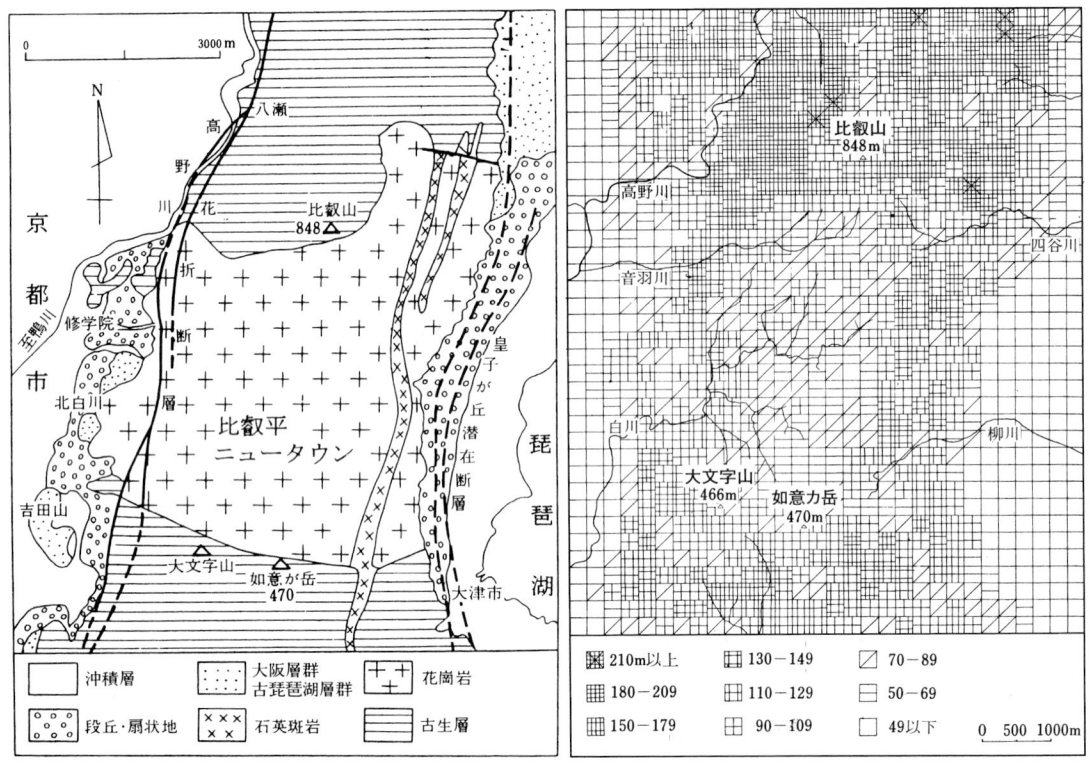

図12-3 比叡山地の地質図
（松下進、1961によるものを一部改変）

図12-4 比叡山地の起伏量図
（池田 碩原図）

とを物語っており、これが地溝盆地である京都盆地と近江盆地を分っているのである。

　地質図（図12-3、12-4）にみられるように、このような地塁山地の地形を規定する重要な要素は、京都側にみられる花折断層と琵琶湖側にみられる皇子が丘断層である。これらの断層の活動は、第四紀の中頃を中心におこってきた。

　比叡山の西麓で、第四紀はじめにできた大阪層群を切る衝上断層（スラスト）が数ヵ所発見されていることからもわかるように、山地の上昇は比較的新しく、かついちじるしかったものと思われる。

　いっぽう、盆地の中央部は厚い砂礫層におおわれており、その深さはいまだ正確にはわかっていないが、海面下200mには達するだろうと推測される。谷口に沿って山麓まで追跡できる河岸段丘が、盆地に入ると急にはっきりとは続かなくなることは、盆地側の沈降がいちじるしかったことを示している。このような地溝と地塁の形成にあずかった運動は、最近にいたるも継続していると考えられる。

　山麓の扇状地帯で、縄文時代に形成された地層（^{14}C絶対年代測定の結果は2500±80年前）が、断層によって切断されている、という事実が石田志朗氏によって指摘されており、また花折断層に沿って発生した地震の記録も少なくない。一方で1596（慶長5）年の地震は、とくに記録的な破壊烈震であったようで、この山地の南部に位置する伏見城の一部が、崩壊するという大被害を出している。

ところで、比叡山地を構成している岩石はおもに古生層と花崗岩である。古生層は、古生代の二畳紀ごろの地向斜堆積物とされている。チャートや砂岩・けつ岩を主とし、花崗岩は中生代白亜紀(ルビジウム—ストロンチウム法による年代は9800万年前・早瀬一一氏による)に、この古生層中に貫入したものである。

接触部の古生層は、熱変質を受けてホルンフェルスという硬い岩石になっているため、浸食に対する抵抗力も強く、この部分が高くなっているのである。すなわち、比叡山と如意ガ岳・大文字山の高まりは、岩質の差による差別浸食の結果生じたモナドノックと考えられているのである。花崗岩のほうはいちじるしく風化しており、とくに山頂平担面域では、地塁形成以後の長期にわたる風化が進行したため、砂状(マサ土)化している。

3. 聖域とその周辺

古来、この山地は延暦寺が位置し、大文字焼がもよおされる山として、また山麓には八坂神社・知恩院・銀閣寺などの社寺が並ぶといったぐあいに、聖域としてのイメージが強い地域であった。

往古に造営されたこのような社寺の分布をながめてみると、地質学や地形学などの近代科学の助けがなかったにもかかわらず、じつに妙を得たところに建造物の敷地が選定されていることにまず驚かされるのである。

たとえば、山上に位置する比叡山延暦寺境内一帯は、ホルンフェルスの地域であり、大文字焼で有名な「大」の字が山腹に刻みこまれているところも、ホルンフェルス地域なのである。山麓や山腹の社寺も古生層地域かホルンフェルス地域に多く、花崗岩地域の山麓には少ないのである。

いっぽう、扇状地の分布についてみると、花崗岩地域には、谷ごとに、その規模に合せて扇状地が発達しているのに対し、古生層の地域には少ないという特徴がある。最も大きい白川がつくった、北白川地区を中心とする扇状地の地下には、縄文・平安・奈良時代の遺跡が埋積されており、花崗岩砂からなる広い扇面は、乾燥していて生活の場には適しているが、ある期間がたつと、洪水の危険があったことを物語っている。

4. 文明開化

ところでこの山地にも、大正の末ごろから、六甲山地や生駒山地と共通の、新しいタイプの山地利用として、観光開発が始まりだす。これらの山地は、地質・地形がよく似ており、また大都市にのぞんでいるという点でも同じ条件である。すなわち、地塁の山腹急斜面は、格好のケーブル・ロープウェイ敷設の場所であり、平担な山頂域は遊園地として開発されはじめたのである。

1925(大正14)年、京福電鉄は延暦寺から山頂域の一角を借り受け、まず京都側の八瀬との

写真 12-1　比叡山山頂南部の山上につくられた街・比叡平ニュータウン
上：開発前（1962）、中：開発中（1969）、下：開発後（1974）。

あいだにケーブルとロープウェイを敷設した。その後、琵琶湖側の坂本とのあいだにも、比叡山鉄道によってケーブルが敷設された。山頂部には、人工スキー場まであり、夏になると納涼オバケ屋敷まで出現した。

　さらに戦後は、まずゴルフ場が山頂平坦面の南東よりに造成され、つづいて1958（昭和33）年にはドライブウェイが開通した。それに伴って遊園地をはじめとする諸施設がもうけられ、ホテルや旅館も建設された。

5. 経済成長と白砂の庭

　明治時代、花崗岩山地は比叡アルプスとよばれるほどハゲ山が多く、荒れていたそうである。そのハゲ山が、昭和に入ってようやく、松の多い緑の山地になってきていたのに、最近ブルドーザーが入りこみ、20万坪という大規模な宅地造成が行なわれてしまった。小起伏の出っぱりは削りとられ、谷は埋められて、自然の山頂小起伏平坦面に、「比叡平」という完全な人

写真12-2　山上に整地された人工平担面「比叡平」とその工法模式図

写真12-3　「白川砂」採取場に便乗して拡大された山腹
深層風化した花崗岩山地の山上部なのにブルドーザーのみで造成工事が進められた。

工台地ができあがったのである(**写真12-1～12-3**)。

しかしながら、我が国の山地災害は、このような風化作用のすすんだ花崗岩山地でいちじるしいのである。1967(昭和42)年7月の梅雨末期の集中豪雨の折には、六甲山地のいたるところに崩壊地が発生、死者91名・全壊および流失家屋363戸・半壊家屋361戸・床上浸水7,819戸という大被害を出したのは、そのよい例である。

比叡山地でも、1934(昭和9)年の室戸台風、1935(昭和10)年の梅雨期の集中豪雨の折には、京都全域が大きな被害を受けており、一部の地域では、山崩れや風倒木のため、山の色が赤く変わるほどであったという。1967年9月の台風20号の通過時にも、あとでのべるように、北部の音羽川流域で鉄砲水が発生し、修学院地区に大被害をもたらした。

ともかく、深層風化のすすんでいるが故に、花崗岩地帯がいとも簡単に、かつ経済効率的に

写真 12-4　「白川砂」採取加工場

写真 12-5　「白川砂」を使用した枯山水の庭園
内陸に位置する銀閣寺では「白川砂」で海岸の波打った砂浜とその向こうに砂山（月見台）を築いている。

造成され得たということは、同時に、簡単に崩れる可能性・危険性を内包しているともみることができよう。また、崩壊をとどめ得たとしても、広大な緑の山地を人工で固めることは、雨水の即時流下をおこし、動植物や微気候にも影響を与え、単にここの地区だけの問題ではなく、周辺地域に変化をもたらす可能性がないとは言えないのである。

　すなわち、比叡平の開発は、まだ周辺に残されている広大な小起伏平担面の開発が、技術的には可能であることを示唆したものだけに、行政が認可さえすれば、つぎつぎと進められていく危険性をはらんでいる。

　すでに西側につづく地域では、比叡平に付随する形で、いくつかの業者により、小区画ごとの造成が進められてきている。このような小地域での開発では、地形を改変するにしても、切り取った土を合理的に埋める余裕がなく、不安定な盛り土地域が多くなるのである。また、隣接する未開発地域との調節などに無理が生じてくるため、豪雨時には、やはりそのようなところがバランスをくずし、崩壊や地すべりを起こしているのである。

　御所の庭、竜安寺の石庭など、京都の庭園には花崗岩の砂が敷きつめられたり、盛られたりしている。**写真 12-4、12-5** に示した銀閣寺の庭もそうである。この砂は「白川砂」とよばれ、白川が山麓から扇状地にかかろうとするところで採取されていた。近年庭づくりの需要が増え、

それも庭師を指図するほどの経済的余裕も、豊かな個性の持ち合わせもないからか、白川砂が大量に売れるようになって、風化花崗岩の崖を各地で大きく削るようになった。

　断層の通る地塁山地、しかも花崗岩の山腹を削ることがいかに危険なことかは、六甲山地の例をまたずとも、明白なことである。単に、地表からの岩石の風化を考えればよいのではなく、細かく破砕された花崗岩が風化を受ければ、地下100mにもわたってマサ化するのである。

　この山腹斜面の切りとりは、市街地から大きくみえ、しかも毎年、豪雨時になると土砂が流れだし、道路は通行禁止となる。あるときは走行中のタクシーを埋めたこともあり、また1970（昭和45）年4月の豪雨時には、山腹の砂取り現場から発生した崩壊によって、死亡事故さえ発生させてしまったのである。

6. 1972年の音羽川の鉄砲水

　1972（昭和47）年9月16日夜半に京滋地方をおそった台風20号に伴う暴風雨により、比叡地塁山地や山麓の風化花崗岩地域に多くの崩壊地が発生した（図12-5）。

　とくに、北部の高野川へ流入する大長瀬谷や音羽川流域での被害は大きく、扇状地上の戦後急速に都市化がすすみ、市街地化しつつあった修学院地区を中心とする地域の鉄砲水は注目をあつめた。このため、音羽川流域のみで、死者1名・全半壊家屋7戸・床上浸水155戸・床下浸水277戸（被災者の会調査）という、近年にない大被害を記録した。

　山間での音羽川は、流域が袋状に広がっている。また地塁山地のあいだ、すなわち山頂平坦面域を流れているうちは、河床勾配がゆるく、地塁の肩にあたる急傾斜面へ移り変るところからは勾配が増し、ところによっては滝をともなって落下している（図12-6）。

　崩壊地が多発した地域は、大きく2つに分けられる。まず、花崗岩の深層風化域に河谷の頭部浸食が達する最上流域で、ここでは小規模なものが多発している。そのうち、ドライブウェイ・展望台・ホテル・テレビ塔などがある一本杉付近では、とくにこれらの施設の構築に伴う、風化花崗岩の切りとり部や盛り土部から、崩壊が発生しているところが多い。

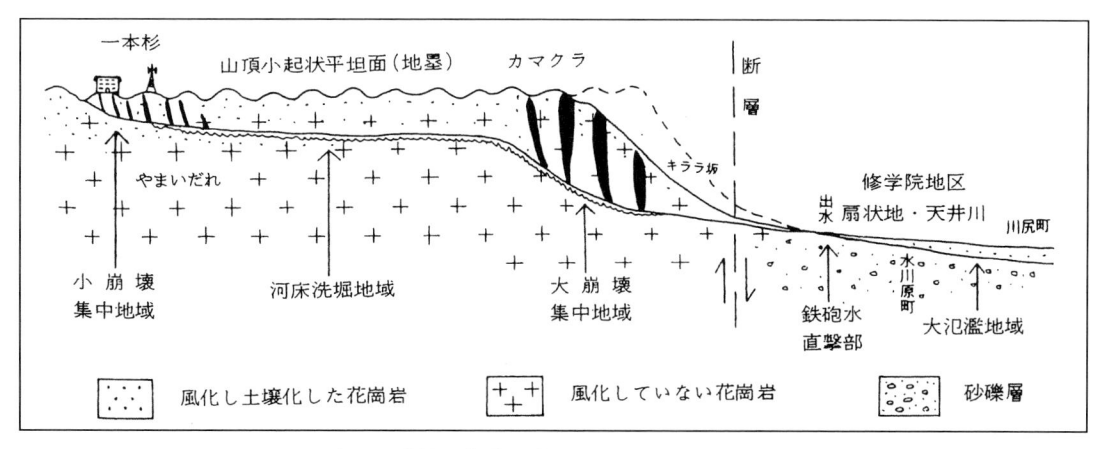

図12-5　音羽川流域の災害発生地域の模式断面図（池田　碩作図）

158   III 豪雨・豪雪

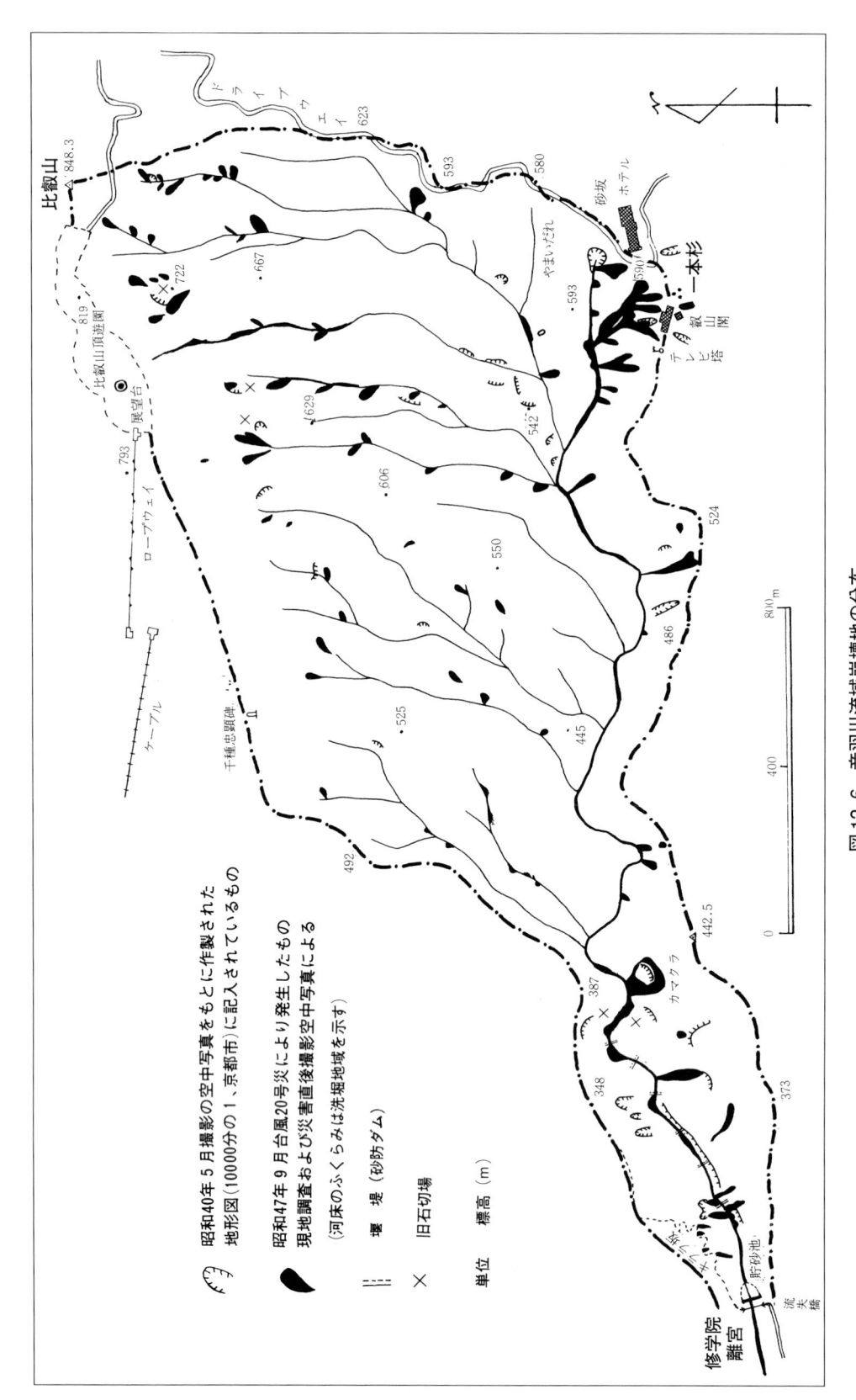

図 12-6 音羽川流域崩壊地の分布
(池田 碩・辰己 勝 調査, 音羽川学習副読本編集委員会 1993)

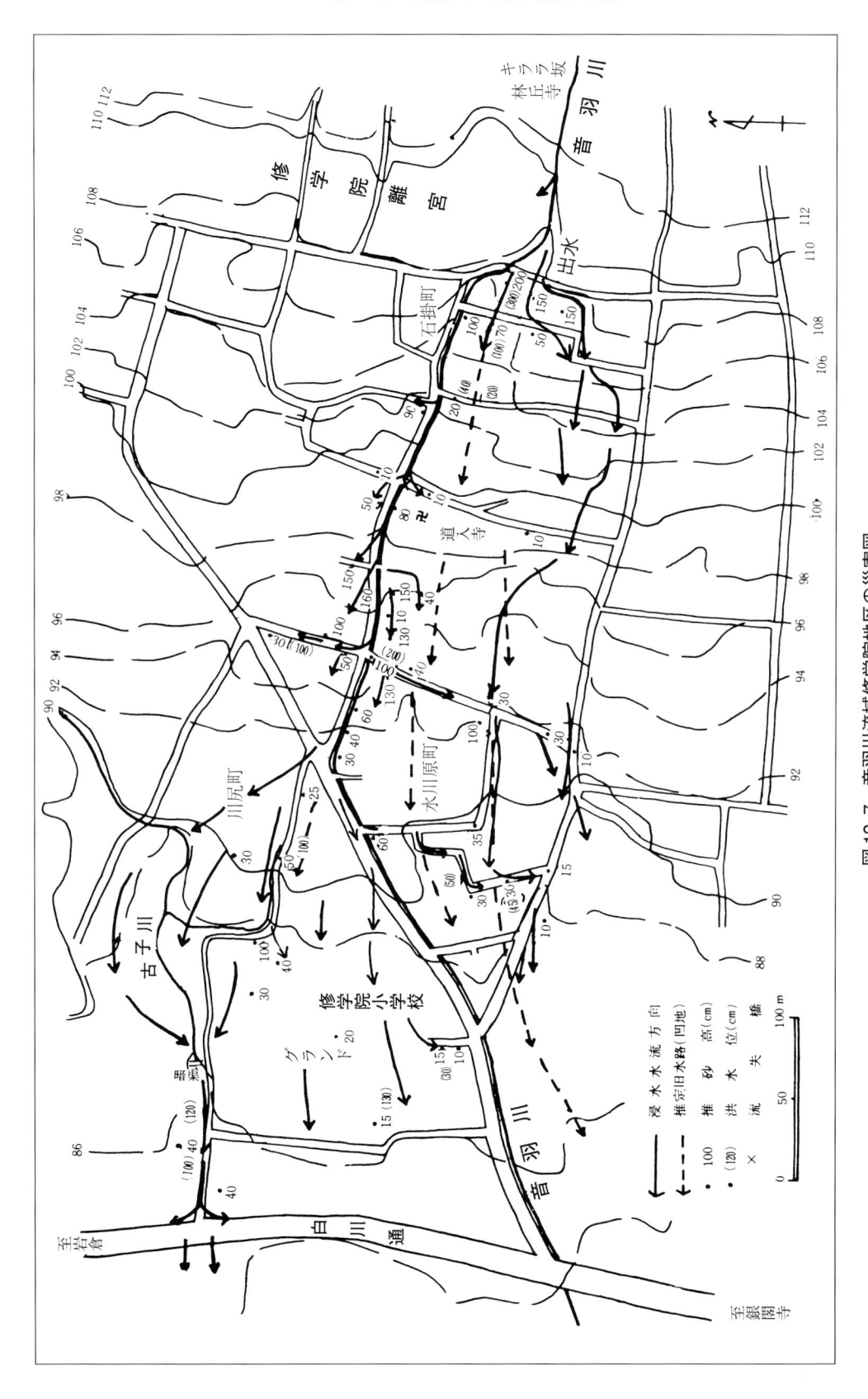

第12章　比叡山地の自然・開発・災害

図12-7　音羽川流域修学院地区の災害図
（池田　碩・辰己　勝　調査、音羽川学習副読本編集委員会 1993）

写真12-6　集落内を流下する音羽川の河床に落ち込んだ乗用車
当時はこの程度の川幅と深さしかなかったことを示す。

写真12-7　河川改修後のこの地域の河川
下図は音羽川の改修断面（京都市河川課）。細線の部分が旧河道と当時の地形を示す。

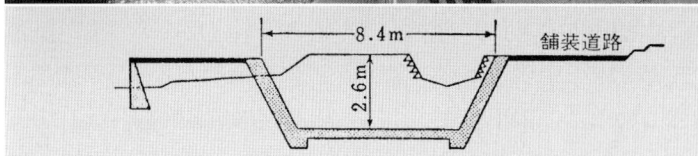

図12-8　音羽川の改修断面（京都市河川課）
細線の部分が旧河道と当時の地形を示す。

　つぎに、地塁の肩にあたる部分から下流にかけての地域には、大規模な崩壊が集中的に発生している。これは、谷が深く刻まれ、傾斜が急で表層すべりを発生させやすく、しかも斜面が長大であるため、崩壊面積が増すことに起因している。そして、崩壊によって生産された大量の土砂は、勾配の比較的ゆるい山間部の谷に蓄積されていた土砂とともに、袋状に広がった上流域から集中してくる流水の営力によって、二次的に市街地化の進んだ扇状地へと、鉄砲水の性格をおびて一挙に掃流された。この鉄砲水の上流では、土石流を発生させており、花崗岩の土砂だけでなく、直径3mもの岩塊をも押し流したのである。

　音羽川が山麓の市街地を貫流する地区では、河道はS字型や、くの字型に急折し、しかも天井川となっており、人為的にかなり加工された河川であることが想定される。**図12-7**に示すごとく、このような場所を中心に、大氾濫による被害が集中的に発生している（**写真12-6、7　図12-8**）。

第12章　比叡山地の自然・開発・災害

災害時9月17日、古老の話によるとこの状態がかつての自然の川幅であったとのこと。建ち並ぶ家屋は、かつての堤防の上、またはその跡だという。「本当の川はどこなのだろうか？」

19日、「川は左側で、右側が道のようだが？」

復旧後、「いや川は右側だった!!」洪水時には「道路」と「川」の役割が逆になる典型例。夜間の避難時には特に危険である。

写真12-8　音羽川の水害状況
洪水時には、川と道の役割が逆転する典型事例。

また、扇頂部から市街地へ入る付近では、川幅が7～8mあるのに対し、市街地へ入ると、とたんに2～3mになり、さらに下流では1～2mに狭められ、完全にコンクリートで固められた溝と化している。このような自然を無視した川の縮少が、豪雨時山間流域の大きい音羽川の、掃流のネックとなったのである。さらに、この狭められた川筋には、多数の架橋のほか、水道管・ガス管などの施設が集中していた。むかしは簡単な木の橋で、増水すると流されていたが、いまはコンクリート製の橋でがんじょうなため、洪水時にはこれらが障害となって、流木や砂礫によって河道が埋められ、堤防にあたる舗装道路のほうが、逆に排水路と化してしまうという状況が見られる(**写真12-8**)。

　扇頂部の鉄砲水の直撃を受けたS字型のカーブ地域が「出水」とよばれ、くの字型カーブの大氾濫地域の両岸が「水河原町」「川尻町」という地名であることからもうかがえるように、これらの地区は、かつて開発される以前から水害常襲地帯であったのである。

　ちなみに、1935(昭和10)年の梅雨時にも、ほぼ今回と同様の大氾濫が記録されているが、そのときにはほとんど被害がなかった。今時の被災家屋も、その多くが、その後に天井川背後の低地や、扇端部の低地に建てられたものである。これらの事実は、都市化過程の中に、災害発生と、その特質の鍵が秘められていることを物語っている。

7. さいごに

　比叡山地のおいたちをたどりながら、現在の地形やその特徴を考え、さらに近年の山上および山麓への開発の進展と災害発生とを、発展的にみてきた。

　その結果、近年の地形改変や、土地利用の変貌などにみられる、自然に対する人間の働きかけには、その速度・その規模ともに、基本姿勢において何かが欠如したものであることに注目せざるを得なくなった。

　かつて、自然に適応した土地利用と開発が行なわれていたのに対し、現在は、あまりにも技術過信と単視眼的な経済主義の傾向が強い。このことが、自然の軽視にとどまらず、自然破壊を促進するものであることを見のがしてはならない。山上の街づくりにみられるような大規模開発にしろ、都市化の進展に伴なう災害現象の激化にしろ、環境問題が国民的課題として大きくクローズアップされてきている現在、自然をふまえた土地利用・開発のありかたについて再考するには、この地域はかっこうの素材となろう。

〈参考文献・資料〉
池田　碩(1973):「1972年9月・20号台風による比叡山系音羽川流域の災害」、京都府私学研究論集 第11号。
修学院災害科学調査団(1974):「1972年9月音羽川流域—修学院地区の災害」。
音羽川学習副読本編集委員会(1993):「比叡山音羽川物語—自然と環境 フィールドワーク資料—」。

第13章　香川県小豆島の豪雨による土石流災害／1974・1976年

1. はじめに

　小豆島は、香川県北部の海上に浮かぶ瀬戸内海国立公園の中でも代表的な観光島である（**図13-1**）。展望絶佳な熔岩台地とそれを刻む寒霞渓などの名勝を有し、またお遍路さんや『二十四の瞳』の舞台として、さらにはオリーブや電照菊の島としても知られている。

　ところで、雨の少ない瀬戸内気候区に属し平素はむしろ干魃に悩まされることが多かったこの島に、1974年7月と1976年9月の2回にわたって豪雨が襲い、死者多数を含む大きな被害を生じた。その実態や要因には、山地が多い日本の水災害の縮図のようなところがあり、今後の災害の進化を予測する上で注目に値する。

　両災害の被害には河川の溢流や内水氾濫などによるものと、山崩れや土石流などによるものとがあるが、ここではとくに後者を中心に、その実態・要因・災害後の問題などについて記述してみよう。

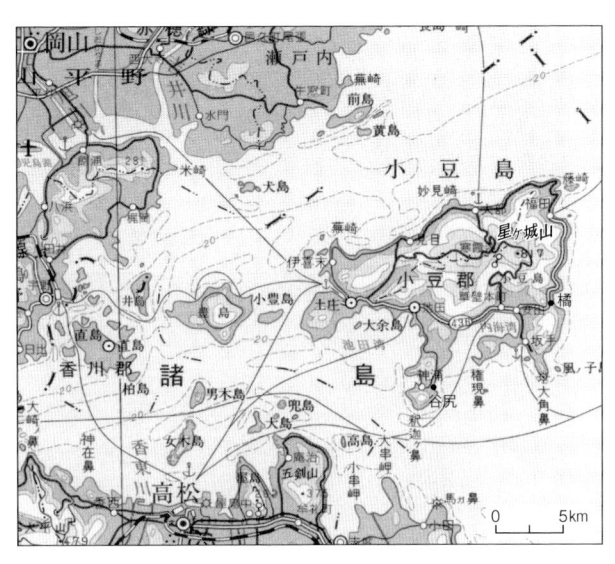

図13-1　小豆島とその周辺
（50万分1地方図、国土地理院発行、90％）

2. 災害の自然的条件

(1) 気象状況

　瀬戸内海東部は、平素はたしかに降雨量が少ない。しかし、時に台風の通過や前線の停滞などによる豪雨に見舞われることがある。

　1974年災害時の豪雨は、九州西方海上にあった台風8号が、西日本を東西に延びていた梅雨前線を刺激して集中豪雨をもたらしたものであった。南東の風と小豆島の地理的位置および地形の影響が相まって、島の東部に降雨が集中した。また、1976年災害の豪雨は、九州南西海上にやはり台風が停滞しており、そこから中国地方の東部にかけて位置していた収束前線に

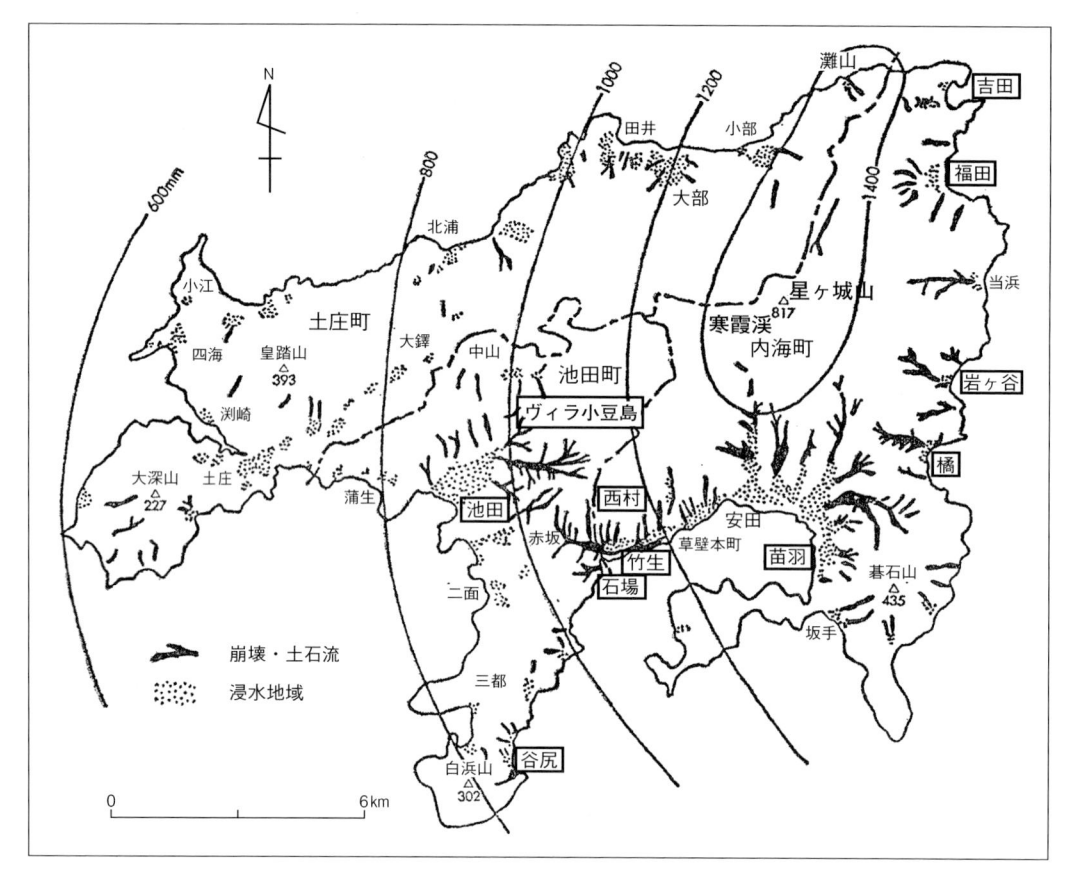

図13-2 1976年9月台風17号による崩壊・土石流の発生と浸水地域
および積算等雨量線図(1976年9月8日～13日)

南方から湿った空気が送り込まれ続けて、記録的な多量の雨をもたらしたものであった。これらの豪雨により、各地で山崩れや土石流を発生させ、大災害をひきおこした(**図13-2**)。

寡雨地域であるということは、逆に、稀に豪雨があれば風化した岩石部分や渓床貯留物の一挙流出を起す恐れがあることを意味する。1974年と1976年の災害の場合が、まさにその例であった。

(2) 地形および地質条件

小豆島には平地がきわめて少ない。島の最高所星ヶ城山は817mに達し、その他多くの場所も150～600mの山からなる(**図13-3**)。

島の基盤は広島型の黒雲母花崗岩や領家型の花崗岩類からなる。これらの花崗岩は、部分的には新鮮で採石の対象とされるほどであるが、多くの場所では深層風化により「マサ化」している。これらをキャップロック状に覆って、火山岩・火山砕屑岩などからなる讃岐層群(中新統)が分布する。

いうまでもなく、風化花崗岩地帯では、崩壊や土石流が発生しやすい。とくに小豆島の場合はキャップロックの影響でその下に風化花崗岩が急斜面を保持しており、そこが崩壊すれば一

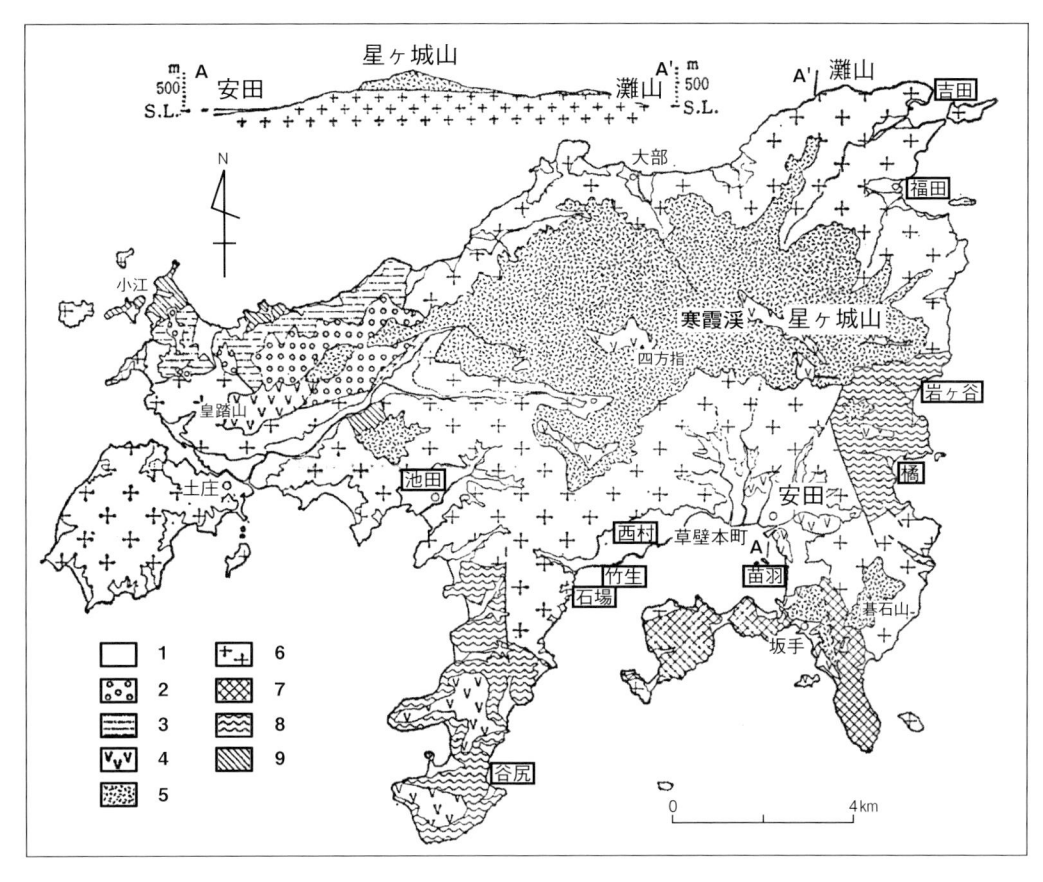

図13-3 小豆島の地質概略図
1：沖積・扇状地層、2：馬越礫層、3：土庄層群、4：讃岐層群熔岩類、5：讃岐層群火砕岩類、
6：広島型花崗岩、7：ハンレイ岩・変輝緑岩、8：領家型花崗岩・変成岩類、9：古生層

挙に大量の土砂・石礫を供給する点で、他の花崗岩地帯よりも一層危険性が大きいといえる。

花崗岩からなり、しかも寡雨な地帯の山地が豊かな植生を持ち難いことは、くわしく述べるまでもないであろう。

多くの人が指摘するように、小豆島は風光明媚でのどかな景観に反して、本来土石流災害の起きやすい自然条件を持った島である。このことを無視した土地利用や開発は、遅かれ早かれ災害の要因となることは必然的であるといわなければならない。

3. 被災状況

以下に、1974・1976両災害時の具体的な状況について、いくつかの代表的な地区の例をあげてみよう（表13-1、13-2）。

(1) 谷尻地区（写真13-1～3）

1976年災害の谷尻は、これまで災害の経験がほとんどなく警戒が不足であったために多く

表13-1 1974年災時の小豆島内海町の被害状況（香川県内海町建設課1975による）

町名	地区名	死者(名)	重傷者(名)	軽傷者(名)	全壊家屋(戸)	半壊家屋(戸)	床上浸水(戸)	床下浸水(戸)
内海町	西　村	—	—	1	1	—	4	31
	草壁本町	—	—	2	—	3	219	256
	坂　手	—	—	—	3	4	14	47
	苗　羽	—	—	6	1	3	368	175
	安　田	2	2	8	11	31	345	107
	橘	19	14	1	21	21	46	70
	岩ヶ谷	2	1	—	9	2	10	11
	当　浜	—	—	—	—	2	4	16
	福　田	6	1	5	8	3	66	128
	吉　田	—	—	—	4	1	5	14
	計	29	18	23	57	71	1081	855

表13-2 1976年災時の小豆島内海町の被害状況（香川県土庄土木事務所1977による）

町名	地区名	死者(名)	重傷者(名)	軽傷者(名)	全壊家屋(戸)	半壊家屋(戸)	床上浸水(戸)	床下浸水(戸)
土庄町	土　庄	—	3	1	3	2	38	81
	渕　崎	—	—	—	—	1	58	104
	大　鐸	—	—	3	—	—	3	80
	北　浦	—	—	—	5	4	16	70
	四　海	—	—	—	—	2	20	46
	豊　島	—	1	—	—	—	11	87
	大　部	4	—	1	17	10	73	255
	計	4	4	5	25	19	219	723
池田町	池　田	—	—	4	9	6	292	351
	蒲　生	—	—	—	—	—	53	145
	中　山	—	—	1	3	13	10	109
	二　面	4	4	9	22	11	70	184
	三　都	24	4	6	23	11	44	237
	計	28	8	20	57	41	469	1026
内海町	西　村	6	8	17	54	28	84	103
	草壁本町	—	4	11	4	31	618	389
	坂　手	—	—	—	—	6	10	76
	苗　羽	—	—	—	25	21	345	291
	安　田	—	—	2	6	18	403	123
	橘	—	1	2	10	18	26	24
	岩ヶ谷	—	2	2	3	1	9	4
	福　田	1	3	2	18	10	43	156
	吉　田	—	—	—	7	4	5	25
	計	7	18	36	127	137	1543	1191
総　計		39	30	61	298	247	2231	2940

の死者を出した典型地の例として、しばしば挙げられている。土石流は豪雨のピークを過ぎた真夜中に起こり、避難がほとんどなされていなかったため、住民132名中犠牲者24名という1976年災害では最大の被害を出した。

　たしかに谷尻地区は、背後の山も低く、土石流災害を予想することは困難であったかも知れ

写真13-1 1976年9月の被災直後、機上から筆者が撮影した谷尻半島

写真13-2 谷尻川上流より、谷底の堆積物をそっくり流下させた状況を望む

写真13-3 最下流部に位置した集落の被害は大きかった

ない。しかし、古老の記憶や伝承にもない昔のことかもしれないが、土石流は過去にも起こっている。それは今回の土石流によって洗掘されて谷底に現われた古い土石流堆積物の存在によってもわかる。また、多くの被害家屋の建っていた場所自体谷尻川が作った新しい扇状地の上に位置している。

今回の土石流を発生させた崩壊は、火山岩類のキャップロック下の崩れやすいマサ部分にあたり、かつ、伐採によって植生が変えられて針葉樹幼生林になっているところで起きた。

これらの点を見ると、谷尻の土石流災害が、自然的要因も人為的要因も考えられないところで起こったとみるのは誤りであることがわかるであろう。

(2) 橘地区（写真13-4〜6）

谷尻地区と対照して、よく引合いに出されるのが橘地区である。ここは1974年災害で19名

写真13-4　橘地区背後の山腹崩壊地には小規模な堰堤が多数施工された

写真13-5　土石流の直撃を受けた集落の上流には大きな堰堤が築かれた

写真13-6　橘湾岸には被災者のためのピロティ型高層団地が急造された

の死者を出した最大被災地区だったが、1976年災ではこの経験が生かされて早めに避難を完了していたため、前災以上の豪雨による鉄砲水を受けながら犠牲者を出さなかった。

　この鉄砲水を受けたところは、本来橘川本流の扇頂ないし扇央にあたる堆積区域であり、小豆島でも最も早く、危険地域に住宅地が拡がったところの一つである。事実1917(大正6)年や、それ以前にも鉄砲水を受けており、警戒心も高かったものと思われる。

　1974年の災害は、同じ橘地区の中心でもやや異なり、平常はまったく水もない0〜1次谷から「崩壊直撃型」の土石流の襲来を受けたものであった。ここでは住宅地は、山腹の崩壊が起これば土石流の直撃を受けること必至の場所に広がっていた。被災後、これらの谷口には多数の砂防堰堤(群)が造られた(**図13-4**)が、1976年災害時の豪雨ではまったく埋積されることなく、当面不必要な存在であることを自ら証明する結果となった。

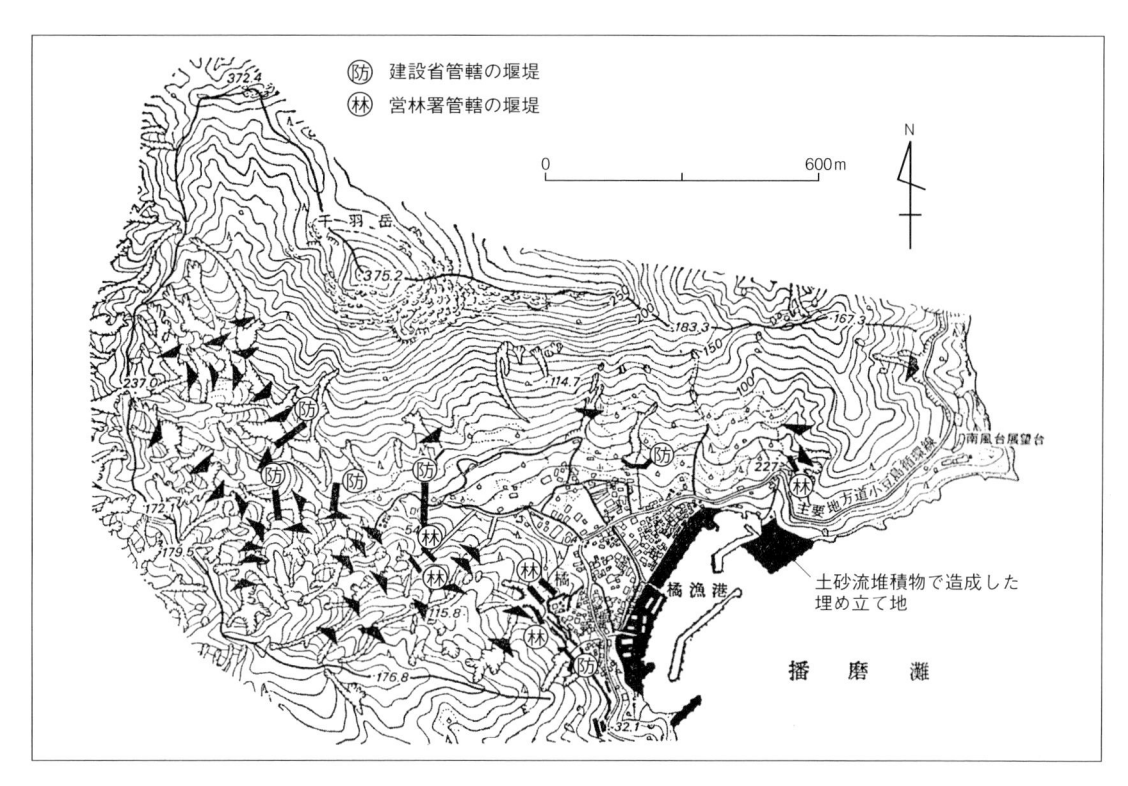

図13-4　小豆島東部内海町橘地区における崩壊地と被災後に構築された堰堤群および土石流堆積物搬出による海岸の埋立地（北部は安山岩・集塊岩地域，南部は領家型花崗岩・変成岩地域）

一方、橘川本流に造られた堰堤は1976年災害に完全に土石に満たされ、下流の被害を軽減する上で、かなり有効な働きをしている。

(3) 苗羽(のうま)地区

崩壊が起きれば土石流の直撃を受けること必至という場所に家屋が密集していた例の典型はここにもある。1976年災害に土石流を出した中筋川には砂防堰堤が1基1974年災害後に設けられていたが、崩壊は中筋川の横の山腹で起こり、そこから発した土石流が直進して家屋を呑み込んでいった。

(4) 吉田地区

この地区では、1976年災害は上記の地形・地質条件にかかわる災害要因の深刻さを雄弁に語っている点で注目される。

吉田地区の集落は、広い吉田川の平地を避け、ことさらに狭い山麓の崖錐性扇状地の上に建てられている。おそらく吉田川沿いが昔から氾濫による被害を受けやすかったために、これを避けたものであろう。しかし、崖錐性扇状地上では氾濫による水害は避けられても、背後の山からの直撃的な土石流の襲来を受けるおそれがある。実際には、吉田の集落の家屋の多くは、このどちらの災害も比較的受け難いところを選んで建てられている。しかし、今回被害を受け

た家屋は、扇状地面の上でも最も被害を受けやすい扇頂部に位置していた。

(5) 西村地区

内海町西村地区一帯は、小豆島では最も複合扇状地の発達したところである。1976年災害では、ほとんど谷ごとに土石流が発生し、これら扇状地の扇面が一部を除き土石流による岩塊や砂礫の堆積の場となった。このことは、既成の扇状地形成営力がもともと土石流であることを如実に物語っている。

ただし、ここでは土石流の直撃を受ける扇頂や扇央には果樹園が拡がり、扇端の海岸近くに集落がつくられているため、果樹が緩衝の役を果たし、住民の犠牲は最小限度にとどまった。

なお、土石流を発生させた崩壊の多くは、二・三の比較的大きな川の支流の最上流部が、森林管理道路に横切られるあたりに位置していることに注目を要する。また、そのあたり一帯の山腹急斜地が、皆伐と一せい植林による針葉樹幼生林でことあることも指摘されなければならない。

(6) ヴィラ小豆島と竹生・池田地区（写真13-7〜9）

西村地区と同様な状態は、隣接の竹生(たこ)地区でもみられる。特に大きな被害を与え土石流の始まりとなった崩壊には、林道に加えて、山上に造成されたヴィラ小豆島別荘団地進入路からの排水が関係している。

この進入路は、それ自体散々に破壊されただけでなく盛土部の各所で滑落性の崩壊を起こし、土石流の引き金となった。とくに、ヘアピンカーブ部分の崩壊にはじまった土石流は、直接多くの民家や田畑を破壊・埋積しただけでなく、溜池を越流させ、その下流の池田大池を決壊させた。このため池田地区字浜条の中心部では136戸におよぶ床上床下浸水の被害を出し、また多くの電照菊用のビニールハウスが破壊と土砂流入の被害をこうむった。

(7) 石場地区（写真13-10〜12）

池田町石場地区は、1976年災害では早期避難により犠牲者は出さずにすんだものの、背後の山一帯から数回にわたって土石流に襲われ各所で壊滅的被害を受けた。

この地区の山腹崩壊や土石流発生の面積当たりの発生数と規模は、災害後にその跡を一見しただけで明らかなほど、他地域に較べて異常であった。

この付近一帯の山地は、1970年1月に山火事で23日間にわたり山肌を焼かれ、坊主山の状態になったところである。現在も山腹に焼け残った幹だけの樹木があちこちに残っているが、山火事以来すでに8年を経て根が腐蝕しきっており、雨水が浸透しやすい状態になっていたものと思われる。このことが、異常に多くの崩壊を発生させた要因であることは間違いないであろう。

同様の状況は、池田町字水木でもみられた。ここでは、さらに山火事跡の管理のために付設された林道が谷頭を切ったところで盛土部分の崩壊が起こり、それにはじまる土石流が住宅地

写真13-7　山上のヴィラ小豆島別荘地へ通じる道路沿い斜面の切取り盛土地の崩壊地群

写真13-8　ヘアピンカーブ沿いの崩壊 　　写真13-9　道路沿いの法面崩壊

を襲っている。

(8) 福田地区伊豆川流域

　伊豆川流域では、1974年災害に山上のゴルフ場建設地への道路が源流の1次谷を横断する部分から崩壊を生じ、土石流が発達して下流を襲った。しかし1976年災害では、前災で土石流の源となった本流谷頭の崩壊地は谷底の堆積土砂が多少運び出された程度でとどまった。

　1976年災害では、本谷と別の支谷から土石流が出て本谷に入っている。しかしこの土石流は、本谷中流部に位置する福田堰堤でほとんど止まって下流には至らなかった。この地点は1974年災後、池田ほか(1977)が沈砂池を設置するのに最適の場所であり、とりあえず現在の堰堤を沈砂地的に活用すべきであると指摘したところにあたる。この指摘の正しさが、1976年災害

写真 13-10　石場集落地区背後の山地では、異常なほど山腹崩壊と土石流が発生

写真 13-11　土石流は集落を襲い海岸にまで達した

写真 13-12　土石流は集落内の民家を埋め、一方では深い谷を形成した

ではからずも実証されたといえよう。

(9) 福田地区三前川

　福田地区を含む小豆島東北部は、未風化の花崗岩が海岸にせまっており、大坂城築城のための採石をはじめ、昔から採石の盛んなところである。採石の際の残土は普通、谷や斜面に捨てられている。

　1976年の三前川の土石流は、これらの新旧の残石土が運び出されたものである。大坂城築城という400年も前の事業が土石流という災害要因の先行因となったということは、今後の開発を考える上で重要な事例であろう。

（10）岩ケ谷地区

1974年災で崩壊直撃型の土石流を出した渓谷から、1976年に再び同じ型の土石流が出て被害を受けた典型例であることが注目される。

しかし、細かくみると、前災の際に崩壊した場所そのものは後災ではほとんど崩れていない。後災をもたらした崩壊は前災と同じ谷口につながる別の山ひだに生じたものである。したがって、災害の免疫性は成立しなかったが、崩壊の免疫性はここでは存在していた。

4．災害の要因

以上にあげた被災状況例をみながら、災害の要因とそれを形成した先行因の形成史を検討してみよう。

（1）山麓・平地の開発と災害

上記のように、小豆島にはもともと土石流が起きやすい自然条件があり、過去にも同様の災害があったであろうことは想像に難くない。このことは、山麓崖錐や扇状地の発達状況からも読みとれる。また実際に「流れ」「流され山」「水木（水来）」「田井（人家が絶えたことに由来するという）」「石場」などの災害を示すらしい地名や150年前、100年前などの災害の伝承が各所に残っている。特定区域に限られるような災害は近年でも1931（昭和6）年、1971（昭和46）年などに起こっているのである。

しかし、大きな災害の歴史が昔語りとなるにつれ、また社会状況の変化とともに、昔は人が住まなかった内水氾濫常襲地帯や山麓崖錐上などの危険なところにまで、住宅が建てられるようになってきた。

もちろん、たとえば西村地区のように扇状地の扇頂・扇央と、扇端部との土地利用の使い分けが保たれていて、人命の犠牲を最小限におさえることができたところもある。しかし、橘地区や苗羽地区、吉田地区などの場合には無意識的にせよ、意識的にせよ、災害の危険性をある程度無視しなければ生活の場もないという社会的条件がかなり以前から存在している。とくに、崩壊直撃型の土石流に対しては、あまり警戒がなされていなかった。

これに対し、やや大きい本川からの鉄砲水型の土石流・土砂流は、同一場所での反復性があるため、過去の経験を生かすことが比較的容易であったはずである。しかし現実には、最近の土地利用、開発の状況は、両災後を含めて、被災の経験を生かしたものとは必ずしもいえない。

たとえば、橘地区で1974年災害の被災者のために建てられた4～5階建てのコンクリート住宅は、ピロティタイプの構造であったことと、上流の堰堤の働きなどのため、1976年災害の被害をほとんど受けなかったが、実は橘川扇状地扇央のかつては誰も家を建てていなかった位置につくられたものである。

橘地区や福田地区では、両災で土石流の直撃を受けたまったく同じ場所に、再び家を建てている例もみられる。個々の人びとにとっては、そこ以外に家を建てることのできる場所がない

からである。

このような状況の背後には、住民個人や地元自治体の努力の域を越えた、社会的・法制的・政治的な要因が存在することはいうまでもない。

小豆島の開発と災害は、農村の型ではなく、むしろ大都市周辺住宅開発地域の型に近いものとなっているのである。

(2) 山地の開発と災害

いうまでもなく、土石流災害は土石流が人の生活の場を襲うことによって起こる。しかし、その土石流を発生させるものは何であろうか。

小豆島の両災に関しては、花崗岩の深層風化や記録的豪雨といった自然的要因以外に、種々の人為による自然破壊が豪雨に先行して、山地の崩壊を準備する上で重大な役割を果たしたことは明らかである。前記被災状況からみれば、それらは山林の過伐や針葉樹林化であり、山火事とその跡の管理の悪さであり、ゴルフ場や別荘地、道路の設置などがその起因となっている。

とくに注目されるのは、これら山地における人為的要因形成の多くが、地元一般住民ではなく、社会的な力、しかもその一部は島外からの力によってなされているということである。

400年前に三前川域などの災害を準備した大坂城築城のための採石は、まさに島外の権力者の命によるものであった。近年のゴルフ場や別荘地などの大型観光開発も、島外資本による場合が多い。本来、これらの〝開発〟は島の一般住民の生活のために必要不可欠のものではなかった。しかも、その多くが景気の落込みとともに開発途上で放棄され、今では荒れるにまかされている。

地元住民や自治体にとっては、管理に困る、防災上まことに厄介な存在となっているのである。

山林の開発や状態の変化は、所有関係や管理者の移行と密接な関係を持って進行したことは疑いない。

とくに、高度経済成長政策以後の社会状況の変化は、地元民にとっての山林の価値を低下させ、関心の薄い存在とした。そのなかで、山地の管理と防災を実施し、あるいは監視する権利や責任は行政当局のみにあるという状態が、形式的にだけでなく意識の上でも生まれてきた。

山火事跡の管理の悪さ、大型観光開発とその放棄後の放置などの、土石流災害要因の形成は、このような状態で現われてきたものである。

この意味では、山地における具体的な個々の土石流形成の背後にも、その土石流が平地に達した場合の被害の出方の問題と同様、政治・経済などの大きな社会状況の変化が働いている。

5. 災害後の経過と地域の変貌

両災後、小豆島は各地でその姿を大きく変えた。

土石流が出た大小多数の谷々には、もれなく、いくつもの砂防堰堤や治水堰堤が造られ、そ

こを流れる川は拡幅されてコンクリートで固められた。「もう大丈夫」と多くの住民は考えているように思われる。しかしこれでよかったのだろうか。

　橘地区や石場地区などの遠目にも巨大な堰堤は、観光の島・小豆島のイメージには全く不似合な存在である。それらは土石流災害の恐ろしさを子孫に伝える記念碑としては有効であろう。だが、それらすべてが本当に必要なものであろうか。この点で1974年災後に橘地区の二つの0～1次谷に造られた大堰堤が、前述のように、1976年災では防災にも災害の拡大にも影響しなかったことが想起される。砂防堰堤は、むしろ両災で土石流を出さなかった谷に設けられるべきではなかったろうか。

　この点の評価は、いわゆる「免疫性」のとらえ方と大きな関係がある。土石流災害に免疫性がまったくないのならば、小豆島のように自然条件の不利なところでは、1974年災後行政当局者が嘆いたように、まさに「山肌をすべてコンクリートでまいてしまわねばならない」ことになる。

　たしかに「免疫性」の機械的な理解は危険である。山麓土石流災害の免疫性は、山地の土石流発生条件形成の免疫性・輪廻性によって成り立っている。したがって、前記の岩ケ谷の例にもみるとおり、ある支谷の材料物質が崩落し去ってしまっていても、別の支谷のそれが集積したままであるならば、次の豪雨に際しては同じ谷から土石流が出ることがありうる。しかしこのことは、それぞれの支谷での崩落の免疫性・周期性と矛盾しない。言いかえれば、多くの支谷を上流にもつ、ある程度以上大きな川では、土石流災害・鉄砲水災害には繰り返す性格があることを意味する。災害対策も、このことを前提とする必要がある。

　池田ほか（1977）は、この点をも踏まえて、土石流の洗掘・通過区と堆積区との節にあたる場所に沈砂池を設けることが、次の災害に備えるうえで、川幅の拡幅や直線化以上に有効であることを述べた。

　このことは、前述したように、池田らとの考えとは別に偶然そのような位置につくられた堰堤が1976年災害で沈砂池的に有効に働いたことによって実証された。しかし、それ以後の河川改修工事や災害対策工事をみると、残念ながら前記のような提案や経験が生かされているとは思われない。

　山肌の安定を崩し、崩壊の輪廻性を乱して、各地区の災害の免疫性を失わせたものが他ならぬ人為であることについては、多くの人が認めるところであろう。しかし、その「人為」には、たとえば山林の管理や砂防のための道路付設までが含まれる。

　自然に手を加えれば、それが防災のためであっても、必ずそれ自身が災害の型を進化させ、次の新しい型の災害を準備する。このことは古くは寺田寅彦によって指摘されており、近年多くの人びとによって注意されているところである。池田ほか（1977）は、小豆島と同様な花崗岩山地を背後にもつ神戸市や京都修学院地区の例と対比しつつ、この島における災害型の進化を予測した。残念ながら両災害後の状況は、われわれの希望とは逆に、この予測を実現し、一挙に大都市神戸の現在の姿に近づきつつある。

　木村（1977）は、従来の日本の災害対策がいたずらに自然を力でおさえ込もうとするハードな

対策に走り、また著しく巨大化していることを批判し、今後の対策がソフトな面を重視し、かつ分散化・小型化すべきことを主張した。このことは、今後の小豆島の防災にもすべてあてはまる。とくに自然と人間との調和した姿こそが、観光の島としての小豆島の最も大事な資源であることを考えれば、住民に根拠のない安心感を与え、自然を労る心を忘れさせるようなやり方は、避けなければならない。目の前の自然を力で押え込むことはできたとしても、それによって数十年後・百年後の壊滅的な大災害の要因をつくるようなことは、あってはならない。

6. さいごに

　小豆島の土石流災害は、農村で起こったものにはちがいないが、その後の変化を含めてみれば、むしろ神戸や京都などの都市の災害と基本的に共通するものをもった災害であった。

　このことは、はじめに述べたような地形・地質条件に関係し、この島内には土石流災害・水災害に対し安全なところは、今後の宅地化の対象地としてはすでにほとんど残っていないという事情にもよる。このような地域であるからこそ、木村春彦やわれわれが要望しているような災害対策への転換を進めたい。しかし現実は、災害対策が今だに復旧主義で、しかもハードな構造物主義・集中化巨大化主義を捨てていないばかりか、ますます強めている状況であることを指摘せざるをえない。

　同様の事情は、程度の差こそあれ各地で起こりつつある。その意味で、小豆島の災害と、その後の状況は将来の日本の国土計画・防災対策を考える上で、一つのモデルを提供しており、今後とも注目に値するであろう。

〈 **参考文献・資料** 〉

池田　碩・志岐常正(1976):「京都比叡山地の例にみる山地・山麓の開発と災害」、日本の科学者11(11)。
池田　碩・志岐常正・公文富士夫・飯田義正・山田　清(1977):「一九七四年七月の小豆島内海町での土石流災害について」、地球科学31(1)。
公文富士夫・池田　碩・天野　滋・志岐常正・飯田義正(1979):「台風一七号豪雨による小豆島での災害について」、地球科学33(1)。
佐藤武夫・奥田　穣・高橋　裕(1964):『災害論』、勁草書房。
谷　勲(1966):「昭和四九年七月および五一年九月の小豆島連続災害について」、新砂防103号。
矢野勝正(研究代表)(1975)「昭和四九年七月集中豪雨の調査研究総合報告書」昭和49年度文部省科研費特別研究。
奥田節夫(1977):「山林災害—土石流—」、『現代と災害』所収、日本評論社。
香川大学小豆島災害調査研究班(1977):「小豆島災害調査報告」、香川大学。
木村春彦(1977):「災害総論」、『現代と災害』所収、日本評論社。
中島暢太郎(研究代表)(1977):「昭和五一年九月台風一七号による災害の調査研究総合報告書」昭和51年度文部省科研費特別研究。
斎藤　実・西田貞荘・泉山　智(1977):「七六一七号台風による香川県小豆島地区の土砂災害について」、第12回土質工学会研究発表会。

第14章　U.S.A. ソルトレークの市街を襲った融雪洪水／1983年

1. はじめに

アメリカ合衆国西部では、1983年の春から初夏にかけ、ロッキー(Rocky)山脈の異常な融雪に基づく出水によって、各地に洪水や地すべりが発生し、多大な被害がでた。一時は、コロラド川の水位が急上昇し、流路沿いの低地に位置する都市の一部が浸水しはじめ、住民の避難が行なわれた。

筆者が滞在していたユタ州では、ロッキー山脈西縁にあたるワサッチ(Wasatch)山麓に立地する州都ソルトレークの市街地が、未曾有の融雪洪水に見舞われた(**図14-1**、**写真14-1**)。

2. ソルトレーク市

ソルトレーク(Salt lake)市は、1847年にブリガム・ヤング

図14-1　調査地位置図

写真14-1　定高性を示すワサッチ山地と、断層崖下のベーズンに広がる市街地北方より南東方向を望む
写真手前の山地をとりまく丘陵性の地形は、ウイスコンシン氷期に形成されたボンネビル湖岸段丘面。市街に望む部分では、近年この段丘崖および段丘面へと開発がすすんできている。

(Bringham Yang)が東部よりモルモン(Molmon)教徒を率いて、苦難の旅の末に到達したところである。西方には茫漠たる砂漠が広がっているが、東方の標高が3,000～3,600mにおよぶワサッチの山々には積雪が多い。

ヤングの一行は、この雪解け水を利用して山麓の開発を進めようと意を決して、ここに定着し、キャンプから次第に市街を築きあげてきたのである。

現在はドーナツ化現象の進む市部人口が17万で、急増している周辺部も含むカウンティの人口は70万というところである。

モルモン教の聖地としての生いたちをもつため、宗教都市的な雰囲気がただよい、清潔で落ちついた市街地が形成されている。ウィンタースポーツのメッカでもあり、2002年には冬季オリンピックが開催された。

3. 融雪洪水の発生

この地を襲った融雪洪水は、我が国では馴染みの少ないタイプである。しかし、その被害状況と被害拡大の要因とを追求していくと、意外にも、我が国では都市化の進展が著しい地域によくみられる洪水と共通する部分が多いことにも気づく。

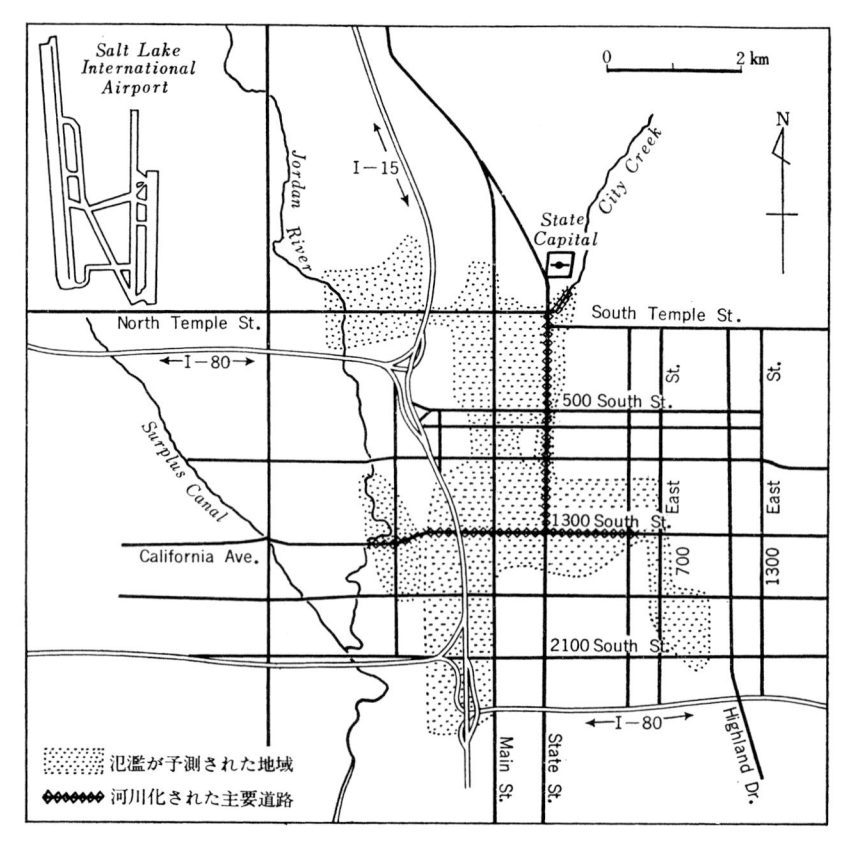

図14-2 ソルトレーク市街地域と融雪洪水による氾濫地域

第14章　U.S.A. ソルトレークの市街を襲った融雪洪水／1983年

写真 14-2　ステートストリート
南北に走る目抜き通り、ステートストリート（図14-2参照）の洪水時（上）と平常時（下）の状況。

　そこで、具体的に洪水の経過をたどり、当時の状況を再現してみることにしよう。

　1983年の降雪は、冬よりむしろ春先に集中したらしく、市街地でも春おそくまで曇天の日が続いた。このため、山麓のスキー場では例年より1ヵ月も長く営業できたと喜んだが、その直後の5月末から6月初めにかけて、一挙に初夏の好天候を迎え、晴天日が続き、白雪に輝く山々からいっせいに雪解け水が流下しだした。このため、北部のシティクリークから流下してきた激流は、市街地に達したところから暗渠（地下河川）化されていた河道が流量のオーバーに耐えられなかったことと、流木などで暗渠の口が塞がれてしまった結果、市内の中心部へ向かって水があふれ出してきた（**図14-2、写真14-2**）。

　そこで市当局は、急拠、市内の目抜き通りの一つで南北に走るステートストリートの両側に大量の土嚢を積み上げて固め、臨時の河川とした。そうして流水を側溝や排水溝の幹線へと導いていったが、これらも次々と許容量をオーバーしたため、この道路河川は延々とのばされていった（**写真14-3〜7**）。

　他方、東方山地からの融雪水の多くは、東西に走る幹線道路の一つ、1300サウスストリー

写真 14-3 ステートストリートの臨時の道路河川上に応急用として架けられた木橋を渡る人々

土嚢作りとその積み上げには、連日連夜、多くのボランティアが動員された。

写真 14-4 目抜き通りの洪水状況

市街が分断され、市民の生活にも大きな支障が生じてきたため、8日後にはとうとう車道橋まで架けられた。

写真 14-5 洪水発生から 10 日後

一種の虚脱感とともに、ビルの谷間を流れる道路河川では魚釣りをする者も現われてきた。この目抜き通りの洪水は 5 月 28 日に始まり、6 月 11 日まで 15 日間にわたって延々と続いた。

写真14-6 ノーステンプルストリート（図14-2参照）
ステートストリートにあふれ出した水が本来流れ込むはずであった暗渠（ノーステンプルストリート）。

写真14-7 道路面を掘り起こし、暗渠の内部の流入物を取り出す作業
スーパーでの買い物カートや自転車などが出てくる（囲みの部分）。

トの地下に構築されていた大型暗渠（ストームドレーン）に導かれていたが、この地下河川も水圧に耐えられず、水がふき上ってきたため、この通りも土嚢で固められ、結局は両道路河川がそれぞれの下流で直結され、最後は低地を流下するヨルダン（Jordan）川へと排水され、さらにグレートソルトレーク（Great Salt lake）へと導かれたのである。

ラジオ・テレビ・新聞は連日、土嚢作りやその積み上げ作業のために、ボランティアの参集を呼びかけた。それに応じて、老若男女を問わず、また昼夜を分かたず、多くの人々が泥まみれで作業を行なった。筆者はそこに、フロンティア精神に富むアメリカ開拓民の末裔の姿を垣間見る気がしたし、またモルモン教的な宗教共同体の強いバックアップが感じられたのである。

写真に示したように、ビルの谷間を流下する人工河川と、さらにその上に架けられた応急の橋を人や車が渡っていく異様な光景に加え、融雪水ゆえに好天日の、しかも昼下りから日暮れにかけて勢いを増して流れてくるのも筆者にはもの珍しく感じられた。このような異状な光景は5月28日に始まり、6月11日までの15日間も続いた。

この洪水の原因は、ソルトレーク市街の中心部を示す図14-2の範囲中にも、最下流部のヨルダン川を除き、地表を流下する河川は皆無であり、市街地の発展過程で河川の撤去や暗渠化が過度に進められていたこと、それに近年山麓付近にまで市街地化が進み、既存の暗渠ではそれらの地域からの排水までを受け入れることができなくなっていたこと、などにあるものと思われる。

4. ユタレーク、グレートソルトレークの湖水位上昇

融雪水は、ヨルダン川上流に位置する淡水湖フレッシュウォーターのユタレーク（Utah lake）からも大量に流下してくる。その急激な流出を押さえるため、流下量が制限された。このためユタレークの湖水位は上昇し、湖岸一帯では農園や牧場が水没し、ユタレーク・ステートパークも管理施設を含めて完全に水没してしまった。

ところで、すべての融雪水の最終到達地はグレートソルトレークである。湖水位は徐々に上昇し、ピークの7月1日には、平常水位を2.2mもオーバーした。この結果、湖岸近くに位置していた塩田や製塩施設が水没し、さらにここでもレークサイド・ステートパークの建造物や遊戯施設が水中から顔をだすという状態となってしまった。

ところが、この湖は排水河川をもたないグレートベーズン中最大の閉塞湖であるため、水位の低下は自然蒸発を待つしかない（図14-3）。このため湖水位が平常値にもどるには今後数年はかかるといわれ、災害を受けた湖岸の諸施設の完全な復旧はいつの日になるか、当時は想像もつかないという状態であった。

とりあえずの対応として、湖の西側の砂漠中のプラヤへ向けて湖水を汲み上げポンプ排水す

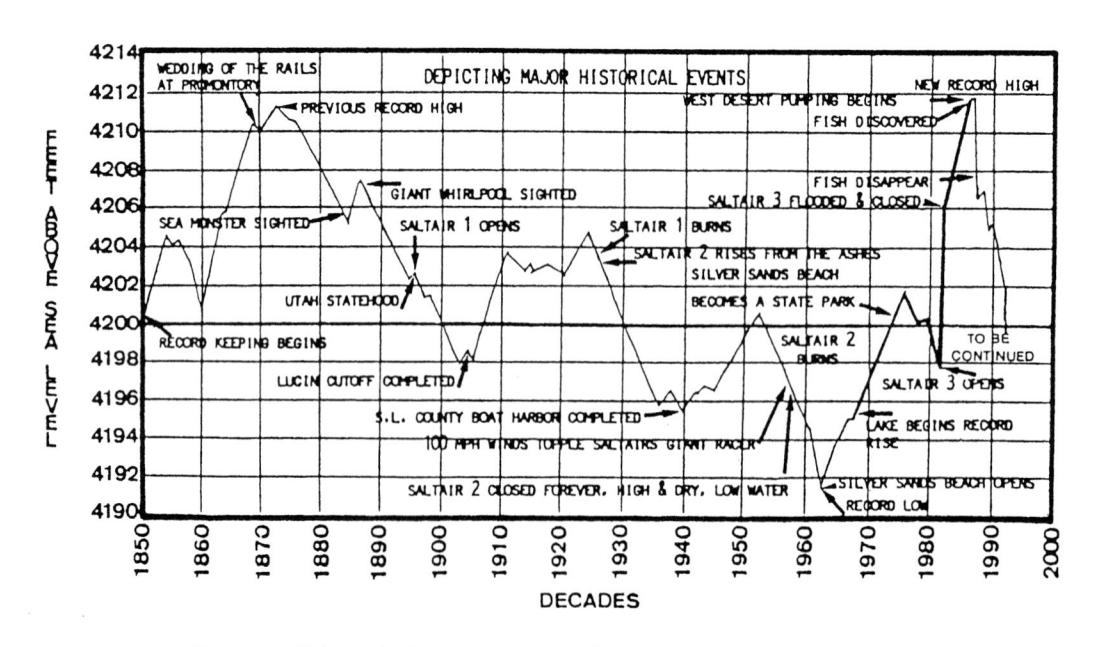

図14-3　過去150年間における閉塞湖グレートソルトレークの水位の変動

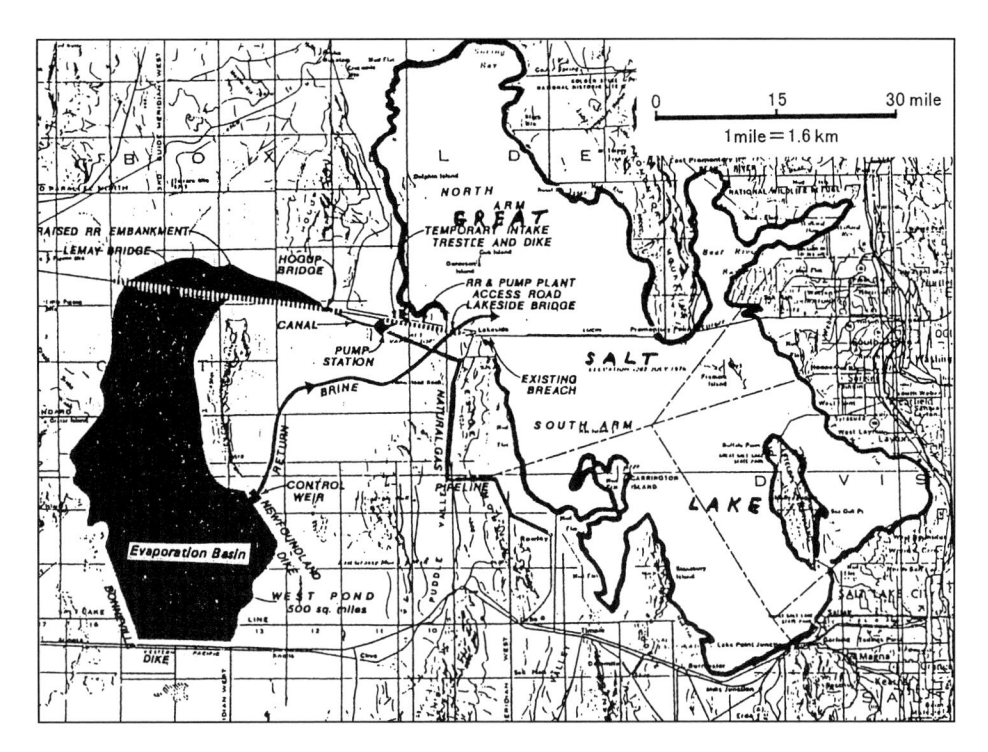

図14-4 洪水排水のために急遽砂漠中に構築された人造湖(Evaporation Basin)

るという奇抜な話が急遽提案され、それが州政府と議会で了承され、ただちに工事に取り掛かり、砂漠中にグレートソルトレークのほぼ4分の1に当たる巨大な人造湖(Evaporation Basin)が工兵隊によって10カ月という速さで構築された(図14-4)。排水は1987年4月から始められ、2年後に湖水位が5フィート(152cm)低下したが排水はさらに1989年6月まで続けられた。

すなわち、この地域の融雪洪水は、市街地を挟んで初期の前半は山麓の上流側から始まり徐々に市街地内部へ達し、後半は湖水位の上昇による洪水が下流側からBack Waterとして市内に達してくるというタイムラグのあるダブルパンチに見舞われたこと。しかもきわめて長期間にわたる水害であった。

〈参考文献・資料〉

池田 碩(1984):「ソルトレークの市街を襲った融雪洪水」、地理 29(6)、巻頭写真7頁と58-62頁。

Bruce, N. Kaliser(1983): Geologic Hazards of 1983. Utah Geological and Mineral Survey, Survey Notes Vol.17, No.2.

Disaster Declaration, Fema-680-DR-Utah(1983): Intergovernmental Hazard Mitigation Report for The State of Utah.

Disaster Declaration, Fema-680-DR-Utah(1983): The Spanish Fork River Slide-Dam and Thistle Flood.

第15章　新潟県南部59豪雪地帯を歩く／1984年

1. はじめに

　1984(昭和59)年1月末には、すでに豪雪のきざしが現われていた。積雪地域からは、鉄道や主要道路のマヒが続々と報じられてきた。2月に入ると、さらに連日の降雪で積雪量も急増し、3年前の56豪雪時の積雪量を各地で突破しだした。この頃になると、おそらく戦後最大の豪雪年をむかえることが予想されはじめた。

　北信越地方の積雪深が最大値に達してきているとの情報を得、2月17日から24日にかけて現地へでかけた。京都を出発、敦賀から日本海沿いに北上、福井・富山・糸魚川・直江津とたどり、ここから内陸部の新井・長岡・十日町・湯沢を経て、脊梁をなす三国山脈を越え、沼田から東京へとたどった。

　なかでも、積雪が著しかった新潟県南部の都市のうち、新井市・長岡市・十日町市に焦点をしぼり、そこでの状況の見聞に努めた。本章では、その後得たデータを加え、筆者の所感を併せて報告したい。

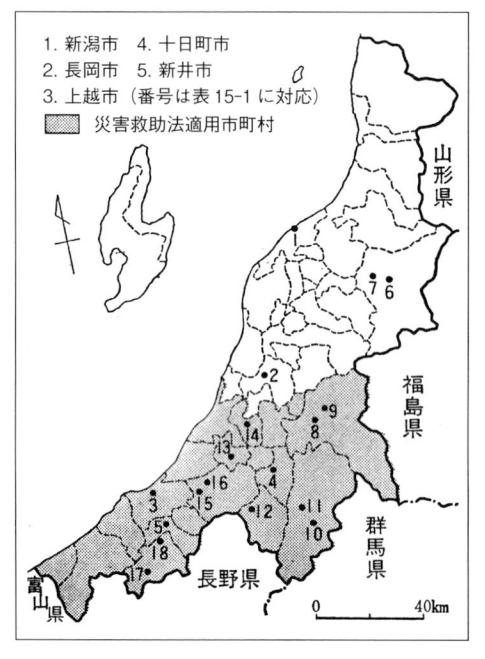

図15-1　59豪雪に伴う新潟県の災害救助法適用市町村(新潟県総務部消防防災課による)

表15-1　新潟県各地の降雪量

市町村名*	観測所名	除雪量の合計** 56豪雪(A)	59豪雪(B)	(B)/(A)
1. 新潟市	新潟地方気象台	202 cm	423 cm	2.09
2. 長岡市	建設省北陸地方建設局長岡国道工事事務所	886	1,025	1.17
3. 上越市	高田測候所	1,066	1,449	1.36
4. 十日町市	農林水産省林業試験場十日町試験地	1,797	1,957	1.09
5. 新井市	新井市公民館	1,226	1,660	1.35
6. 鹿瀬町	鹿瀬町役場	877	882	1.01
7. 三川村	三川村役場	698	916	1.31
8. 小出町	小出防雪サブセンター	2,074	1,971	0.95
9. 守門村	守門村役場	3,090	2,187	0.71
10. 湯沢町	湯沢町役場	1,860	2,386	1.28
11. 塩沢町	塩沢町役場	1,511	2,105	1.39
12. 津南町	津南町役場	2,376	2,500	1.05
13. 高柳町	高柳町役場	1,599	1,829	1.14
14. 小国町	小国町役場	1,406	2,385	1.70
15. 安塚町	安塚町役場小黒駐在室	1,503	1,730	1.15
16. 大島村	大島村役場	1,658	2,023	1.22
17. 妙高高原町	頸南消防署	1,639	2,122	1.29
18. 中郷村	中郷村役場	1,678	2,067	1.23

注) *：番号は図15-1に対応。**：59豪雪は5月10日現在。
(新潟県総務部消防防災課による)

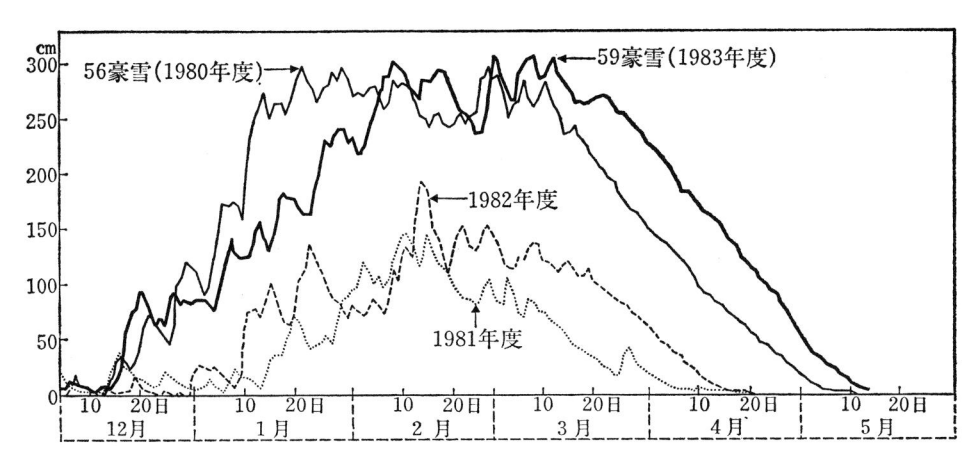

図15-2 新潟県の年度別積雪深の比較
表15-1に示した定時（9時）報告市町村の積雪深の平均（新潟県総務部消防防災課による）

2. 59豪雪の概要

　新潟県総務部消防防災課に設置された豪雪対策本部が5月15日付でまとめた最終データをもとに、59豪雪の特徴をつかんでおこう。

　まず、豪雪による災害救助法適用市町村が、県南部の42市町村におよんだ（**図15-1**）。各地の降雪状況を**表15-1**に示したが、そのなかでも内陸部の市町村に多く、軒なみ積算降雪量が20mを越えており、それらの地域のほとんどが56豪雪年の積雪量をオーバーしている。

　つぎに、県庁所在地の新潟市では、56豪雪の2倍強の積雪だったのに4.23mと意外に少ないのに対し、今回筆者が豪雪地帯の都市の状況をみようと訪ずれた長岡市は10.25m、新井市は16.60m、十日町市は19.57mに達し、訪問都市の選定にかなっていたことがわかる。

　また、県下各地の積雪量の平均的推移を示した1980年からのグラフ（**図15-2**）をみると、年によって降雪量の差が大きいことがわかる。このグラフの中には56豪雪も記入されており、先回の豪雪からわずか3年目にして、再度それを上まわる記録的な豪雪に見舞われたのである。

　今回の雪の降り方と56豪雪時のそれとを比較してみると、最大積雪深時に達するまで、グラフは徐々に斜め上昇となっているのが今回の特徴であろう。この状況は、つねに次から次へと除雪を行なわなければならない悪い状態であり、平常年時の屋根の雪おろし回数が2～3回、56豪雪時が5～6回であったのに対し、この年は7～8回行なわねばならなかったのもこのためであった。

　59豪雪による新潟県下の被害は、死者34名、全半壊家屋11戸、床上・床下浸水家屋123戸であった。また、除雪経費は233億8,499万円に達した。さらに県の各部局や防災関係機関からだされた豪雪による被害金額の総額は569億4,800万円におよんだ。

3. 各地の状況

　当時の状況を報告しよう。敦賀・富山で泊まり、いよいよ新潟県に入り、糸魚川に着く。いったん駅前にでたが、ホームへ降りた時、広い構内の一角で大勢の駅員が除雪作業を行なっていた情景を想い出し、再度構内に戻った。まずは少し落ちついて、主要交通機関である鉄路

写真 15-1　糸魚川駅構内と長岡駅前付近の様子
上：糸魚川駅構内の除雪は列車通過の合間に行なわれる。ホームはわずかに人が通れるだけ。（2月19日）
下：長岡駅前のメインストリート　車道の中央は除雪されているが、路肩はアーケードの高さまで雪が積み上げられている。（2月21日）

の確保にいかに苦労が払われているかを確かめようと思ったからである。陸橋の上から構内全体を見渡したのち、プラットホームへ降り、その先端へ進むと、除雪部分は徐々にせばまり、ただ駅名および当駅前後の駅名を記した表示板のみが、その文字が読めるようにそこだけ前の方まで除雪されていた（**写真 15-1**）。広い構内の線路上では、通過する列車の合い間をぬって10名近くの作業員が数か所にまとまり、雪を集めては流雪溝へと搬出している。完全な除雪作業には、まだ人力に依存するしかないのが現状なのだろう。端の方に停車している貨物列車の中には、雪に埋もれた状態のものもある。

つぎに停車した直江津駅でも、ほぼ同様の情景がくりひろげられていた。2月11日からは、56豪雪以来の雪捨て列車を9両編成で走らせているとのことであった。

直江津から信越本線に乗りかえ、内陸部へと向かう。列車が走りだしてしばらくするうちに、積雪量がぐんぐんと増してきた。平野を走っているのにもかかわらず、車窓は真っ白い雪の壁にさえぎられて、周囲の景観が何も望めなくなった。カマクラの中のような車内で、世界一の豪雪地帯の真っ只中にいままさに到達しつつあることを悟り、異様な緊張感に襲われたものである。

(1) 新井市（写真 15-2、3）

筆者が訪れた2月19日は、時折粉雪の舞う肌寒い日であったが、翌20日は晴天。なんと2月入ってはじめてとのことであった。通勤通学時のようすをみておきたかったので、6時に起床し、外へでる。除雪のブルドーザーはすでに通った後だった。路肩に高々と積み上げられた雪塊が道幅をせばめ、路面へ張り出しているところもあり、車が通過する時などきわめて危険である。

子供達と一緒に学校まで行き、雪に1階部分が埋もれた校舎を抜け、案内してもらった先生と雪をかきわけグラウンドへと上ってはみたが、一面の雪の原で写真の対象になるものは何もない。深雪ですべてのものが遮蔽されてしまっており、まったく使用不能の状態である。久しぶりの好天ということで、10時頃になるとあちこちの家や商店街では、いっせいに屋根の雪おろしと、道路の端に積み上げられている雪の処理がはじまった。

午後、市役所の建設課職員の案内で、各地の雪対策施設や除雪状況をみてまわった。モータリゼーションの進展により、主要道路は豪雪時でも完全除雪が必要とされるようになった。新井市では1962（昭和37）年にはじめて除雪のためのブルドーザーが購入され、1968年には地下水による消雪パイプを敷設、1969年には流雪溝が設置された。それ以前は、雪は春になれば自然に消えていくもの、踏み固められた道はその年の自然融雪をひたすら待つのみで、積雪量に応じて馬の背のようになっていたという。

新井市は地下水の確保にもめぐまれ、その後急速に流雪溝・消雪パイプ網を延長させてきた。しかし、近代的な除雪態勢が導入されはじめてからまだ15年を経たにすぎない。

新井市の市域は扇状地上を占めていたため、自然傾斜を利用して巧みに流雪溝が設置されてきた。現在当市の流雪溝は総延長13キロ、消雪パイプは12キロに達している。しかし、これ

写真 15-2　新井市内での積雪と除雪作業

"やっと晴れた!!" 新井市内の主要道路は地下水を使った消雪パイプやブルドーザーなどによって除雪がすすめられ、通勤・通学ルートはかなり確保されている。だが、家の前に積み上げられた雪の処理や、除雪ネットワークからはずれた脇道の除雪などは、やはり人力が頼り。そして屋根の雪おろしも……。

最近では、ロータリー式に雪を飛ばすピーターと呼ばれる小型の除雪機械もみかけるようになった。(いずれも2月20日)

写真15-3　新井市の除雪態勢
機械除雪の中心はブルドーザーとトラック(上)。流雪溝(左下)は1969年に初めて設置された。現在では、総延長13キロの流雪溝が市民によって自主管理されている。右下はスノーシューターによる流雪溝への排雪。(いずれも2月20日)

らによる市街地内の除雪ネットワークは未だ不十分で、今後も延長が計画されており、技術面・ハードな側面からの対応がはかられている。

一方、流雪溝の利用・効用には、住民全体が一致協力しあうというソフトな側面も大きな課題とされている。つまり、流雪溝の使用時間帯の地区割や、その時間帯での全住民の労力奉仕が必要であること。それを守らねば地区全体の除雪が連続せず、また一時に大量の投棄をしたり時間外に不法投棄を行なえば、下流でつまってしまい、除雪行動の無秩序に原因をもつ浸水被害を起こし住民に大変な迷惑をかけることになる。この冬もすでに若干のトラブルが生じているとのことであった。

こうした経験から新井市では、流雪溝による除雪が軌道にのりだした1977年、市民の手によって「雪捨て条例」を制定、さらに施設も地域住民が自主管理し、行政がこれをバックアップする方式がとられた。

しかし、まだ問題は多い。たとえば、市街地内でも除雪施設のネットワークに入った道路に臨む家はよいが、それからわずかに離れて脇道に入っただけで除雪が及ばず、そこでは昔同様、雪が積もれば道路の方が玄関より徐々に高くなるというアンバランスが生じ、除雪作業の地区による進展の格差に、新たな市民の不満の声がでている。

また、近代化は建造物にも現われ、建物の大型化や高層ビルの出現によって新たな問題を生じてきている。たとえば、昨年オープンした新井総合文化ホールの屋上は、耐雪荷重220〜300センチと計算されていたが、水分を多く含んだ190センチの積雪を除くため、屋上に除雪機7台をクレーンでつりあげ、地上と連絡を取りながら高所から大量の雪を落下させるという事態となってしまった。この場合は周囲の空間が広かったため可能であったものの、市街地内のビルでは困難な作業である。

(2) 長岡市

長岡市は、新潟県第2の都市で人口16万。都市域での人々の豪雪への対応をみようと市街へでる。メインストリートの両側、時折高層のビルもまじる商店街との間には、雁木(がんぎ)にとって代わったモダンなアーケードが続いている。

道路の路面はきれいに除雪され、自動車が頻繁に走行している。そのかたわらではブルドーザーとトラックによる機械除雪が進められているが、それは一部にすぎず、多くのところではまだアーケードの高さまで雪がある。このため、バス停留所の位置が変えられており、土地に不案内の旅行者をとまどわせる。郵便ポストなど低いものはほとんど雪に埋もれている。アーケードから外への出口にあたる部分だけが、いち早く除雪されている。

地下街をもたないこの街では、豪雪時にはアーケードが重要な役割を演じていることがよくわかる。

(3) 十日町市 (写真15-4)

長岡から上越線で越後川口まで行き、飯山線に乗りかえ十日町へ行こうとしたが、積雪のた

第15章　新潟県南部59豪雪地帯を歩く／1984年

写真15-4　十日町市の市街地の除雪
メインストリートの除雪はかなりすすんでいるが、脇道の除雪はどうしても後回しとなる。しかし、やっと順番が回ってきたようだ。
　除雪はまずブルドーザーで少しずつ脇道からメインストリートへ雪を押し出し(上)、道の両側に設置されている流雪溝へ流し込む(中)。最後の仕上げはやはり人力(下)。この雪はやがて信濃川へ。(2月21日)

め不通。やむなく小千谷までバックし、そこからバスに乗りついでたどりつくことができた。

十日町市は人口約5万。この規模以上の都市では十日町が世界一雪の多い市にちがいなかろうと、市役所の職員は語ってくれた。なるほど、データ(**表15-2**)をみると、今年の積雪深の積算値がなんと19.57m。過去65年間の平均根雪期間が125日と、ほぼ1年の3分の1。ところが今年は167日と戦後最高であり、なんと1年の2分の1弱に当たるではないか。

表15-2　十日町市の豪雪気象記録

	昭和20豪雪	56豪雪	59豪雪	平均*
積雪深極日	2月26日	2月28日	3月1日	
	425cm	374cm	363cm	244cm
積雪深の積算値	39,894cm	33,631cm	33,589cm	16,810cm
降雪深の積算値	2,103cm	1,797cm	1,957cm	1,193cm
初雪	11月13日	12月5日	11月25日	11月19日
終雪	4月6日	3月26日	4月8日	4月9日
雪日数	101日	82日	108日	86.5日
根雪の初日	12月7日	12月12日	11月26日	12月14日
根雪の終日	5月12日	5月2日	5月10日	4月17日
根雪の期間	157日	142日	167日	125日

*過去65年間の平均値　　　　　　　　　　　(十日町村建設課による)

市役所前の駐車場を兼ねる広場には、56豪雪後、その教訓を生かそうと起案された克雪都市宣言文の一部とそのシンボルマークを描いた記念塔が、雪の中に埋もれていたのが印象的だった。

ところで、十日町市の除雪態勢は、対策道路総延長214キロのうち、ブルドーザーを中心とする機械除雪が160キロ、消雪パイプによる除雪が51.2キロ、流雪溝はわずかに3.3キロにすぎない。

この市の場合、地下水の確保が困難で、現在の地下水くみあげ量が1日約13万トン、そのうち消雪用水に72,000トンを使用している。しかもボーリング井186本のうち、枯渇して43本が停止状態にあり、今冬は消雪パイプの使用も大幅にダウンしたという。近年の水位の低下も著しく、自然水位の低下が8年間で11mに達しており、動水位も夏と冬との差が60mにも及ぶという。

このような状況のため、除雪には流雪溝の使用が最も安価($1m^2$を除雪するのにかかるコストは、機械除雪188円、消雪パイプ277円に対し、流雪溝は62円＝十日町市建設課による)で効果的であることはわかっているものの、水源確保ができず、56豪雪後計画された流雪溝の延長工事も軌道にのっていない。敷設された流雪溝のうち、3.6キロは水が得られず未使用のままとなっている。

このため、地下水のみにたよらず、地表水の利用も考慮されており、市街地上流側の河川に地下水の涵養を兼ねたダムを設置し、冬季には直接流雪溝にも使用しようという計画が進行中である。

さらに将来は、市街地下流側の信濃川からの揚水も考えたいとのことであった。

4. さいごに

56豪雪の記憶もさめやらぬうちに、再度前回を上まわる豪雪に見舞われた。しかし、豪雪

の規模に比して今冬の混乱は前回ほどではなかったといわれる。その一因には、むしろ当時の被害体験が生かされたことが大きい。また、56豪雪を機に建造物や道路対策が一層強化、たとえば国土庁では積雪寒冷都市モデル街区整備事業が、建設省では流雪溝の面的整備事業が推進されてきていたことなどによる。

表15-3 新井市における流雪緑道の構想

冬の姿と機能	夏の姿と機能
流雪溝	せせらぎ
消雪パイプ	散水路
防雪壁	修景壁
堆雪スペース	ポケット広場 サイクリングロード
陽のあたる公共スペース	木陰のあるテラス

（新井市流雪緑道整備計画調査報告書による）

56豪雪以降、ハード面の技術的対応として、たとえば新井市ではこれまでの対策を一歩進めた夏・冬両用の「流雪緑道」（**表15-3**）の設置が計画され、そのための基本構想が1982年に策定されて、総延長2.2キロ、事業費11億円の予定ですでに一部の工事が始められていた。

一方、十日町市でも1981年3月には流雪溝整備基本計画が策定され、総延長30.2キロ、事業費15億円で工事が開始されていた。

このようなハード面での対策に合わせ、行政や住民側の対応も重視されてきている。

その一例として新井市では、「雪と共存したモデル都市」へと発想の転換がさけばれ、ホワイトピア構想がもちあがっている。すでに今豪雪直前の1983年8月以後、国・県・大学・民間研究機関・地元代表等の参加のもとに数回の研究会が開かれた。

さらに今豪雪中の1月31日～2月2日には、山形市で人と雪と技術をテーマに24カ国2,000人が参加して開催された「雪国の未来を考える国際シンポジウム」に新井市長が招聘された。市長は「雪国の都市構想と克雪手法のシステム」の題で、受け身の対策にとどまらず、雪といかに上手につきあっていくかが雪国の行政マンの腕の見せどころと述べ、地域住民とタイアップした利雪手法の例として、前記「流雪緑道」の計画を紹介している。

十日町市では、今豪雪の経験をふまえて、10月25、26日に、新しい時代の豪雪対策をいかに進めるかをテーマに「全国雪シンポジウム」を開催。克雪利水の確保、克雪対策技術の交流、克雪対策の事業化をいかに進めるかが討議された。

このように、56・59両豪雪の経験をふまえて、克雪にむけての官民一体となった新たな戦術が次々とスタートしている。雪害対策から世界的多雪地帯の風土を、逆に生活や産業の中に有利に繰りこむ、より能動的な対応にせまられてきたわけで、積雪地域の都市の今後の課題もそれだけに大きくなってきたといえよう。

〈参考文献・資料〉

池田　碩（1984）：「59豪雪地帯新潟県南部を歩く」、地理29(12)、巻頭写真4頁と43-49頁。
市川健夫（1980）：『雪国文化誌』、日本放送出版協会。
新潟県社会科教育研究会（1980）：『雪国の風土』。

COLUMN

「潜水橋」と「流れ橋」

　京都府南部の木津川流域には、前近代的とも思えるユニークな河川施設がいくつも存在しており、それらが今もしっかりと息づいている。それらのうちから「潜水橋」と「流れ橋」を紹介しよう。

洪水時に水没する　「潜水橋」は洪水時には水没するように造られた橋で、その状態から沈下橋とか潜水橋ともいう。昔は各地にたくさんあったが、今では存在していること自体がめずらしい。木津川では上流部の南山城村大河原地区の大河原橋は、長さ約90m・幅3.6mの巨大な花崗岩の切り石を組み合わせて造られた、典型的な潜水橋がある。その左岸側に恋志谷神社が鎮座していることから、通称「恋路橋」と呼ばれ、若者のカップルたちが訪れる人気スポットとなっている。神社の境内に石碑があり、この橋は明治35年に計画されたが日露戦争のために遅れ、大正13年に着工、そして太平洋戦争を経て昭和20年に完成したことが記載されている。

　これより下流の笠置町にも「有市橋」という名の潜水橋が存在する。しかしこの橋は洪水時に水没するのは同じだが、橋自体は丈夫な鉄筋コンクリート製で、小型の自動車も渡れるように造られており、若干モダンなタイプである。

増水時には流れる　次に、「流れ橋」を紹介しよう。木津川下流の城陽市と八幡市間

笠置町の「有市橋」
鉄筋コンクリート製の潜水橋。

南山城村の大河原橋
水没しても流れないように大きな花崗岩の切り石を組み合わせた床材と欄干のないのが特徴。

を結ぶ橋で、正式には府道八幡城陽線「上津屋（こうづや）橋」という。長さ356ｍの木製の歩行者専用橋で、洪水時に水位が上昇すると、文字どおり橋桁と橋面が「流れる」のであるが、一端がワイヤーで橋脚に固定されており、下流まで流されてなくなってしまわないように工夫されている。

　また、水に浮き流れることによって、流木やゴミが引っかかっても、洪水の流れを塞ぎ止めたりしないようにもなっているのであるが、そのために、橋には手すりとなる高欄が設置されていないので、渡るときにはちょっとスリルがある。さらにこの橋は周辺ののどかな景観をバックに、時代劇映画やテレビの撮影のための大事なスポットとなっている。

　1953年に設置されたが、以来19回流出した。平成24（2012）年9月の大雨でも流れたが、ワイヤロープで連結された橋板は回収され、7カ月後に復旧し、ゴールデンウィークに間に合わせて4月27日に再開した。写真は直後の5月3日に撮影したものである。

　戦後の高度経済成長期の象徴でもある、コンクリート全盛時代を経てきた現在からみると、このような前近代的な橋梁が今なお息づいていること自体が不思議である。しかし「潜水橋」や「流れ橋」は、この地域の住民達にとっては今も貴重な交通路の役を果たしている。

　我々人間は自然の中に生かされている生物であることを忘れがちだが、両施設共に洪水にかかわる遺産であり、洪水に抗して、また時には逆らわないことにより永らえてきた。もちろん、増水時には渡ることはできないのであるが、自然の猛威を前に「ちょっと辛抱する」ことの重要さを教えてくれている大事な存在である。

平成23年9月台風で被害を受けた城陽市―八幡市間の「上津屋橋」
水没したら流れてもよいように水に浮く板床がワイヤーロープで結ばれているのが特徴。

今回は7カ月で復旧し、4月27日に再開した。

第16章　京都府南山城豪雨災害／1986年

1. はじめに

1986（昭和61）年7月20〜21日にかけて、京都府の南部一帯では、梅雨末期の集中豪雨を受け、洪水や山腹崩壊、土石流が発生、大きな被害を蒙むった。

当時の状況を報告して、今後の研究の基礎的資料としたい。

なお、この一帯は戦後最大の被害を出した1953（昭和28）年の被災域ともオーバーラップする地域である。だが降雨量・被害共に今災の方が少ない。しかしながら、この地域における豪雨時の特徴を示すタイプの被災状況を呈しているため、両災の若干の比較をおこない、将来の災害発生の予測や防災についても考えてみたい。

2. 気象と調査地域の概観

当時の気象状況は、梅雨末期の低気圧にともなう前線が、近畿中央部に停滞していた。このため20日午後から各地で雷雨が発生した。特に20日の夜半22時頃から21日の8時頃にかけて前線の活動が活発となり、京都府の南部では局地的な豪雨に襲われた。

笠置町切山では2時からの1時間に45mm、田辺町では同53mm、長岡京市では4時からの1時間に62mmを記録した。

京都府気象台では、京都府の南部に、
　21日0時20分　大雨洪水雷雨注意報
　　 1時25分　大雨洪水警報・雷雨注意報
　　 3時15分　大雨情報第1号
　　 4時15分　記録的短時間大雨情報第1号

と矢つぎばやに異常事態への警報を発令し、関係機関へも伝達されたが、すでにその頃には、後述するごとく各地で被害が出始めていた。

降雨量は、明け方までに笠置町で250mmに達した（図16-1参照）。

21日の日中は小康状態となったものの、不安定な状態はその後も続き、夕方から再度前線の活動が強まり、各地で雷雨が発生しはじめ、京都府南部は強雨域に入った。朝方の豪雨による河川の増水や、地盤のゆるみと重なって、被災地域を拡大させたり、有市地区で若干発生した土石流のように新たな被害を加えることになったが、幸いこの間の総雨量は120mm程度であり、朝方の雨量の2分の1程度にとどまったため、大きな被害は生じていない。

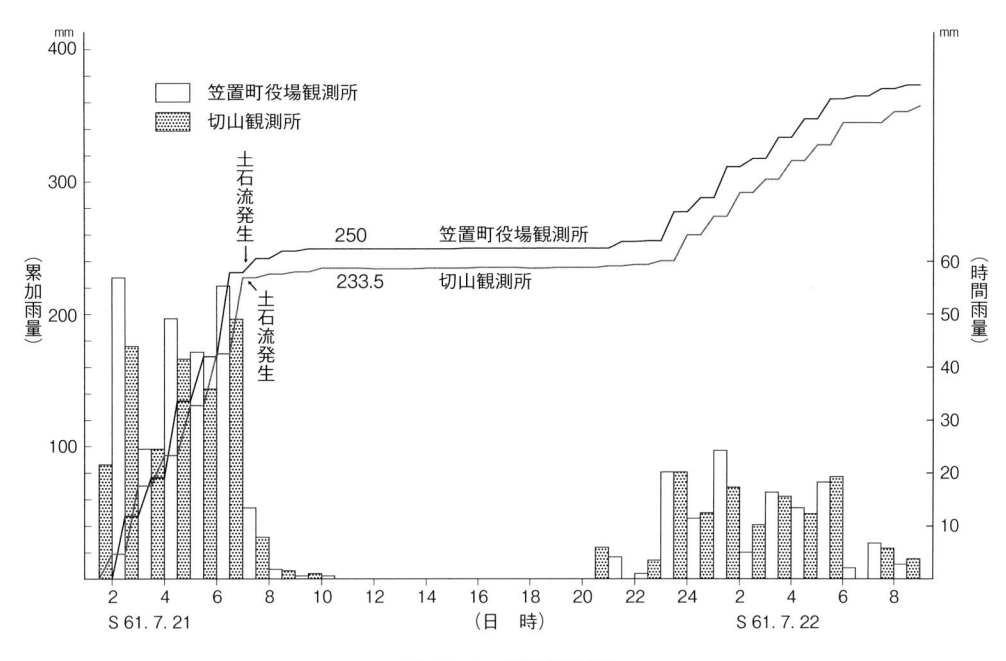

第16章 京都府南山城豪雨災害／1986年

図16-1 降雨状況図

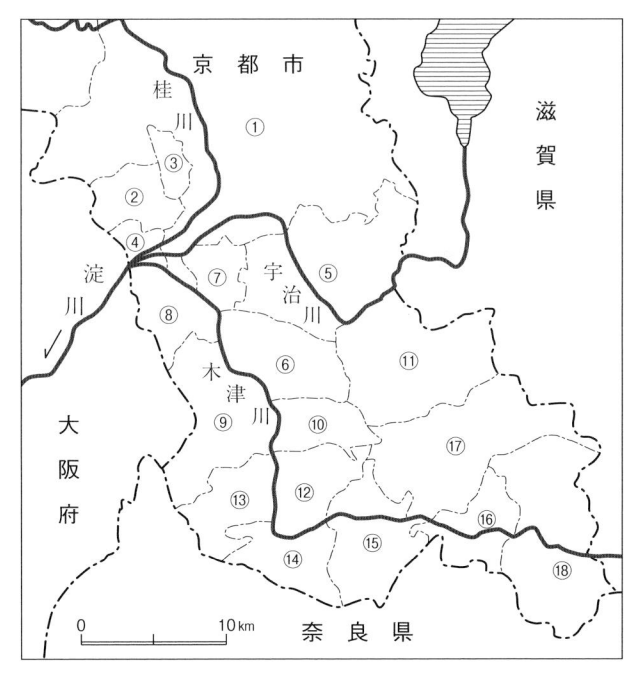

図16-2 昭和61年南山城水害状況および被害市町村（京都府の記録より）

市町名	死者(人)	全半壊(戸)	床上浸水(戸)	田畑埋没冠水(ha)
① 京都市			271	2.3
② 向日市			13	30.0
③ 長岡京市			56	25.0
④ 大山崎町			68	5.0
⑤ 宇治市			639	146.0
⑥ 城陽市			533	99.7
⑦ 久御山町			7	221.6
⑧ 八幡市			612	130.1
⑨ 田辺町			112	193.3
⑩ 井出町			30	30.4
⑪ 宇治田原町		1	20	7.1
⑫ 山城町			8	69.7
⑬ 精華町			12	23.0
⑭ 木津町			7	36.1
⑮ 加茂町		1	26	35.9
⑯ 笠置町		15	38	4.6
⑰ 和束町		7	68	55.2
⑱ 南山城町	1		19	38.1
計	1	24	2,539	1,153.1

　上記のように、今回の降雨は2期に分かれて降っているが、主な被災は早朝の降雨によって発生している。このため、土石流や被害発生と降雨量とのかかわりなどを見る場合や、1953年災時の状況と比較する場合には、このことに留意しておかねばならない。

　今災の被害地域と被災の内容は、**図16-2**に示したが、大きくは京都市の南部から木津川下

流域の低地域では洪水氾濫が広がり、木津川中流域の南山城地方では、各地で山腹崩壊や土石流が発生して、人家を押し流し、道路が寸断、河川の決壊が生じた。

　このうち、今回は南山城地方に多発した山腹崩壊と土石流災害を中心に報告する。

　さて、南山城地方は、海抜400～600m程の鷲峰山山塊とほぼ同高度の大和高原との鞍部を、東方から流下してくる木津川とその支流が横断する地域にあたる。

　行政的には、京都府の最南端で、木津川をはさんで相楽郡の山城町、木津町、和束町、加茂町、笠置町、南山城村とその北部に位置する綴喜郡の井手町、宇治田原町をふくむ。

　このうち、今回の集中豪雨による主たる山腹崩壊と土石流の発生地と被災地域は、和束町と笠置町および隣接する加茂町、南山城村であるため、これらの地域の状況について後述する。

3. 山腹崩壊・土石流被災地域の実態

　山腹崩壊、土石流には、人家へ大きな被害をおよぼす場合と、その下位、下流に家屋がなく民家への直接的な被害を出さない場合とがある。今災でも両タイプの現象が混在しているものの、京都府の記録（**図16-2**付表）を見ると、笠置町では全半壊家屋が15戸、床上・床下浸水家屋38戸、また、和束町では全半壊家屋7戸、床上・床下浸水家屋68戸と南山城地方でも、この両町の被害が最も大きかったことを示している。しかも、全半壊家屋の全てが土石流の発生に起因するものであり、土石流の発生も両町を中心に多発したことがわかる。

　そこで、これらの地域で発生した山腹崩壊および土石流と、それに伴う被災状況の主な事例について記載しておく。

(1) 和束町木屋地区の土石流

　図16-3に示したように、木津川の右岸のまさに山脚下に沿うように位置している木屋集落では、背後の花崗岩からなる山地から流下してくる谷に、ことごとく土石流が発生。それが直下の民家に襲いかかったため、35戸中29戸が被災するという、今災で最大の被災地域となった（**写真16-3・4**参照）。

　集落東方の立花谷川では、この地区の簡易水源浄水施設をも全壊させてしまった。

　そのうえ、木津川に沿って国道163号線が並走しており、集落内を抜けてきた土石流が道路を横断し、木津川へと落下したため、約1.5km間に大きな路面決壊だけでも4カ所を生じた。片側通行ができるまでに8日間を要している。

　この時住民は、午前4時すぎ、あまりの雨音に危険を感じた区長の石本為右衛門氏(65才)からの役場への連絡と、町当局の判断で、すでに発生しだしていた土石流の合間を見はからって避難をおこなったため、これだけの被害を蒙ったにもかかわらず犠牲者を出さなかったことは幸いであった。避難直後に規模の大きい土石流が発生し、避難路も寸断されたからである。このことを考えると、まさに危機一髪の状況にあったといえよう。なお、この地区には1983(昭和58)年にも土石流が発生しており、その時50名が避難した経験をもっていた。

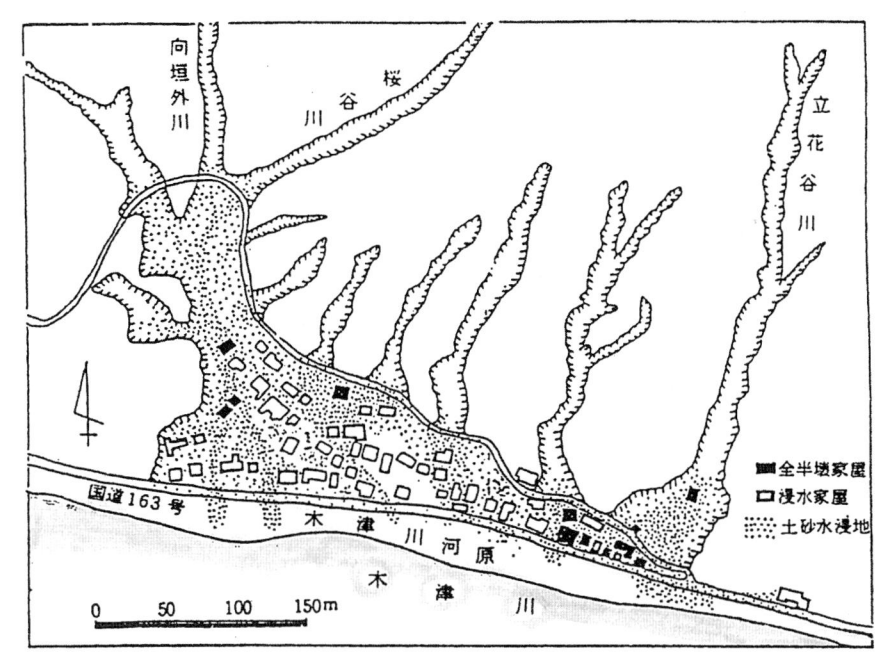

第 16 章　京都府南山城豪雨災害／1986 年

図 16-3　和束町木屋地区土石流被災状況図（池田　碩作図）

写真 16-1　木津川左岸の山腹斜面①
斜面下に関西線があり、崩壊、土石流で被害を受けた。土石は木津川まで押し出した。

写真 16-2　木津川左岸の山腹斜面②
崩壊が発生している山腹斜面は小谷や凹地になっている。

写真 16-3　立花谷川の下流
写真の中央部に民家があったが、土石流の直撃を受けて木津川へ押し流された。

写真 16-4　木屋地区の集落中央部
小規模の谷からの土石流でも、直撃を受けると被害は大きい。乗用車が押し潰されている。

　木津川をはさんで対岸を走る関西線では、笠置から加茂にかけての約15kmの間で42カ所も被害が生じ、線路が木津川へと押し出されたところも多く、復旧に手間どり、開通したのは、40日後の9月1日であった。

(2) 和束町治留見地区茶畑の山腹崩壊

　今災の目立つ特徴の一つに茶畑の崩壊がある。**写真16-5〜16-7**はそれらの状況を示したものである。茶は京都府南部地方において特産品として広く栽培しており、近年、機械刈りが導入されて作付け面積は増加している。山地の傾斜地の森林を伐採し、茶畑の造成が行われているが、ごく浅い表層部に崩壊面を形成し、茶の木を上載したまま崩れている。ここでは、崩壊面積が最も広い治留見地区に発生した事例について記述する（**写真16-5**参照）。

　茶畑は**写真16-5**に見られるように、山腹のやや緩傾斜に開墾した場所である。崩壊規模

写真 16-5　和束町治留見地区の崩壊した茶畑
崩壊深は浅いことがわかる。

写真 16-6　和束町西方部の茶畑造成地
道路から崩壊している。

写真 16-7　和束町西方部の茶畑造成地
小谷毎に崩壊が発生している。

は、斜面の長さ約150m、幅約80m、崩壊深0.8〜2.0mである。崩壊源部における観察によると、茶の木は8年生で、地上部は約80cmに刈り込まれ、根系部は深さ約20cmまで根張りがあり、その形状は緩斜面を布状に配列している。崩壊源部には基岩が見られ、変成を受けた泥質・シルト質岩、チャートが分布している。この地域は古生層と花崗岩のコンタクト帯なので、岩石は一般的に脆弱化している。しかし、この茶畑の崩壊は、開墾の際に表層部を整地のための土木工事で造成した深さと斜面の傾斜変換線が条件になっていると考える。崩壊発生は21日の朝5時から6時にかけて、斜面下位より崩れ始め、上位と進行していったことが、茶畑所有者の荒木政一氏によって認められている。

写真16-8 町営奥田団地を直撃した土石流
打滝川の谷底低地に位置する団地を、右岸側から流下する水晶谷(写真の中央下部の谷)に発生した土石流が、民家3戸を全壊した。

(3) 笠置町奥田団地の土石流

府道山添・笠置線に沿う、打滝川右岸の谷底低地がやや広がった地域に建てられた町営の奥田団地(**写真16-8**)では、右岸側支流水晶谷から堰堤を乗り越えてきた土石流の直撃を受け、民家3戸が破壊した。

住民は、雨足の凄さと谷川の土の匂いで危険を感じ、すでに避難していたため助かっている。この早めの避難には、1970(昭和50)年8月の土石流の結果、犠牲者1名を出したことが大きな教訓となっている。

さらに、この川の上流域の右岸側支流の滝の下川には、町営の簡易水道の浄水および貯水施設が構築されていたが、土石流の直撃により施設は破壊された。

この周辺の地質は、風化の進んだ花崗岩からなる地域である。

写真 16-9　崩壊地の上部に残った不安定土塊
高圧鉄塔が立っていて危険な状態（笠置町）。

(4) 笠置山周辺の土石流

　笠置山山上公園に向かう自動車道付近から生じた崩壊と土石流による被害も大きかった（**写真 16-9**）。そのうち、北側へ崩壊・落下して関西線の線路上を横断し、笠置旅館の裏側に被害をあたえた土石流があった。

　さらに、西側へ崩壊・落下して府道山添・笠置線に沿う商店街へと達し、町内のメインストリートを土砂で埋めた堂の谷川の土石流があり、両者が大きな被害を出した。この崩壊の発生源は風化した花崗岩の山腹に敷設された舗装道路を伝ってきた流水が、道路が谷を横断するところに集水する位置であった。この地点からの崩壊が、山麓にまで達する谷底洗掘型の土石流の引き金となった。

(5) 木津川左岸の山腹崩壊

　関西線笠置駅の西約 200 m 地点に、かなり大規模の山腹斜面崩壊が発生した（**写真 16-1** 参照）。規模は、斜面長約 100 m、幅約 80 m、崩壊深 7～8 m で、各地に発生した斜面崩壊の中ではこれが最も大きい。このタイプと類似の崩壊として、1972（昭和 47）年 7 月に発生した高知県のいわゆる「繁藤崩壊」がある。

　崩壊源部の観察によると、表層の風化岩、湧水場所の状態が似ている。特に地形に関して、両地区とも鉄道、河川が全く同じ条件で存在し、斜面脚部の地形改変など詳しい検討を要する。同時に崩壊を誘発した地下水について、降雨と湧水の対応関係を調べてみることが重要である。

表16-1　1986(昭和61)年災時と1953(昭和28)年災時の降雨量の比較

1986(昭和61)年災時の降雨量(mm)

	笠置町役場	笠置町切山	和束町役場
(前半)	250	233	211
(後半)	120	122	102
計	370	355	313

1953(昭和28)年災時の降雨量(mm)

田辺	和束町湯船
158	428

表16-2　1986(昭和61)年災時と1953(昭和28)年災時の最大降雨量の比較

1986(昭和61)年災時の1時間最大雨量(mm)

笠置町役場	笠置町切山	和束町役場
58	50	53

1953(昭和28)年災時の1時間最大雨量(mm)

田辺	和束町湯船
54	80

1986(昭和61)年災時の3時間最大雨量(mm)

笠置町役場	笠置町切山	和束町役場
150	130	120

1953(昭和28)年災時の3時間最大雨量(mm)

田辺	和束村和束	和束村湯船
114	150	200

4．南山城地域の災害の特徴

(1) 地域性

　木津川をはさむ両岸の山地には、主として風化の進んだ花崗岩類や領家変成岩からなる地域がひろがっている。
　このため、多量の降雨があると、山腹の風化層へと雨水が浸透していき、含水量が飽和状態に達し、斜面崩壊を発生する素因がある。
　このような状況で発生した斜面崩壊、土石流の典型的な例が、1953(昭和28)年の集中豪雨であった。山地では、あたかも米粒をばらまいたごとく崩壊地が分布し、それらが集中する谷毎に土石流が発生した。
　今災では、1953年災時に比べると、山腹崩壊、土石流共に少なかったが、局地的には1953年災時とほぼ同様な状況を呈した。
　また、両災の間には1959(昭和34)年、1962(同37)年、1975(同50)年、1983(同58)年と被害が続発し、犠牲者を出している。
　このように南山城地方は、降雨量が多くなれば、山腹崩壊や土石流を発生させる地形および地質環境下にあるといえる。

(2) 降雨量

　では、記憶の生々しい今災時と近年では最大の被害を生じた1953年災時との降雨量を比較してみる。
　表16-1を見ると、1953年災時の特に山間部(和束町)では、今災時の降雨量をはるかに上ま

わっていたことがわかる。

なお、今災時の場合は前記した主な被災地が前半の降雨時に発生していることを考えると、1953年災時は2倍ほどの降雨があったわけで、仮に今回も同量の降雨があったとすれば、今回発生した被災状況から推して考えてみても、1953年災時同様の山腹崩壊や土石流が発生したであろうことは間違いない。

さて、降雨量が1953年災時の2分の1位であっても、今災のように局地的には同質の状況を呈した点から考えると、降雨の総量だけでなく、降雨の集中度にも深い関係があることが想起される。

そこで、**表16-2**に1時間と3時間の最大雨量について比較してみた。

以上の結果から考えてみると、1時間当たり40～50mm程度の降雨が3時間ほど降り続き、120～150mmに積算されてくると、山腹崩壊や土石流が発生しだすことが分かる。積算雨量がこれを上まわるに従い、1953年災時のように著しく多発するものと想定される。この南山城地方における算定は、住民の避難誘導の際に一つの目安になると考えられる。

(3) 土地利用の状況

前記したことは、山地の植生や周辺の土地利用状態が同じと考えた場合の比較である。実際には、1953年災時と1986年災時では、山林の施業状態、主要な谷の砂防堰堤などの防災施設に大幅な変化があり、土砂流出に対する効果が異なる。このことは、降雨による山腹崩壊、土石流そして災害の発生にも影響しているとみなすべきである。

一方、今回の被災地域を見ていくと、奥田団地のように1953年災時以降に土地条件の悪い地域に建設された住宅団地があるし、近年、山腹斜面に拡張造成された茶畑があるが、これらは、あきらかに災害には弱い状況を造りだしている。

また、谷に堰堤が入れられても、それで安全と考えるのは危険である。今災でも、特に被害の大きかった奥田団地や木屋集落を襲った土石流は堰堤を越流してきているし、中には堰堤を破壊し、押し流した程の土石流のあったことは、今後の防災対策に活かされなければならない。

5. 予測と防災

南山城地方では、集中豪雨(南山城地方の場合、1時間雨量40～50mmが3時間程継続して降り、連続雨量で120～150mmに達するような降雨)に見舞われれば、山腹崩壊や土石流が発生することは、地形・地質の状況とこれまでの被災経過からみても間違いないといえる。1953(昭和28)年災とそれ以降の災害履歴によっても、ほとんどの小谷に土石流が発生している。

このような自然の立地条件を改変することはほとんど不可能なことであるから、防災対策の基本条件として認識すべきである。

防災対策上の問題として、これまでの知見から考察すると次のような点が指摘される。

(1) 南山城地方の低地の地形は、谷地形の形状や発達が、豪雨による山腹崩壊・土石流に

(2) 谷に堰堤を構築することは、土石流に対する機能的効果と限界を見極めて実施すればその目的を果たす。大切な点は、堰堤の計画的な保守管理と、住民が安全性を過大評価することに留意すること。

(3) 土石流の流路を予測して中・下流の河川改修を実施しておくこと。集落の中には古い土石流と関連した位置に立地しているので、その周囲の保護と計画的な移転・移設を計ること。

(4) 土地利用、土地条件、災害史の調査などを行ない、土地利用と災害防止とが計画段階で検討できる、役立つ基礎資料を整えておくこと。

(5) 災害に備えて連絡(通信)手段を整備し、避難場所やルートを確定し、異常な状況下でも余裕をもって利用できるように慣れておくこと。

以上ハードな面、ソフトな面について記述したが、今災においても、最も危険な状態におかれた木屋集落や奥田団地の事例から、土石流の直撃を受ける直前に避難していたことが犠牲者を出さなかったことに結びついた点を教訓としたい。

〈 参考文献・資料 〉

池田　碩(1983):「南山城水害誌」、京都府綴喜郡井手町、昭和58年。
池田　碩(2003):「南山城水害から50年、特別展・水とのたたかい」、京都府立山城郷土資料館。
近畿地区各大学連合会水害科学調査団(1954):「南山城の水害」、昭和29年。
谷　勲(1975):「山地の荒廃と土砂の生産・流出 ── 有田川流域、南山城地域の災害」、新砂防 No.96、昭和50年。
中川　鮮・奥西一夫(1977):「高知県繁藤地区の大規模崩壊について ── 崩壊地の地盤構造の特徴」、京都大学防災研究所年報第20号B-1、昭和52年4月。
京都府土木建築部(1986):「豪雨のつめあと ── 昭和61年7月20日〜22日」、相楽管内土石流災害。
京都府災害復旧対策連絡会議(1986):「7月20日から22日にかけての梅雨前線による大雨被害の確定について」、昭和61年。
京都地方気象台(1986):「昭和61年7月20日から22日にかけての京都府南部地方の梅雨前線による大雨」

COLUMN

高水工法から総合治水へ

　近年の災害事例をふまえて、2000年に設置された河川審議会は、洪水を堤防やダムなどハードな施設、つまり力でおさえこむのではなく、むしろ河流を分散させたり、遊水地に適当に溢れさせるなど先人の知恵も取り入れ、流域全体として総合治水を図るようにという答申を出すに至り、各地の治水に対する考え方は大転換を迫られることになった。

　すなわち、洪水を一滴も河道から溢れさせないようにしながら一刻も早く海へ流出させてしまおうとする堤防による「高水工法」から、治山対策と地域住民主体の土地利用計画で、流域の保水力を向上させる「総合治水」へ転換することにより、洪水量を減らすこともでき、堤防の高さも少しは下げて安全性を高めようとする工法である。

　災害は減じてきてはいるが、近年でも1999年には博多と東京で、2000年には名古屋の都市郊外で大きな水害を発生させている。その原因は、この50年間を含む近年の開発や都市化が、かつての遊水地や水害常襲地域内におよび、そこを流れる河川の流量を圧迫してきているためである。しかも新しい居住者は、その地の災害履歴を知らない人が多いため、対応できずに被害を一層大きくし、被災後の処置も複雑にしている。

　1999(平成11)年のJR新幹線博多駅周辺を襲った福岡災害では、6月29日明け方に1時間雨量77mmという集中豪雨に見舞われた結果、御笠川が増水し流量が河道断面を越えてしまったため、堤防は決壊しないのに溢流し周辺市街地域が1m近く冠水した。洪水流は地下鉄構内や地下街にも流入、逃げ遅れた1名が死亡。家屋や事業所など2,270戸が浸水するという、都市型水害の新しい一面を現した。

　2000(平成12)年の東海豪雨では、9月11・12日にかけて台風14号の影響で秋雨前線が活発となり、1時間雨量97mm・2日間の積算雨量567mmは、年間降水量の3分の1という予測をはるかに超えた集中豪雨に襲われた。このため名古屋北部を流下する新川の堤防が100mにわたって決壊した。しかもその地域が、近年郊外の低地に急速に都市化が進んだ地域であったため、道路・地下鉄・電気・ガス・水道などのライフラインが水没、長期間にわたって使用不能となり被害を大きくし、一時都市機能が麻痺してしまった。これはかつての低湿地への都市拡大が、集中豪雨発生時には守り切れないことを示した。

　総合治水は河川改修と流域の開発を無限に繰り返す開発政策を再検討し、人間と自然や環境を大事にし流域の乱開発を防ぐ地域づくりに転換しようとするものである。

　災害発生時には、さからわずに逃げることが大切である。もし災害に襲われたら、どのようになるのか、どこへ避難するのか、そこへ真夜中でも安全にたどりつくにはどの経路をたどればよいのか、ぜひ各戸配布されているハザードマップ・防災地図などの地図上で確認しておいてほしい。水害は山間部や低地を問わずこれからも発生すると考えて対応すべきである。

第17章　京都府南部を襲ったゲリラ豪雨災害／2012年

1. はじめに

2012(平成24)年8月13〜14日にかけて、お盆の最中に京都府の南部——南山城地方——ではゲリラ的な集中豪雨に襲われた。被害は、この地域では戦後最大であった1953(昭和28)年の大水害に次ぐ状況となり、各地点における被害の規模や内容も多様であった。

しかしながらゲリラ的に多発した各地の被害やそれぞれの内容を調査し整理してみると、結果としてはごく普通の被害の集積であり、特別なものではなかった。積算雨量が332mmと多く豪雨であったとはいえ、この地域の南部では1986(昭和61)年に笠置で370mm、1953(昭和28)年に和束で428mmに達した記録がある。そうするとこの程度の雨量はこれからも当然発生すると予測し、対応を考えておかねばならない。

では、今回の「豪雨災害」をどう捉え、対応と対策を考えるべきか、そのために被害の実態と特徴を整理し記録しておくことにする。

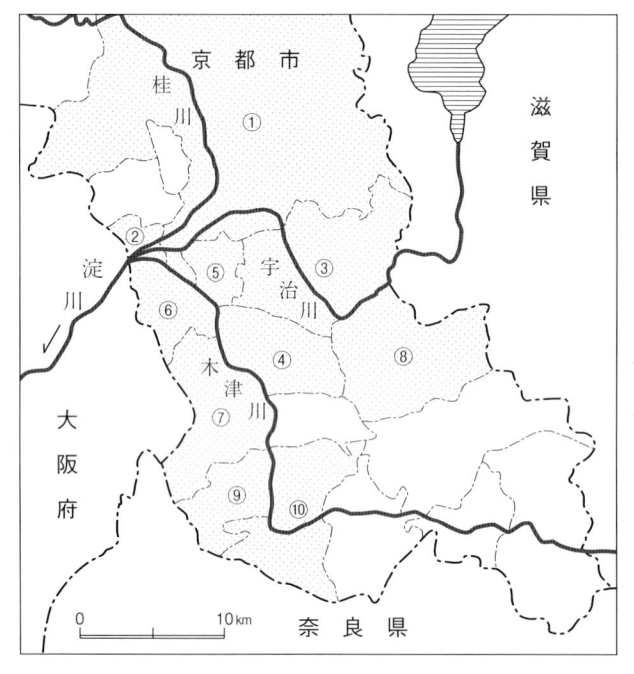

市町名	死者(人)	全半壊(戸)	床上浸水(戸)	床下浸水(戸)
① 京都市			2	52
② 大山崎町			9	15
③ 宇治市	2	32	591	1,439
④ 城陽市			46	515
⑤ 久御山町				10
⑥ 八幡町			28	280
⑦ 京田辺市			1	3
⑧ 宇治田原町		1		
⑨ 精華町			15	53
⑩ 木津川市				17
	2	33	692	2,384

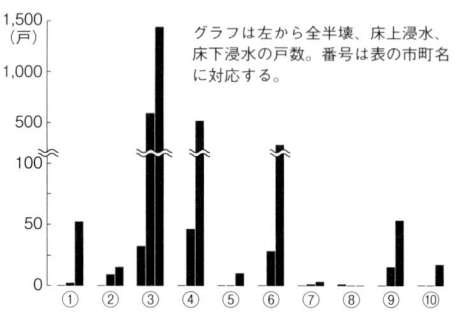

図17-1　被害地(南山城地域)の市・町および被害の実数(上位10位まで抜粋。京都府の記録より)

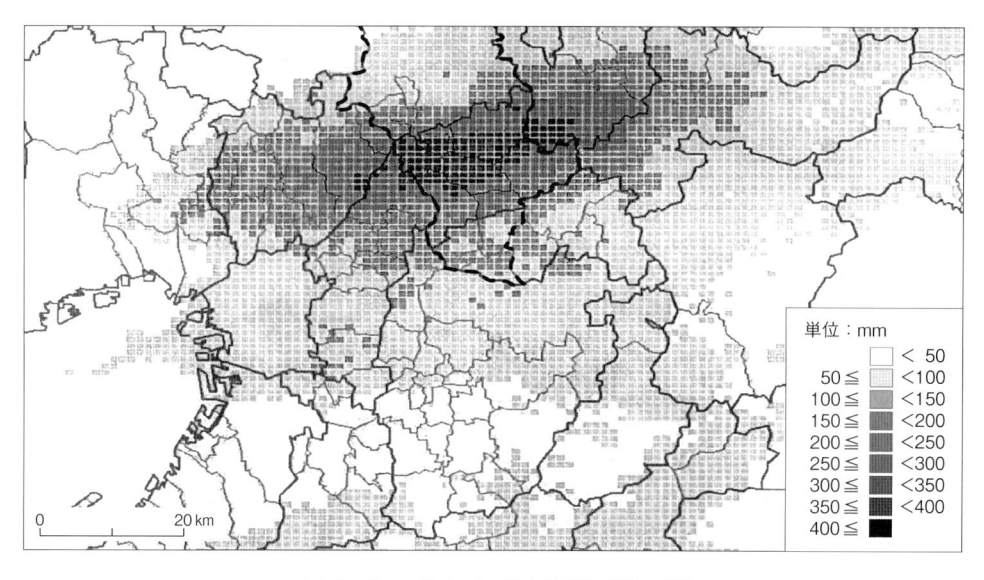

図 17-2　8月14日9時の解析積算雨量
（⌜ ⌝ は図 17-1 の被害地域）

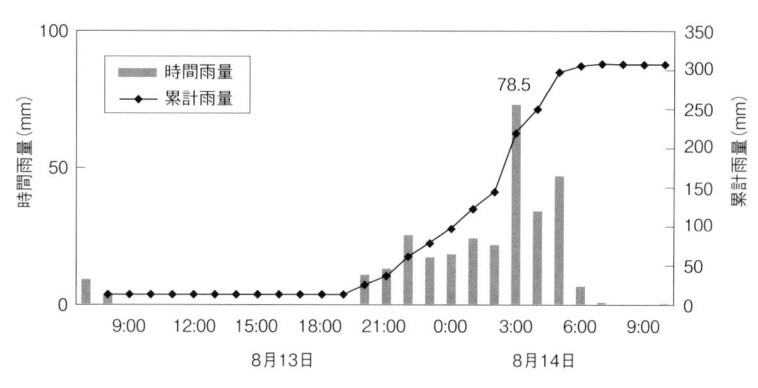

図 17-3　宇治市役所による観測雨量

2. 被災地域の地形・気象と被害

(1) 地　　形

京都盆地の南部の南山城地方と称される**図 17-1** で示す地域のほぼ全域で被害が発生した。盆地東南部の東山・醍醐山地の山中から盆地の底を流下する宇治川・木津川の低地をはさんで西部の男山・八幡の山地と丘陵を含む地域である。地形的には、山間部、山腹斜面、山麓部から扇状地、段丘、さらに沖積低地の全ての地域に被害はおよんでいる。

この地域一帯はかつて、奈良から京都にかけての人口密度の低い、いわゆる郊外の田園地帯であったが、戦後急速に宅地化し、市街化が進んだ地域である。

(2) 気　　象

今回大きな被害をもたらした集中豪雨域の広がりと降雨量は**図 17-2・17-3**に示した。行政

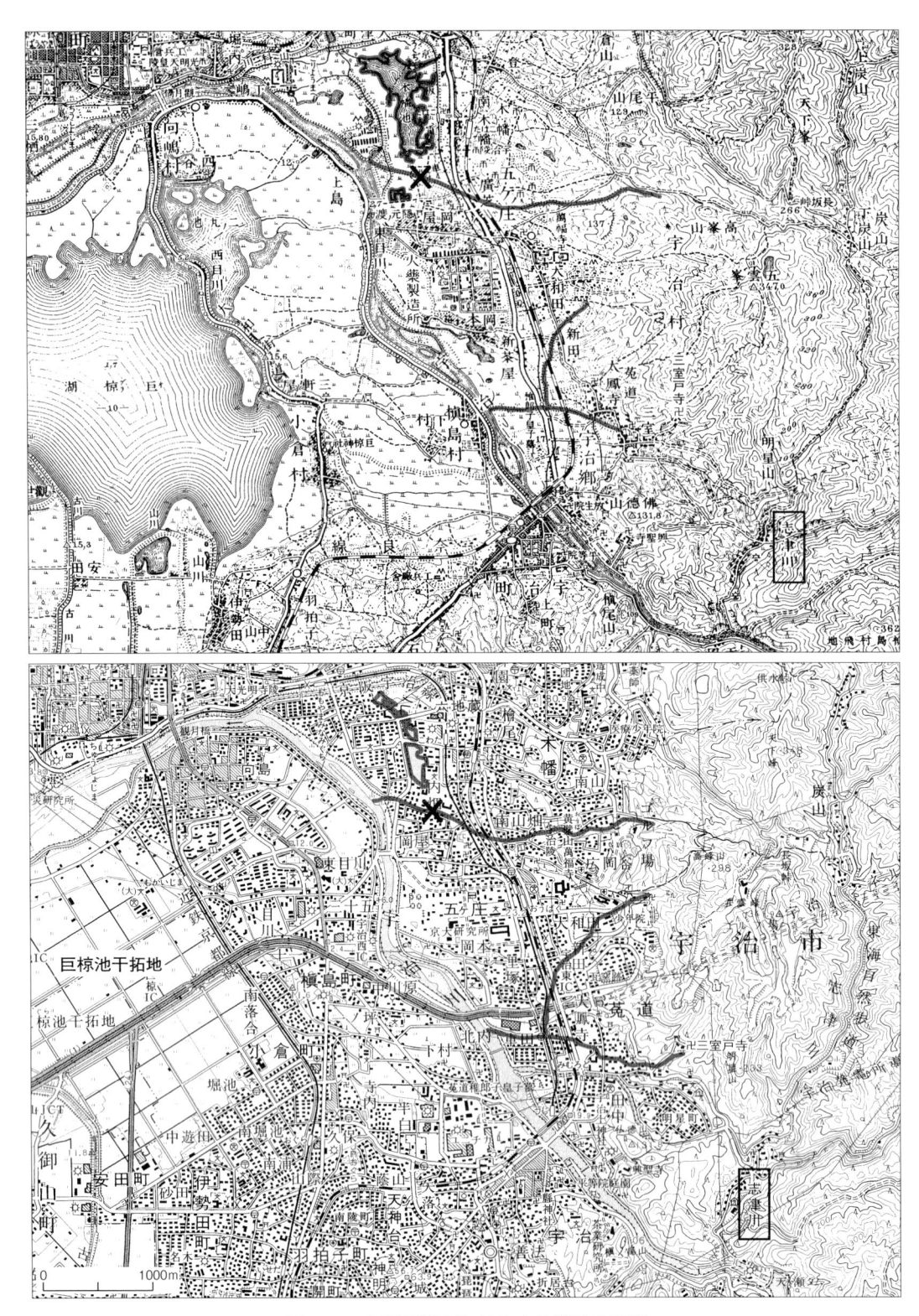

図 17-4　旧新地形図に見る土地利用の変遷
5 万分 1 地形図「京都東南部」（上：大正 6 年、陸地測量部、下：平成 20 年、国土地理院による）。
X 地点は弥陀次郎川の天井川決壊地。三室戸寺付近から流下するのが戦川、その支流が新田川。

区として最大被災域となった宇治市役所のある「宇治市宇治若森」では積算雨量が307 mmで、城陽市役所のある「城陽市寺田」の332 mmに次ぐ値ではあるが、3時間雨量では186 mmで「城陽」の142 mmを上回っている。

表17-1　8月13～14日にかけての雨量

(1)時間雨量	京田辺市天王大尾	86 mm（14日06時～07時）
	精華町菱田	86 mm（14日06時～07時）
	城陽市寺田	79 mm（14日05時～06時）
	宇治市役所	78 mm（14日03時～04時）
(2)累加雨量	城陽市寺田	332 mm（13日21時～14日13時）
	宇治市宇治若森	307 mm（13日20時20分～14日15時）
	八幡市八幡東島	289 mm（13日20時10分～14日15時）

その他の地域は**表17-1**に示したように高い値を出し、異常豪雨と称されている。しかしながら前記したようにこの地方では戦後だけでも同程度の豪雨は3回発生しており、今後もそのことを念頭において対応と対策を進めておくべきである。

(3) 被害と被害地域

京都府南部に発生した被害は**図17-1**に示したが、南山城地方を中心とする10市町に集中した。その被害は、死者2名、全半壊家屋33棟、床上浸水692棟、床下浸水2,384棟であった（**図17-1付表**）。被害の大きかった地域は、戦後、特に1960年代の高度経済成長期以降に急速に市街化した地域で、かつての竹林・茶畑や水田など農村的土地利用が、住宅とアスファルト舗装へと置き変えられた地域である。このため、山麓の河谷も沖積低地の排水河川も、すでにそれぞれの容量と流下（出）能力をオーバーし、すでにパンク状態に至ってしまっていた。

3. 各地域・各地点の被害

ここでは被害の多少よりも、ゲリラ的に各地域（区）・各地点で発生した被害の内容を、当時の新聞・広報誌・京都府や各市町からの報告などからチェックしたものをまとめた。今後も豪雨災害が発生すれば、同様な状況となるし、周辺地域ではどのような状況が発生しているかを知っておくことも大切である。

(1) 東部・宇治市域周辺の山地・山麓・扇状地
○笠取地区の被害
- 山麓斜面下に位置していた家屋の一部と納屋が全壊。
- 笠取川右岸の山上から河床に達する斜面崩壊も生じたが、近くに人家は無かった。

○山間地域——志津川上流地域「炭山地区」の被害
- 山間部に発生している山腹崩壊地の例：京都大学防災研究所「醍醐地震観測所」の対岸や養老地区背後など（**写真17-1**）。
- 志津川右岸沿いの「工芸の里」周辺の浸水と、背後の山地から流下する小支流谷頭部（久田地区）での土石流による民家直撃。

▲ 炭山大西。東側山腹斜面の崩壊（西側に京都大学防災研究所）。長さ74m・幅32m。下炭山の養老東側山腹斜面にも同様な崩壊がみられる。

▲ 下炭山久田。土石流の直撃を受けた民家（写真下）の山側の谷床。

▲ 下炭山久田。山麓谷口の崖錐面上に建てられていた民家。土石流の直撃を受けて山側の軒まで埋積。土石流は民家の裏から入り表へ抜けた。谷床は右側の人の直下。

写真 17-1　志津川上流「炭山地区」

- 志津川上・中流　河道(床)の洗堀と埋没：土石流の流入と大量の流木による被害。

○志津川下流「志津川地区」の被害(**写真 17-2**)
- 河道(河川敷)に沿う民家の流出(2名が犠牲)：河川の自然(領域)と人の土地利用のあり方の問題。
- 集落内の床上浸水2棟、床下浸水20棟の被害地域：周辺に多数の土砂災害発生──山腹・山麓・河川沿いなど。
- 集落背後の山地：山林の管理不良、特に伐採と間伐──その後の処理
    ○ ゴルフ場周辺から大量の流木。
    ○ 高圧電線下の伐採樹木の処理不良。

○醍醐山地西麓──扇状地にかけての被害：戦川(たたかいがわ)上・中流域、新田川流域はほぼ全域が住宅地・市街地域と化している(**写真 17-3**)。
- 開発による、農地からの土地利用変化に伴なう対応対策不良の問題。
- 上流側では土砂・流木が多く、河道をふさぎ越流し、洪水域が拡大した。府道・JR・京阪線を越えた下流域では水だけがあふれ宅地内へ浸水する状況が生じた。
- 「京滋バイパス」府道下横断部でのトラック・乗用車の水没。

○弥陀次郎川(みだじろう)、上・中・下流域の被害
- 上流域──府道とJR間で床下浸水多だが、被害は少ない。河床に流木つまる。
- 中流域──「天井川」が決壊し、被害多。さらにその後の雨による再決壊。左岸側が決壊したため、流水の直撃により直下の家屋破壊、床上・床下浸水被害多。この「天井川」は1967(昭和42)年にも底抜けによる被害を出している。
- 下流域──主として「天井川」破堤部からの流下水による氾濫域拡大(**写真 17-4**)。最下流の「木幡池」の水位上昇と水没により周辺地域の床上・床下浸水被害多出。高層マンションも1階部分が水没し、駐車場の車両が浮上流動するなど被害多。

○小倉町の被害
- 落雷により、家屋全焼1棟。
- 近鉄小倉駅周辺浸水。
- 伊勢田小学校付近では、道路やマンション1階部分の水没。ウトロ地域も浸水。

(2) 西部・南部──主として宇治田原町・城陽市周辺

○宇治田原町域の被害
- 禅定寺──山麓の山腹崩壊で1棟全壊。
- 時雨谷周辺の茶畑の崩壊多出。
- 「くつわ池」溜池の決壊(**写真 17-5**)。丘陵地の谷口に築堤して造られていた上・下2段の古い溜池のうち下段側の池が決壊した。周囲は府立自然公園として管理され、池は釣堀(つりぼり)として使用されていた。現在も上段の池は釣堀に使用されている。下流域は農地で集落がなかったため、幸いに人的被害はなかった。

◀ 激流時の前川橋下流。「志津川」河床の増水状況（梅原健市氏撮影）

◀ 被災後の「志津川」河床。前川橋より下流を見る。河床の左下部が家屋流出地。

▼ 下流より上流側をのぞむ。河床の右下部が家屋流出地。

写真 17-2　志津川下流「志津川地区」の被害例

第17章　京都府南部を襲ったゲリラ豪雨災害／2012年　　　215

◀ 宇治病院前を流下する3面張りの「弥陀次郎川」、河幅4m・深さ3m

▼ 左上から府道をはさんで下流側のS字カーブ部、河幅4m・深さ3m、3面張り河床が続く

▲ 五ヶ庄日皆田付近、住宅地域の駐車場で浸水している乗用車群

▲「三室戸寺」参道は河と化した。参道沿いの民家の板塀に残る洪水位線

▶「戦川」中流域の駐車場内では乗用車が浮かんで流動していたことがわかる。背後は戦川天井川堤防上の桜並木

写真17-3　醍醐山地山麓の弥陀次郎川上流域・戦川流域

◀ 仮修復工事が完了した弥陀次郎川の決壊部。「天井川」堤防上にはコンクリートのカミソリ堤（パラペット）を載せていたが、今災の結果さらに鉄骨の矢板で高くしている。

▼ 矢板を打ち込み「天井川」河床をコンクリートで固める仮修復工事中の状況。

▶ 上方に連なる家並みの背後を弥陀次郎川が左側へと流下している。決壊時の激流は写真中央部下方へ流下してきたため周辺全体が床上床下浸水地域と化した。

◀ 今災までに、最下流の宇治川との合流部からこの地域までは改修工事が河道幅約2倍、深さ約2倍で完了していたことが、この写真でよくわかる。これより上流側の天井川部分の改修工事ができなかった事情こそが問題である。

写真 17-4　弥陀次郎川下流の「天井川」決壊部

第17章　京都府南部を襲ったゲリラ豪雨災害／2012年　　　　　　　　　　　　217

◀ 古い説話も残る「農業用ため池」の代表的存在。しかし現在はすでにその役割を終え、上・下2段の池は公園内の「有料釣堀」と化していた。右写真の上段の池は現在も釣堀として使用。

◀ 今災で決壊した下段の池。堤体が池底まで破壊したため池水は完全に流出してしまっている。

▲ 堤体の破壊断面がよくわかる堤防の上部はアスファルト道路で林業用、一部は生活道として利用されている。堤体の内部は、ほぼ均一な土でみたされた「土堰堤」であることがわかる。

写真17-5　「くつわ池」決壊地
宇治田原町の地元・郷之口生産森林組合が「くつわ池自然公園」として管理。

◀「正道池」は城陽市東部丘陵の小谷を堰止めて築かれた旧農業用ため池であるが、現在、周囲は宅地化されてしまいその役割を終え「洪水調整池」と目的を変えられている。しかも池内東部の池上には平成2年に鉄筋コンクリートビル「市東部コミュニティセンター」が建てられている。

◀池底には、常時水は無く、テニスやゲートボールコートなどに使用されている。しかし豪雨時にはしばしば池の状態になる。今災時は満水となり、さらに堤体上部から越流し、市街地に向かって被害を出している。

▲写真上方は市街地中心地域。左側は正道池と池内に構築されている東部コミセン。右側の道路面は東部コミセンより路面が高いため、流下水は東部コミセン内に流入。満水となった正道池からは越流して上方の市街地へと越流した。同様の状況は平成7(1995)年8月にも生じている。

写真17-6　古い農業溜池・現在は洪水調整池の「正道池」と池内の東部コミセン集会所

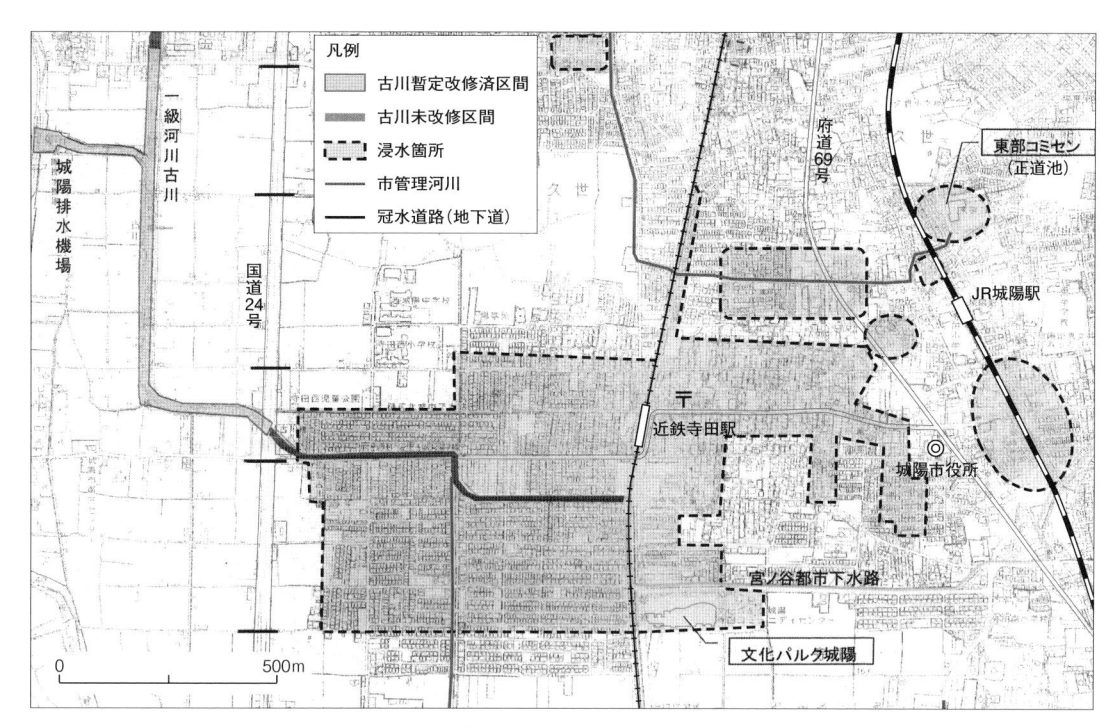

第17章　京都府南部を襲ったゲリラ豪雨災害／2012年　　　219

図17-5　城陽市中心地域の浸水（城陽市資料より）

写真17-7　近鉄寺田駅周辺の洪水
市街地の西側のセンターである「近鉄寺田駅」周辺の被害。中心排水河川「古川」が排水能力不足のためあふれ、周辺地域に床上・床下浸水地域を拡大させている。中央上部が寺田駅。
下は上右下の寺田郵便局前（「広報じょうよう」より）。

写真17-8　文化パルク周辺
文化パルクは木津川沖積低地の島畑水田地に平成7年に建造された鉄筋コンクリート5階建ての近代的文化施設である。しかし電源室を地下に設置していたため水没し、パルク全体が使用不能となった。施設の再開には4カ月と2億円を要した。常時は水流のほとんどない古川（写真下）水系も豪雨時にはあふれ、周辺地域をしばしば水没させている。

○城陽市域の被害
- 醍醐山地南部・丘陵地・扇状地・宇治川沖積低地の全ての地域で被害が発生。
- 丘陵地の谷口に構築されていた古い溜池で、現在は洪水調整池である「正道池」（**写真17-6**）や「玉池」がオーバーフローした。今災時は満水となり堤上端から市街地へ向けて溢（越）水し、被害を出した。
- 「正道池」内の一部に構築されていた鉄筋コンクリートビル「東部コミセン」の1階部分も浸水した（**写真17-6**）。

○城陽市街中心部低地域の被害（**図17-5**）
- 東方のJR城陽駅から西方の近鉄寺田駅周辺にかけての市の中心市街地域の7〜8割が浸水したため多くの床上・床下浸水家屋を出した（**写真17-7**）。
- 近鉄久津川駅西方でも、嫁付川や都市内下水路の溢流による氾濫。
- 近鉄寺田駅の南方に位置する鉄筋コンクリートビル「文化パルク城陽」では地下室が水没し、大きな被害を出した（**写真17-8**）。

○久御山町の被害
- 市田大領で落雷火災1棟。
- 「イオンモール久御山」店内もくるぶしまで浸水。
- 佐古内屋敷の「あいあいホール」は床上浸水。
- 久御山町では農地の露地野菜・花卉・畑地の浸水・水没による被害も問題となった。しかし、この原因も排水河川の「古川」の水位の方が洪水時には農地より高くなるため

オーバーフローしたり逆流してくるためである。

○八幡市の被害
- 男山丘陵・岩清水八幡神社への参道沿いに崖崩れが発生。ケーブルカーもストップした
- 山麓の低地でも、床上(28)・床下(280)浸水、合計308棟を出した。

○精華町の被害
- 床上(15)・床下(53)浸水68棟を出す。
- 町の文化財室へも浸水し、資料の一部に被害が出た。

○京田辺市の被害
- 床上・床下浸水4棟。
- 天井川「天津神川」の下を通る市道や、打田・水取地区の府道などが冠水。
- 特産のナス畑8ヘクタールが冠水。他にも農地被害は各市町で出た。

4. 今集中豪雨の被害の特徴

　ここでは、前記した各地の被害状況を整理し、今回の集中豪雨災害の特徴的な被害地と事例について考えてみたい。

　今災の被災地域が地形的にも面積的にも広い。それは主として、この地域は戦後の1960年代以降、宅地化市街化が都市計画も整わない状況下で、急速に進展してしまった地域であること。このため、被害事例のほとんどがそのような開発進展地域に出現している。

- 山地・山腹では、山林管理の不良・倒木や間伐材が放置されている。
- 山間・山麓では、流木などによる河谷の埋没や洗堀が各所に見られる。
- 扇状地では山麓付近まで、河谷の流下能力はそのままに宅地化が進み、しかもそこでの河谷はコンクリート2面張りから3面張りにされて周辺は市街化している。

　すでに、地表からはかつての茶畑・竹林・畑・水田などの農業・農村的景観は消え、家屋とアスファルト道路や駐車場などへ置き換えられている。そのため降雨時の浸透性がなくなってしまい雨水は道路沿いの側溝へと集まり、コンクリート2面・3面張りとなった河谷へと直流している。

　その上、開発の都合により河谷の流路床自体が急角度に曲げられたり、ショートカットのために直線化や縮小されたり、河床にフタをされ(4面張り)景観的には河谷の存在すら消されている地域もあり、その状況が現在も広がっている。

　このような状況下で、大きな被害を出した地域の例が宇治市東部の「戦川流域」である。山上に位置するゴルフ場「日清都カントリークラブ」、山腹の観光地でもある「三室戸寺」から被害はスタートしており、しかもそこまで宅地化は達している。このためかつて農業地域を潤していた「戦川」は生活排水溝化し、しかも急速に集水してくる河川の流量は排水能力をオーバーしている上に、河床の上を複数のコンクリート道路橋や鉄道橋が架設されている。このため、今災では、土石流と多量の流木で河床はつまり、溢流し、氾濫した洪水流が民家の中を流

下したため、**図17-1**付表で示すように床上浸水・床下浸水戸数がきわめて多いという典型的な都市化地域の災害となった。

さらに宇治市では弥陀次郎川の「天井川」部分が決壊し、被害を出したことから大きな問題となった。この地域も地形図上の土地利用を見ると戦後もしばらくは周辺に家屋はない。しかし、近年では急速に市街化したことが読みとれる（**図17-4**参照）。天井川の構造と断面図を描けばわかるようにその近くでの居住は大変危険な地域である。そこにまで宅地がせまり、結果として家並みより高いところを川が流れる状況となってしまっている。1967（昭和42）年にも豪雨時に天井川の底抜け事故を発生させている。居住者にもこのような土地であることを認識し対応して欲しかったが、そこに住宅建築を認めた行政側にこそ問題がある。

農林業が中心であった時代に築かれた施設の現状のうち今災にも関連した例を見ておこう。

農業に必要な施設に「ため池」がある。今災時、宇治田原町の丘陵の谷口に上下2段で築かれた古い農業用溜池「くつわ池」のうち下段の池が決壊した。幸いに下流に住宅がなかったので大きな被害は生じなかった。現在、くつわ池を含む周辺地域は府立の自然公園となっており、池の本来の役割である農業用水確保のための貯水池の時代はほぼ終え、主目的は公園内の「釣堀」と化している。決壊していない上段の池は現在も「釣堀」として使用されている。

さて、同様な構築物で大変危険なため池が城陽市に存在している。JR城陽駅東側の丘陵末端の谷口に築かれている古い農業用ため池であった「正道池（3,500 m²）」である。「くつわ池」とのちがいは、池背後の集水域を含む周辺地域がほぼ完全に住宅（地）でおおわれてしまっていることである。さらに「正道池」のかつての利用水域は、現在城陽市の市街地中心域となっている。

そこに位置している「正道池」は当然ながら本来の役割はすでに無く、現在は洪水時の「調整池」と目的を変えられながら元の形状のままで存在しており、常時は池底には水は無くゲートボールやテニスコートとして使用されている状態である。さらに西北側の池内には、池底からコンクリートの柱群で支えられた鉄筋コンクリートのビルである城陽市の「東部コミュニティセンター」が構築されている。

今災時、この「正道池」はどのような状態となったのであろうか。「洪水調整池」であるこの池はその目的通り水位が上昇し、さらに満水に至り、しかも溢流して池堤上端を越え市街地へ向けて流下したため、床上・床下浸水家屋を多く出してしまっている。そのうえ、池上に築かれた「東部コミュニティセンター」屋内も浸水し、図書室の書籍が水びたしとなり、ソファなどが浮上し大きなダメージを受けてしまった。

なぜ、建築時にコンクリート柱群の高さをもう1m高く設計しなかったのだろうか。さらに今災時とまったく同様な被害状況は1995（平成7）年8月の豪雨時にも発生しているが、その後も改修されないまま今回また同じ被害を受けている。

対応策の案としては、農業用のため池であった「正道池」を現在洪水調整池としていることを考えると、近くに同様のため池があり、現在は廃池のままで放棄されているものがある。この池も洪水調整池に転用すればよいし、少なくとも土地だけでも確保しておくことを提言する。

もし「正道池」自体が「くつわ池」同様に決壊していたらどのような事態を生じ、惨状を呈することになったであろうかも検証しておくべきである。

現在の土木構築物、建築物の特徴的な被害例に、城陽市中央部の沖積低地でかつての水田・湿田中にユニークな形状をした、巨大な鉄筋コンクリート4階建てビル「文化パルク城陽」での状況がある。建築時の設計では広い敷地内に降った雨水は地下に貯留しポンプで排水するしくみであった。ところが今災では、周囲の水田が水没したため「文化パルク城陽」も地下部が水没し地下にあった電機室の機能がストップし、その後長期間にわたってビル全体が使用不能となった。この事故は城陽市としてはまさに想定外であったようだが、同様な事故は全国各地で発生しており、すでに特別な事例とはいえない。やはりこの建物も、設計段階に問題があったといえる。対応策としては電源室を地上階へ上げる改造工事を考えるべきであろう。

沖積低地域に市街地の中心部分が広がっている城陽市ではその6〜7割が床上・床下浸水しており状況はきわめて深刻である。それは最大の排水河川である「古川」自体がオーバーフローした結果であり、現在それに対応可能な抜本的な策はない。したがって今後も同様な災害は当然発生することになる。この問題こそが市民にとっては大きな問題である。

さらに「古川」の排水不良による被害は、本流である宇治川と合流する最下流部に位置する「久御山町」の洪水被害の問題とも連動する。この地域の洪水の原因は、古川の水位が平水時でも地表面より高いため豪雨時は越流する。越水しなかった地域でも古川に流れ込む用・排水路を逆流する形で流れが遡上し、結果的には内水氾濫を生じることになる。このため、沖積低地の中心部を流下している古川流域全体の災害対策は、古川の排水能力の向上いかんにかかっているのである。

5. 今後に向けて

今災の状況をしっかりと把握し、要因・原因を理解し、これからに向けて対応対策を考えねばならない。

そのためには、まず、今災程度の豪雨は戦後だけでも1953(昭和28)年、1986(昭和61)年と3回も出現しており、これからも発生することを覚悟しておかなければならない。

現状のままなら、今回同様の災害は繰り返される。

被災状況の内容は、時代(時期)の経過によって土地利用の変化に合せて変化し、より複雑化してくる。そうすると対策もさらに難しくなってくる。このような状況は、今災の状況からも明瞭となった。

今災によって発生した被害の要因・原因は広域的には主として、かつての田園地域が急速に宅地化、市街化、都市化した地域であり、しかもその状況がすでに全地域的に拡大してしまっており、土地の利用状況は一変し河川の排水能力を越え、全てがパンク寸前状況である。

したがって、抜本的には地域のあるいは都市全体の「改造」を行わねばならない状況に至っているのである。しかし、そのような抜本的な対応はすぐにはできそうにない。できるのはそ

こへ向かう姿勢の醸成を、住民全体で作ることである。とりあえずは今災を踏まえ、行政と住民が一緒になって、勉強することからスタートしよう。

　自分達の住む都市、自分の街はどのような地域かを知った上で、どんなところでありたいか、それにはどうすれば良いか、何ができるかなどを考えよう。そうして自分達で地域の防災地図（ハザードマップ）を作成しよう。それを持って市の担当部や京都府へ陳情すれば効果は大きいはずである。実は役所もそれを望んでおり、作業の応援もしてくれるはずである。人間は忘れやすいし、災害は忘れたいものでもある。まず各自で今災のような状況を、「当然予測していた」、「考えてはいた」、「想定外だった」、のどれだったのかを判断してみよう。──自分自身の感覚を判断してみることからはじめよう。

6. さいごに

　今集中豪雨による災害はトータル的にみれば多地域にわたり大きい被害となったが、個々に分けて分析してみれば、どこもそしてどれもごく当たり前で、異常豪雨が襲来すれば当然の被害が多発しているにすぎない。しかもそれは、近年の経済成長期以降の急速な農業的土地利用から、宅地や市街地への置き換えの結果である。

　新しいタイプのように思える「文化パルク城陽」の浸水と水没も、全国的に見れば近年各地で生じており、とうとうこの地域にも発生してしまったということにすぎない。

　巨大地震の発生による大災害の出現であれば、天災でもあり想定外だったとする余地もあるが、異常な豪雨による「正道池」や「宇治川・木津川」の決壊による災害であれば、どれほど大きい被害が発生しても現在の地域の状況と人々のかかわり方を見れば、想定外だったといえる余地はない。住民であれば自分が居住している場所の生いたちや環境を知った上である程度は覚悟し、まずは身近なことから考え、できることから始めよう。

〈 参考文献・資料 〉
池田　碩（2003）：「南山城水害から50年」、特別展・水とのたたかい、京都府立山城郷土資料館。
京都府災害対策本部（2012）：「京都府南部豪雨による被害状況等について」（平成24年9月18日現在）。
宇治市災害対策本部（2012）：「平成24年8月13日～14日京都南部地域豪雨による被害及び対策等」。
城陽市災害対策本部（2012）：「平成24年8月13日～14日豪雨による被害及び対策等について」。
髙橋　裕（2012）：『川と国土の危機──水害と社会──』、岩波新書。

COLUMN

天災は忘れたころにやってくる

災害史と「防災マップ」

各地で大地震や洪水・土石流、さらには豪雪が発生している。歴史を少しさかのぼれば京都府下、さらに近畿地方ではそれらすべてが発生しており、無いのは活火山が存在しないので噴火災害くらいである。

天災は身近で起こりうる事

府下では例えば1596年の「慶長伏見地震」では秀吉築城の伏見城が完成の2年後に崩壊し、市街の家屋の被害も多く1,000人を超える人が亡くなっている。1927年（昭和2）には「丹後地震」が発生し死者2,925人を出している。

1953（昭和28）年8月には南山城大水害が発生、死者・行方不明者336人、被災家屋5,676戸の被害を出した。さらに同年9月には台風13号が来襲、宇治川が決壊し巨椋池の干拓地と周辺地域が水没しただけでなく、被害は京都府下全域に及び、死者・行方不明者119人、被災家屋65,109戸の被害を出した。

「防災の日」のイベント。地震で破壊された建物内からの救出訓練

防災学習のために訪れた小学生達へ行事の説明

1972（昭和47）年9月には台風により京都市北東部比叡山中から流下してくる音羽川が土石流を発生させた。死者1人・全半壊家屋7戸と被害は少なかったが、市街化が進んでいた山麓では、床上浸水155戸、床下浸水277戸を出した。最近では2004年の台風23号により由良川洪水でバスが水没した。そして2012年には8月14日早朝、宇治市を中心とする京都府南部地方で激しい雷雨が発生、天井川の弥陀次郎川の決壊などにより、多くの家屋が被災した。宇治に限らず、全国どこでも住宅地が低地を覆い、丘陵・山間地にも拡大してきているため、ゲリラ的豪雨に見舞われると被害も各地で多発するようになってきているのが近年の特徴である。

「天災は忘れたころにやってくる」とは寺田寅彦の言だが、あらためて災害がごく身近に起こりうることを知る機会になったのではないだろうか。

京都府下の各市町村では、ハザードマップ（防災地図）を作成、各家庭に配布し、あなたの住まいや地域の環境を地図上に示し、万一災害が発生した場合の避難場所や注意事項が記されている。さらに毎年9月1日の「防災の日」を中心に京都府や市町村では防災訓練を行っている。今年は京都市では花折断層付近でマグニチュード7.5の大地震が発生したと想定して洛北岩倉で行い、さらに昨年の福島第一原子力発電所の事故を念頭に、京都でも「大飯原子力発電所」の事故を想定、原子力災害対応避難訓練が追加され、市域では北部が半径30km圏内に入っており、花脊地区で行われた。

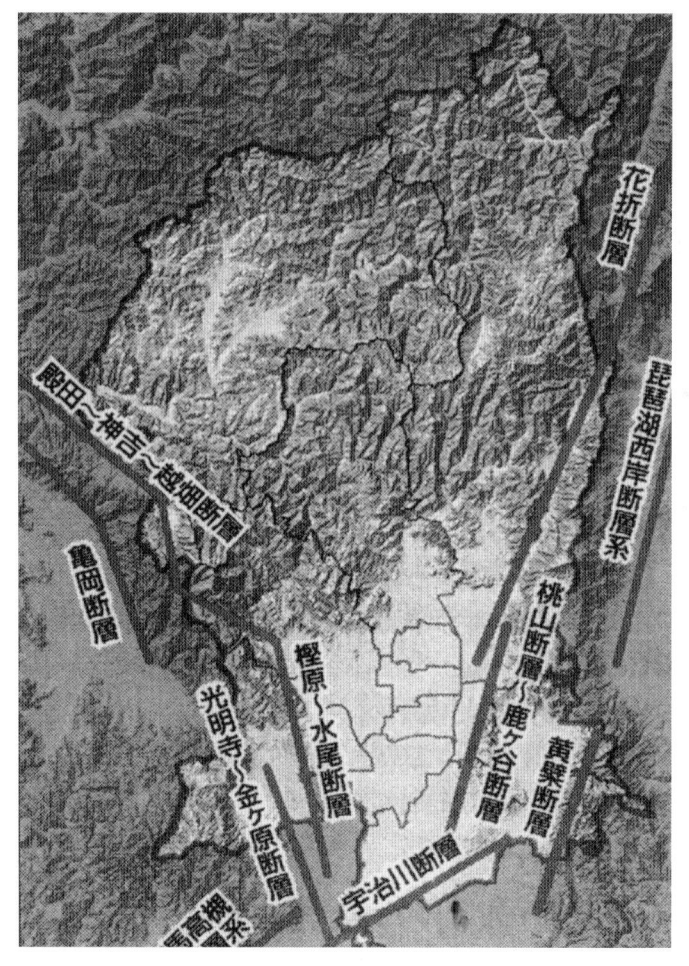

京都盆地周辺の活断層（京都市ハザードマップによる）

わが家の防災おこたらずに　京都盆地周辺には図に示すように花折断層の他にも活断層が多い。梅雨や台風は毎年やってくる。各戸配布されているはずの我が家の「防災マップ」を確認しておこう。できれば家族で避難場所を訪れ、夜間豪雨の中でもそこへたどり着けるようにしておきたい。もし防災マップの所在が不明であったら、市役所か役場または消防署に行けば貰える。

その地方でかつて発生したような天災は、いずれ再び襲ってくる。京都は大きな天災・災害の無い・少ないところと考えること自体、こわいことである。

初 出 一 覧

I 地震・津波

第1章　兵庫県南部地震と地形条件
- 池田　碩 (1995):「阪神大震災と地形災害」、地理 40(4)、98-105 頁、古今書院。
- 　　　　 (1995):「阪神大震災の典型的な被害——危険な土地造成」、日本科学者会議(編)『日本列島の地震防災』所収、60-67 頁、大月書店。
- 　　　　 (1995):「阪神大震災と地形条件」、日本地形学連合(編)『兵庫県南部地震と地形災害』所収、95-109 頁、古今書院。

第2章　よみがえった震災地「玄界島」／2005 年
- 池田　碩 (2009):「よみがえった震災地——玄界島」、奈良大学紀要 37 号、55-63 頁。
- 　　　　 (2009):「2005 年の震災からよみがえった玄界島——集落の解体と復興過程」、地理 54(6)、巻頭カラー写真と 95-101 頁、古今書院。

第3章　イタリア中部古都ラクイラで発生した震災／2009 年
- 池田　碩・澤　義明 (2011):「イタリア中部 L'Aquila2009 大地震の実態と1年後の状況」、奈良大学紀要 39 号、91-102 頁。

第4章　兵庫県南部(阪神淡路)大地震と東北地方太平洋沖大地震との比較
- 池田　碩 (2012):「兵庫県南部(阪神淡路)大震災と東日本(太平洋岸)大地震との比較研究」、奈良大学大学院研究年報 17 号、17-33 頁。

第5章　東北地方太平洋沖大地震に伴う陸前高田市周辺地域の津波の実態／2011 年
- 池田　碩 (2013):「2011.3.11 東日本太平洋岸大地震に伴う陸前高田市周辺地域の津波の実態」、奈良大学紀要 41 号、1-22 頁。

第6章　東北地方太平洋沖大地震に伴う宮古市「田老地区」津波の実態／2011 年
- 書き下ろし

第7章　大阪湾岸低地域での震災を考える
- 池田　碩・澤　義明 (2013):「2011.3.11 東北太平洋岸巨大地震災から大阪低地域での震災を考える」、奈良大学大学院研究年報 18 号、13-28 頁。

II 地すべり

第8章　亀の瀬地すべり／1903・1931・1967 年
- 池田　碩 (2003):「山地山麓の災害——亀の瀬地すべり」、志岐常正・池田　碩(他著)『宇宙・ガイア・人間環境』所収、139-142 頁、三和書房。

第9章　U.S.A.ユタ州融雪時に発生した大規模地すべり／1983 年
- 池田　碩 (1985):「融雪時に発生した大規模地すべり——1983 年 USA Utah 州 Thistle LandSlide の発生と対策」、らんどすらいど 2 号、1-10 頁、地すべり学会関西支部。

第10章　長野市地附山の地すべり／1985 年
- 池田　碩 (1993):「長野県地附山地すべりの発生経過と対応」、月刊地球 No. 8、218-226 頁。

III 豪雨・豪雪

第 11 章　京都府の南山城大水害／1953 年
- 池田　碩(2003):「南山城大水害から50年」、『水とのたたかい』所収、2-10頁、京都府立山城郷土資料館。

第 12 章　比叡山地の自然・開発・災害
- 池田　碩(1974):「ひえい山地——その自然・開発・災害」、国土と教育 24(4)、2-7頁、築地書館。

第 13 章　香川県小豆島の豪雨による土石流災害／1974・1976 年
- 池田　碩・志岐常正(1982):「小豆島の土石流災害」、日本科学者会議(編)『現代の災害』所収、183-198頁、水曜社。

第 14 章　U.S.A. ソルトレークの市街を襲った融雪洪水／1983 年
- 池田　碩(1984):「ソルトレークの市街を襲った融雪洪水」、地理 29(6)、巻頭写真7頁と58-62頁、古今書院。

第 15 章　新潟県南部 59 豪雪地帯を歩く／1984 年
- 池田　碩(1984):「59豪雪地帯新潟県南部を歩く」、地理 29(12)、巻頭写真4頁と43-49頁、古今書院。

第 16 章　京都府南山城豪雨災害／1986 年
- 池田　碩・中川　鮮(1986):「昭和61年7月南山城豪雨災報告」、らんどすらいど 4号、12-25頁、地すべり学会関西支部。

第 17 章　京都府南部を襲ったゲリラ豪雨災害／2012 年
- 池田　碩(2013):「2012.8 京都府南部を襲ったゲリラ豪雨災害」、月刊地球 407号、417-422頁。

おわりに

　災害被災地域を調べてみると、災害発生前はすばらしい自然の豊かな地域であったところが多い。さらに大災害が発生したのち、かつての被災状況が忘れられるころに訪ねると、その地域はまたもとのような自然豊かな地域に変貌しているのにおどろかされる。

　だから、前災時のことを忘れてしまって安心してしまうと、またもや大災害に襲われることになる。その場合かつてと同様な被災状況を示す場合と、前回被災以後の期間に、その地域では防災に向けて対応してきたか、さらにその後どのように開発が進み、人口が増加し土地利用が変化してきたか、その程度に合わせるごとく次の災害時の被災内容は変わってくる。つまり災害自体もその地域への対応や発展の状況に合わせているかのごとく進化してくることを理解しておかねばならない。

　改めて考えてみると、田舎でも、都市でも、その地域の歴史をひもといてみれば、かつて大変な災害を受けた経験が読みとれるし、その後に被災にどう対応し、乗り越えてきたのか。つまり災害と人間の葛藤の歴史を経て現在に至っていることがわかる。

　地震や津波による被害に関しても同様である。若い造山帯に属する日本列島は、地震や津波を伴って隆起してきた国土で、現在もなお、活動中である。

　だから当然内陸部では直下型地震が、沿岸部や沖合ではプレート境界型、さらにはトラフ型の地震と津波が今後とも発生することを覚悟しておかねばならない。

　それぞれの地域では災害の内容のちがい、受ける地域の差はあるが、各地の現在は、災害を通して形成されてきた災害文化の所産の現状を示しているといえよう。そして我々は、これからも災害と上手に付き合って行かねばならない宿命である。

　やっと本書を上梓し終えるに至った。まずはこれまで大変多くの方々にお世話になり支えられてきたことを記しておかねばならない。現地調査では、当然ながら被災者をはじめ資料を提供いただくため役所や関係機関に大変お世話になった。

　そして大学では、熱心に講義に耳を傾け、現地調査に同行し、さらに資料の整理や図表の作成までやってくれたゼミ生や大学院生に助けられた。

　筆者にとって、災害研究は本来の研究目標とは異なるサブテーマであったが、我々の生活に大きくかかわる分野であり、毎年のごとくどこかで大災害を発生させるため、重要性を意識し現場をたどっているうちに研究の応用として取り組まざるを得なくなってしまった。そのうちに、大学の講義項目のひとつに、災害・防災地理学を開講した。そのことを考えると地理学教室のスタッフに感謝せねばならない。

上梓の最後の段階では筆者にとって身近な研究仲間である近畿大学の辰已勝教授・奈良県立大学の石本東生専任講師と筆者のゼミから大学院修士課程に進みすでに修了している澤義明氏に全体の校正をしてもらった。そして今、お世話になった多くの方々に対し、御礼をこめてささやかながら本書を出版させてもらうことができた。

　なお、本書の印刷から出版に至るには、若い頃から共に苦労を語り合ってきた親友とはいえ、雑多な図・表・写真が多いにもかかわらず編集作業にもかかわってもらった宮内久社長と同編集部の福井将人さんに改めて感謝したい。

　本書を上梓し、改めて報告してきた各地のことを考えてみると、結果として復興を終えた地域、復興途時の地域、さらにこれから復旧復興へ取り組まねばならない地域に対する各被災地がたどってきた、またはたどっている多くの被災地からのメッセージとして読みとってもらえれば嬉しく思う次第である。

　さいごに、これまで筆者のわがままな研究スタイルと生活を支えてくれた妻・洋子と家族達にも感謝します。

プロフィール
池田　碩　（IKEDA Hiroshi）

奈良大学名誉教授

略　歴
1939年 福岡県生まれ。1965年 立命館大学大学院修士課程修了。1982年9月
〜1983年8月 U.S.A.ユタ大学留学。
専門　自然地理学・地形学・災害科学

著　書
『近江盆地 琵琶湖周辺の地形』(共著)、建設省近畿地方建設局、1975
『南山城水害誌』(編著)、南山城水害30周年記念誌編集委員会、1983
『ジオグラフィック・パル』(共著)、海青社、1983
『宇宙・ガイア・人間環境』(共著)、三和書房、1997
『花崗岩地形の世界』(単著)、古今書院、1998
『1995.1.17大震災と六甲山地(CD-ROM版)』(単著)、建設省近畿地方建設局、
　1999
『地形と人間』(編著)、古今書院、2005

Natural Disaster Area Studies

しぜんさいがいちけんきゅう
自然災害地研究

発 行 日	2014年3月31日　初版第1刷
定 　 価	カバーに表示してあります
著 　 者	池　田　　碩
発 行 者	宮　内　　久

海青社　Kaiseisha Press
〒520-0112　大津市日吉台2丁目16-4
Tel. (077) 577-2677　Fax (077) 577-2688
http://www.kaiseisha-press.ne.jp
郵便振替　01090-1-17991

Copyright © 2014 H. Ikeda　● ISBN978-4-86099-290-3 C3025　● Printed in JAPAN
● 乱丁落丁はお取り替えいたします

本書に使用した地図は、国土地理院発行の2万5千分の1地形図、5万分の1地形図、50万分の1地方図を使用したものである。

海青社の本　好評発売中

よみがえる神戸　危機と復興契機の地理的不均衡
D.W. エジントン／香川貴志・久保倫子 訳

神戸が歩んだ長期的復興の軌跡を、海外研究者が詳細なフィールド調査をもとに徹底検証する。2015年に20周年の節目を迎える阪神・淡路大震災からの復興過程は、東日本大震災からの復興の指針として有効活用できる。
〔ISBN978-4-86099-293-4／A5判・349頁・本体3,600円〕

日本文化の源流を探る
佐々木高明 著

ヒマラヤから日本にいたるアジアを視野に入れた壮大な農耕文化論。『稲作以前』に始まり、焼畑研究、照葉樹林文化研究から、日本の基層文化研究に至る自身の研究史を振り返る。原著論文・著作目録付。
〔ISBN978-4-86099-282-8／A5判・580頁・本体6,000円〕

現代インドにおける地方の発展
岡橋秀典 編著

インドヒマラヤのウッタラーカンド州は、経済自由化後の2000年に設置された。躍進するインド経済の下、国レベルのマクロな議論で捉えられない地方の動きに注目し、その発展メカニズムと問題点を解明する。
〔ISBN978-4-86099-287-3／A5判・300頁・本体3,800円〕

中国変容論　食の基盤と環境
元木 靖 著

都市文明化に向かう現代世界の動向をみすえ、急速な経済成長を遂げる中国社会について、「水」「土地」「食糧」「環境」をキーワードに農業の過去から現在までの流れを地理学的見地から見通し、その変容を明らかにする。
〔ISBN978-4-86099-295-8／A5判・360頁・本体3,800円〕

パンタナール　南米大湿原の豊饒と脆弱
丸山浩明 編著

世界自然遺産にも登録された世界最大の熱帯低層湿原で生物多様性の宝庫である南米パンタナール。その自然形成メカニズムを実証的に解明するとともに、近年の経済活動が生態系や地域に及ぼした影響を分析・記録した。
〔ISBN978-4-86099-276-7／A5判・295頁・本体3,800円〕

地図で読み解く 日本の地域変貌
平岡昭利 編

古い地形図と現在の地形図の「時の断面」の比較から地域がどのように変貌してきたのかを視覚的にとらえる。全国で111カ所を選定し、それぞれの地域の研究者が解説。「考える地理」への基本的な書物として好適。
〔ISBN978-4-86099-241-5／B5判・333頁・本体3,048円〕

離島研究 I～IV
平岡昭利 編著

人口増加を続ける島、人口を維持しながら活発な生産活動を続けている島、豊かな自然を活かした農業、漁業、観光の島、あるいは造船業、採石業の島など。多様性をもつ島々の姿を地理学的アプローチにより明らかにする。
〔B5判・本体I・II：2,800円、III・IV：3,500円〕

離島に吹くあたらしい風
平岡昭利 編

離島地域は高齢化率も高く、厳しい生活環境下にあるが、そのなかでもツーリズムや異業種の開拓などで新たな活性化を模索する島、Iターンなどで人口が増加した島もある。本書はそうした新しい風にスポットを当てる。
〔ISBN978-4-86099-240-8／A5判・111頁・本体1,667円〕

奄美大島の地域性　大学生が見た島／シマの素顔
須山 聡 編著

共同体としての「シマ」のあり方、伝統芸能への取り組み、祭礼や食生活、生活空間の変容、地域の景観、あるいはツーリズムなど、大学生の目を通した多面的なフィールドワークの結果から奄美大島の地域性を描き出す。
〔ISBN978-4-86099-299-6／A5判・359頁・本体3,400円〕

行商研究　移動就業行動の地理学
中村周作 著

移動就業者には水産物・売薬行商人や市商人、出稼ぎ者、山人、養蜂業者、芸能者、移牧・遊牧民などが含まれる。本書は全国津々浦々で活躍した水産物行商人らの生態を解明し、移動就業行動の地理的特徴を究明する。
〔ISBN978-4-86099-223-7／B5判・306頁・本体3,400円〕

観光集落の再生と創生　温泉・文化景観再考
戸所 隆 著

どこの街にも観光地になる要素・資源がある。著者が活動拠点とする群馬の歴史的文化地区を事例として、都市地理学・地域政策学の観点から既存観光地の再生と地域資源を活用した新たな観光集落の創生の可能性を探る。
〔ISBN978-4-86099-263-7／A5判・201頁・本体2,381円〕

近代日本の地域形成　歴史地理学からのアプローチ
山根 拓・中西僚太郎 編著

戦後日本の国の在り方を見直す動きが活発化してきた中、本書は多元的なアプローチ（農業・景観・温泉・銀行・電力・石油・通勤・運河・商業・都市・植民地など）から地域の成立過程を解明し、読者に新たな視座を提供する。
〔ISBN978-4-86099-233-0／B5判・262頁・本体5,200円〕

近世庶民の日常食　百姓は米を食べられなかったか
有薗正一郎 著

近世に生きた我々の先祖たちは、住む土地で穫れる食材料をうまく組み合わせて食べる「地産地消」の賢い暮らしをしていた。近世の史資料からごく普通の人々の日常食を考証し、各地域の持つ固有の性格を明らかにする。
〔ISBN978-4-86099-231-6／A5判・219頁・本体1,800円〕

台風23号災害と水害環境
植村善博 著

本書は2004年、近畿・四国地方を襲った台風23号災害の調査報告である。京都府丹後地方における被害状況を詳細に報告し、その発生要因と今後の対策について考察した。また、減災への行動を提言。カラー8頁付。
〔ISBN978-4-86099-221-7／B5判・104頁・本体1,886円〕

「ネイチャー・アンド・ソサエティ研究」シリーズ　（全5巻、各巻3,800円）

① 自然と人間の環境史　宮本真二・野中健一 編
② 生き物文化の地理学　池谷和信 編
③ 身体と生存の文化生態　池口明子・佐藤廉也 編
④ 資源と生業の地理学　横山 智 編
⑤ 自然の社会地理　淺野敏久・中島弘二 編

自然災害への対応、環境と開発、人口増加と食糧、持続的な資源利用、環境変化と生存など、世界が抱えるさまざまな問題を、自然と社会とを総合する地理学的見地から追及する。

●直接ご注文される場合は、送料200円(1回のご注文につき、何冊でも可)です。●表示の価格は本体価格(税別)です。